庆祝河南大学建校110周年

内容提要

本卷从《河南大学学报(社会科学版)》2010至2021年所刊发的相关论文中选取22篇论文,辑为中国特色社会主义政治经济学研究、研究进展与理论探索、脱贫攻坚与乡村振兴、城市发展与转型升级研究四个版块。选文以问题意识为旨,在注重基础理论研究的同时,对相关学术热点问题予以专题研讨,力图展示本刊经济学管理学栏目十余年学术出版的成果。

总 主 编　李伟昉
副总主编　赵建吉　张先飞

城乡经济发展与转型

经济学管理学卷

主编　靳宇峰

静斋行云书系

河南大学出版社
HENAN UNIVERSITY PRESS
·郑州·

图书在版编目(CIP)数据

城乡经济发展与转型：经济学管理学卷 / 靳宇峰主编. --郑州：河南大学出版社,2022.12

(静斋行云书系；1)

ISBN 978-7-5649-5394-2

Ⅰ.①城… Ⅱ.①靳… Ⅲ.①经济学-中国-文集②管理学-中国-文集 Ⅳ.①F120.2-53②C93-53

中国版本图书馆 CIP 数据核字(2022)第 256243 号

责任编辑　马　博
责任校对　王　珂
封面设计　陈盛杰
封面摄影　郭　林

出版发行　河南大学出版社
　　　　　地址：郑州市郑东新区商务外环中华大厦2401号　邮编：450046
　　　　　电话：0371-86059701（营销部）
　　　　　　　　0371-22860116（人文社科分公司）
　　　　　网址：hupress.henu.edu.cn
排　　版　郑州市今日文教印制有限公司
印　　刷　广东虎彩云印刷有限公司
版　　次　2022 年 12 月第 1 版　　　印　次　2022 年 12 月第 1 次印刷
开　　本　787 mm×1092 mm　1/16　　印　张　24.75
字　　数　439 千字　　　　　　　　　定　价　698.00 元(全 8 册)

（本书如有印装质量问题,请与河南大学出版社营销部联系调换）

序

从1912年到2022年,河南大学走过了110年不平凡的发展历程,《河南大学学报》伴随着河南大学的发展也度过了88个春秋,并将迎来90周年刊庆。值此之际,河南大学学报编辑部编选的"静斋行云书系"也将面世。这既是对学校110周年庆典的献礼,又是对新世纪第二个十年学报编辑工作的回顾和小结。

"静斋行云书系"共分8卷,分别是《新时代、新理论、新思维(哲学、政治与社会学卷)》《城乡经济发展与转型(经济学管理学卷)》《法律的理论之思与制度之辨(法学卷)》《上下求索的文明考辨(历史学卷)》《品风骚之美 鉴思辨之光(文学艺术学卷)》《教育转型与教育创新(教育学卷)》《编辑学理与出版史论(教育部学报名栏编辑学研究卷1)》《媒体变革与编辑创新(教育部学报名栏编辑学研究卷2)》,其中所编选的论文均刊发于2010年至2021年的《河南大学学报(社会科学版)》。这些论文对近年来相关学科领域所关注的理论问题、学术热点多有反映和探讨,具有一定的代表性。我们之所以取新世纪第二个十年这个节点来编选该套书系,主要是因为中国在这十年里,方方面面都发生了有目共睹的巨大变化,特别是进入了习近平中国特色社会主义新时代,我们正面临的这个百年未有之大变局的动荡变革期,为中华民族伟大复兴的战略全局提供了难得的历史机遇。中国所倡导的和平发展、积极构建人类命运共同体的价值理念,因顺应当今人类社会的大趋势和总主题而不可逆转。在这一现实环境下,《河南大学学报(社会科学版)》在原有基础上迎来了新的发展与突破,获得了良好的学术品牌和学术影响,先后入选中文社会科学引文索引来源期刊(CSSCI)、教育部高校哲学社会科学学报名栏建设期刊、"中国人文社会科学综合评价AMI"核心期刊、中国人民大学《复印报刊资料》重要转载来源期刊、河南省哲学社会科学基金资助期刊，荣获了"全国高校文科名刊""致敬创刊七十年"（社会科学版与自然科学版）等荣誉称号。

这套书系按学报设置栏目为类别分别编辑，论文收录每卷控制在20篇上下。这些论文既有来自著名学者的力作，也有出于年轻学者的新构，都体现了鲜明的问题意识和创新意识，某种程度上代表着各自相关学术领域创新的思考，其中多篇被各种相关转载机构的期刊所转载。而且，透过这些学术文字，可以感知社会的发展，时代的进步，变化的焦点等等。虽然说这是对学报目前已有成绩的阶段性展示，不过，成绩面前，我们丝毫不敢懈怠自满，我们清醒地认识到，在不少方面尚有待继续改进和提升。"坚守初心、引领创新，展示高水平研究成果"，这是习近平总书记给《文史哲》编辑部的回信中对编辑工作者的殷切期望，他明确指出了期刊引领创新的重要价值和意义，为办好哲学社会科学期刊指明了方向。我们当牢记这一嘱托，提高政治站位，坚持高质量办刊，让期刊发挥支持培养学术人才成长、展现文化思想价值、促进文明交流互鉴的功能与作用。

这里有必要交代一下该套书系为何取名"静斋行云"。从河南大学南门进入右转，前行十余米，即可看到一条向北延伸的林荫小路。这条小路叫"静斋路"，路边由南向北依次排列着十幢三层斋楼，古朴典雅，别有韵味，东临明清城墙，北望千年铁塔。这十幢斋楼和周边的大礼堂、6号楼、7号楼等构成全国重点文物保护的"近代建筑群"。其中的东二斋就是编辑部的办公地址。"行云"寓意时间如空中流动的云烟，喻指过去的十年时光与绵延的思绪。常年工作在东二斋的编辑们，和这所大学里的老师们一样，有着自己的职业追求，有着编辑的智慧和情怀，同样有"又得书窗一夜明"的辛勤付出。他们怀着一颗虔诚之心，默默耕耘，敬畏学术的神圣，呵护学人的平台，坚守学报的初心，守望可期的未来。他们持之以恒地每天都做着同样单调的事情：审文稿，纠错字，改标点，核注释，通语句，润文笔，他们不人云亦云，随波逐流，却常常在文中与作者对话，在深思熟虑中帮助作者提升文章的高度与深度，带着宽阔的学术视野与前瞻眼光，用追求完美的工匠精神甘为他人作嫁衣裳。这是一种状态,一种生活,一种修炼,一种境界。"静斋"默默地矗立在"行云"般流动的岁月里,或无语沉思,或静默遐想,"静斋""行云"相看两不厌,唯有执着情。自然,这套小书凝结着编辑们的辛勤汗水,见证着他们的认真严谨。愿这套小书成为他们精神世界的折射和内心追求的表征。

明天适逢教师节、中秋节并至,借此机会,向编辑部全体同仁道一声:双节快乐!

书系编选过程中,分管学报工作的孙君健副校长很关心这项工作,多次问询进展情况,并给予出版经费鼎力支持,在此表示由衷的感谢!

是为序。

李伟昉

2022 年 9 月 9 日

目 录

中国特色社会主义政治经济学

马克思主义经济学经典理论的科学继承与创新发展 … 于金富（ 3 ）
中国现阶段国民收入分配结构的理论分析与变革对策
………………………………………………… 于金富（ 13 ）
为构建中国特色社会主义政治经济学贡献智慧
——许兴亚教授的学术思想……………… 李保民　王权堂（ 27 ）
《资本论》和西方经济学关于市场经济起点理论的
比较分析 ………………………………………… 张昆仑（ 44 ）

研究进展与理论探索

中国近代经济地理变迁中的"港口—腹地"问题阐释 … 吴松弟（ 59 ）
萨缪尔森与辉格思想史观：文献述评及研究设想 ……… 赖建诚（ 83 ）
劳动伦理与中国农村劳动力迁移
——一个尝试性理论建构及解释框架 … 唐茂华　黄少安（105）
公共财政、民主财政与经济危机
——一个公共经济学视角的分析 ………………… 宋丙涛（120）
论传统市场理论价格机制的局限性 ……………………… 赵儒煜（139）
创业投资合约控制权和融资结构的研究 …… 邢军峰　范从来（173）
国际陆港联动发展研究……………………… 苟辰楠　丁　程（193）

脱贫攻坚与乡村振兴

农村地区工业化与人力资本的作用
　　——以河南省回乡创业为例 …………… 村上直树（213）
工商资本进入农村土地市场的机制和问题研究
　　——安徽省大岗村土地流转模式的调查…… 任晓娜　孟庆国（234）
中外零售企业在农村市场创新扩散的比较研究
　　——基于沃尔玛与苏果的案例分析 ……… 荆林波　丁　宁（251）

城市发展与转型升级

消除城乡二元结构:浦东模式转型分析 ………… 桂家友（267）
人口集中、城市群对经济增长作用的实证分析
　　——以中国十大城市群为例 ……………… 李　恒（282）
建国以来我国城镇居民衣着消费的变化趋势 ……… 朱高林（303）
文化创意产业发展的现状、制约与突破
　　——一项基于北京文化创意产业发展的研究 ……… 卫志民（323）
区域创新能力的空间特征及其对经济增长的作用 ……… 李　恒（338）
沿黄黄金旅游带质性特征及其理性存在 ……… 陈玉英　程遂营（353）
我国消费率长期波动、持续下降成因分析 …… 王雪峰　李京文（372）

中国特色社会主义政治经济学

马克思主义经济学经典理论的科学继承与创新发展

于金富①

一、相关研究回顾

自19世纪中叶以来,马克思主义经济学理论不断发展的历史过程呈现出了三大历史形态:马克思、恩格斯的经典理论、传统政治经济学理论和当代中国马克思主义经济理论。② 以《资本论》为主要代表的经典马克思主义经济理论,具有两大基本特征:一是科学性。马克思主义经济学建立了关于资本主义生产方式与社会主义生产方式的本质特征的基本原理世界观与方法论,即以唯物史观为基础、唯物辩证法为核心的科学方法、基本原理。二是局限性。由其特定的历史条件所决定,马克思主义经济学经典理论本身存在某些局限性。马克思、恩格斯依据19世纪资本主义生产方式的具体特征所得出的某些具体结论已不适应于现代资本主义生产方式。以前苏联政治经济学教科书为代表的传统社会主义政治经济学理论,具有两大基本特征:一是扭曲性。它在许多内容上脱离了马克思主义经济学的基本原理,脱离了马克思主义经济学的科学轨道。二是僵化性。它不顾本国国情和时代特征而照抄照搬经典马克思主义经济学某些具体结论,犯了教条主义错误。改革开放

---

① 于金富(1956—),男,辽宁建平人,河南大学经济研究所教授,博士生导师。
② 林岗,张宇:《探索马克思主义经济学的现代形式》,《教学与研究》,2000年第9期。

30年多来,我国经济理论界在推进马克思主义经济理论研究创新方面取得了一些积极成果,但同时还存在着许多缺陷与不足。从其积极成果来看,改革开放以来我国学术界在马克思主义经济理论方面摈弃了传统政治经济学许多照搬经典马克思主义经济理论个别具体结论的教条主义观点,实现了拨乱反正;同时从现代社会生产方式的客观现实出发,解放思想,积极探索,提出了一些具有重要学术价值与实践意义的新观点、新见解。从其不足方面来看主要有两大缺陷:一是局部性,即只在某些个别方面而不是全面地继承马克思主义经济学的科学传统,只在部分观点上而不是系统地实现理论创新。二是折中性,即在许多方面把马克思主义经济学科学理论与传统经济学观点进行折中调和,从而导致逻辑矛盾、理论混乱。这样就使得当代中国社会主义经济理论观点缺乏内在的逻辑性与整体的科学性,缺乏对客观现实的解释力与指导力。

回顾马克思主义经济学发展的历史过程,总结其基本经验,可以得出这样一个基本结论:当代马克思主义经济学要发展必须解决两大问题:一是拨乱反正,正本清源,纠正传统政治经济学理论的错误与缺陷,全面继承马克思主义经济学的基本原理;二是克服教条主义错误和马克思主义经济学经典理论的局限性,根据新的历史条件与时代特征突破马克思主义经济学经典理论的某些过时结论,全面实现马克思主义经济学理论的与时俱进与现代创新。① 这是当代马克思主义经济学发展面临的两大课题,也是当代马克思主义经济学学者所肩负的两大历史使命。

二、马克思主义经济学基本原理的科学继承

我们之所以要坚持与继承马克思主义经济学理论,是因为马克思主义经济学理论是迄今为止最为科学的经济学理论。我们必须全面而不是局部地继承马克思主义经济学的科学原理,必须系统而不是零碎地掌握马克思主义经济学理论。

---

① 潘石:《论马克思主义政治经济学现代化》,《长白学刊》,2007年第2期。

其一,继承马克思主义经济学关于资本主义生产方式的基本原理。

马克思主义经济学关于资本主义生产方式的经典理论阐明了资本主义社会经济的本质特征,它包括以下四方面主要内容:

一是先进的生产条件。马克思、恩格斯认为资本主义的生产技术条件的基本特征就是摆脱了劳动者狭隘的经验局限,自觉地把科学运用于生产过程,以机器生产代替手工劳动,以先进的生产工艺代替劳动者自身的手艺。资本主义生产组织,扬弃了以手工劳动为基础的小生产形式,是在先进的工业生产技术条件的基础上实行的发达的社会化生产组织。二是市场化的生产形式。资本主义生产方式的突出特征就是以商品交换作为生产者实现其经济联系的基本形式,资本主义生产是社会化的发达商品生产,生产商品的劳动是间接的社会劳动而不是直接的社会劳动。与此相适应,资本主义资源配置方式是市场机制,资本主义生产实行自发的市场调节,而不是自觉的社会调节。三是资本化的所有制。在资本主义条件下,生产资料采取了资本这一社会形式,资本主义所有制是资本所有制,劳动采取雇佣劳动这一社会形式。四是以资本所有者为主体,实行资本所有者主导型的企业管理制度,以占有剩余价值为核心,实行利润主导型的按生产要素分配制度。

其二,继承马克思主义经济学关于社会主义生产方式的基本原理。

马克思、恩格斯作为科学社会主义的创始人,对未来社会主义社会经济的本质特征提出了经典性的理论观点。马克思、恩格斯经典社会主义经济理论的内在逻辑与基本特征是:生产社会化→管理社会化→占有社会化→分配社会化。社会主义社会经济形态是一种高度社会化的新型社会制度。社会主义社会是一个自由人联合体社会,社会主义生产方式是社会化的联合生产方式。它的本质特征有四个方面:一是比资本主义机器大工业更加先进的生产技术条件,高度社会化的生产组织;二是在生产高度社会化的基础上重新建立个人所有制,即建立以劳动者为主体、以劳动者社会联合为途径、以劳动者个人所有权为内容的新型个人所有制—劳动者联合的个人所有制;三是人们的劳动成为直接的社会劳动,对生产实行自觉的社会调节,使社会生产更好地按比例协调发展;四是全体社会成员自由联合起来共同控制社会、管理生产,共同占有和平等分配劳动产品,实行平等合作、民主管理的新型管理制度,实行按劳动贡献分配的新型分配制度。在此基础上,马克思、恩格斯还依据生产高度社会化的客观途径提出了关于社会主义经济的具体形式的科学设想。这就是实行生产资料社会所有制、计划经济(社会直接按照计划来经营)和按劳分配(社会按照劳动贡献来分配个人消费品)。对于马克思、恩格斯经典社会主义经济形态及其特征理论,我们应当采取科学的态度来认识、理解和把握。既要坚持马克思、恩格斯关于社会主义经济本质特征的基本原理,又要反对照抄照搬马克思、恩格斯关于社会主义经济特征的具体结论的教条主义倾向,实现继承坚持与发展创新的统一。

三、马克思主义经济学理论的创新发展

《资本论》出版140多年来的实践证明,资本主义生产方式的发展发生了许多重要的新变化,呈现出了许多重要的新特征。同时,以实行市场经济为主要标志的中国特色社会主义,同马克思、恩格斯所设想的以计划经济为主要特色的经典社会主义模式也有着许多重要的差别。这就要求我们在马克思主义指导下解放思想,实事求是,与时俱进,根据时代特征与中国国情,对现代社会生产方式作出新概括,提出新观点,全面实现马克思主义经济学的理论创新。

(一)突破马克思关于古典资本主义生产方式的具体结论,提出关于现代资本主义生产方式的创新观点

马克思主义经济学关于资本主义生产方式的理论,既阐明了资本主义生产方式的一般特征,也分析了传统工业经济时代古典资本主义生产方式的具体特征。

首先,根据马克思在《资本论》中的有关论述,传统工业经济时代古典资本主义生产条件的典型特征是机器大工业。马克思指出,机器大工业是资本主义生产方式的典型形式,是特殊的资本主义生产方式。具体说来,古典资本主义生产技术条件是机器生产,开始是用机器进行生产,后来是用机器生产机器。古典资本主义生产社会条件,是以机器体系的分工与协作为基础的工厂制度。其次,传统资本主义生产形式

是以完全自发竞争为主要特征的古典市场经济。从微观方面来看,古典市场经济的主要特征是普遍实行个人业主制企业制度。从宏观经济运行方面来看,古典市场经济的主要特征是生产的盲目性和无政府状态。从社会生活方面来看,古典市场经济的主要特征是没有失业、养老等社会保障制度,经常发生大规模的社会危机和动荡。再次,传统资本主义生产的社会形式,一是劳动者与生产资料的结合是以资本家为中介的间接结合,其具体形式为资本主义私有制,是个别资本家的私人资本以及私人资本联合所采取的"社会资本"形式;二是以工人出卖劳动力并成为雇佣奴隶为基本特征的雇佣劳动制度。最后,传统资本主义生产关系的主要特征,一是资本家对工人的专制、资本家的家长制管理制度;二是资本家对雇佣工人残酷剥削,完全占有剩余价值。工人阶级不仅相对贫困,而且绝对贫困。资本主义积累一般规律是资本家的财富和工人的贫困的两极的积累。马克思主义经济学关于资本主义生产方式的这些具体结论,一方面是根据资本主义生产方式的本质特征而提出的理论观点,另一方面是根据传统资本主义工业经济、古典市场经济和私人资本等特定历史条件而得出的具体结论。这些具体结论很多只对古典资本主义生产方式是适用的、有效的,而不是适用于资本主义生产方式发展的任何历史阶段的一般原理。

自从第二次世界大战以来,特别是20世纪70年代以来,资本主义生产方式发生了许多重大的变化。现代资本主义生产方式的新特征表现在四个方面:一是信息化、网络化的现代生产条件。20世纪50年代在以原子能工业、半导体工业、高分子合成工业、空间技术和计算机技术等为标志的第三次科技革命的直接推动下,生产技术水平迅速提高。微电子和计算机的广泛应用,促进了工业和交通运输业、农业、服务业等部门的现代化,并出现了以电子技术为首的新产业群。新科技革命尤其是微电子信息技术的发展和应用极大地促进了社会分工向广度和深度发展,使企业组织形式更加现代化和社会化。随着计算机和信息技术广泛应用,产品品种越来越富于个性化,消费者的需求逐渐多样化,企业组织形式和管理体制也趋向更加灵活的方式,逐渐形成了以大制造商为首、有众多承包商(或供应商)参加的企业网络。二是"计划化""福利化"的现代社会生产形式。二战后的资本主义进入了国家垄断资本主义,由于国家与市场的关系以及国家干预经济的方针、政策各不相同,从而形成了各具特色的经济模式:美国模式即自由市场模式,侧重对经济运行过程进行干预;日本模式即法人资本主义模式;德国模式即社会市场经济模式,侧重对市场制度进行干预;北欧模式即福利国家模式,侧重对市场分配结构进行干预。其经济体制革新表现在:首先,不再是单一的自由市场经济,而是重视国家干预、宏观调控和计划对经济的调节作用,根据经济发展的需要,国家干预经济,使其向稳定增长的方向发展。其次,更加重视建立完善的社会保障制度和发达的社会福利体系,全面形成了现代市场经济平稳运行和社会稳定的"安全阀"。三是"社会化""人力化"的现代资本形式。二战以来,在发达资本主义国家,一些收入较高的劳动者开始购买股票,从而成为企业的股东,作为股权分散化的重要组成部分的股份内部化迅速兴起。股份公司发行小额股票给内部职工,使职工成为小股东。自20世纪末以来,由于知识经济的形成,知识开始取代资本而成为最主要的生产要素,由此出现了知识资本化的现象,即把人们的知识和知识劳动的成果直接转化为资本,并使其所有者凭借其所有权而参与剩余索取,分享企业利润。人力资本的形成与发展,使工程技术人员和经理人员凭借知识、技能或专利而从企业直接获取相当比重的股权,成为企业重要的股东。四是"民主化""分享化"的现代社会生产关系。在现代资本主义条件下,单纯靠计件工资和严惩来役使雇员的泰罗制管理模式已经过时,工人不再只被当做机器的附属物严格管理,新的管理模式被称为"人本管理"。不仅如此,现代资本主义企业还鼓励员工参与管理,广泛实行了民主化的企业管理制度。在发达资本主义国家,为了缓解劳资矛盾,普遍推行了工资集体谈判制度,试图改变劳动者在收入分配中的不利地位。在传统资本主义经济中,雇佣工人生产的剩余价值或企业的"剩余"完全为资本家所占有,因而形成了资本家与雇佣工人之间对立的利益关系。现代资本主义经济的一个最突出的特征就是资本家不再独占剩余价值,而是让工人以员工持股计划、利润分享制或收益分享制(即年终根据企业利润实现情况而发放的奖金)等形式分享一部分剩余价值,从而形成一种分享制的分配制度。从总体上看,现代资本主义的生产关系已呈现出一定的"民主化"与社会化的特点。现代资本主义的阶级结构并没有像马克思所预言的朝葫芦型发展,即两极分化严重、中间阶级越来越小,而是呈橄榄型或菱角型,即中间阶级越来越大。

马克思主义经济学是历史的科学,它应当而且必须与时俱进。根据当代资本主义生产方式的新特征,我们应当而且必须突破马克思关于古典资本主义生产方式具体特征与发展趋势的已有结论,实现马克思主义经济学理论的创新与发展。为此,我们应当而且必须解决两大重要问题:一是究竟怎样认识当代资本主义生产方式的新特征,怎样认识现代资本主义生产方式的性质;二是究竟应当怎样认识当代资本主义生产方式的历史地位与发展趋势。正确判断现代资本主义生产方式基本性质的关键就在于是否用科学态度对待马克思主义理论。正确的态度是应当从实际出发,敢于突破那些已经过时的具体结论,实现马克思主义理论的与时俱进和创新发展。在当代资本主义的性质、特征问题上,应当摒弃社会主义与资本主义"非此即彼"、完全排斥的错误观点,确立资本主义社会经济结构已经发生部分质变,当代资本主义与社会主义已经具有"亦此亦彼"的密切联系的新观点。从现代资本主义社会经济结构的主要特征来看,资本主义生产方式及其生产关系都已经发生了许多重要的部分质变,现代资本主义社会经济结构在许多方面都实现了自我调节与自我扬弃,日益生长社会主义因素并向社会主义渐进发展,这就使得现代资本主义成为一种新型的资本主义——社会资本主义。如果说,在古典资本主义条件下,资本主义生产方式的内在矛盾日趋尖锐化从而必然导致资本主义制度这一"外壳"被炸毁,社会主义大厦将在资本主义的废墟上建立起来;那么,在现代资本主义条件下,在资本主义生产方式内在矛盾运动与社会主义运动的共同作用下,不断地实现资本主义生产方式的部分质变,社会主义因素日益生长和不断增加,资本主义制度这一"外壳"将最终脱落,一个新的、更高级的生产方式——社会主义生产方式将最终脱颖而出。从其历史地位上看,现代资本主义极可能成为资本主义生产方式发展的最后阶段和最高形式。

(二) 突破传统社会主义教条化观点,实现社会主义经济理论的重大创新

实现社会主义经济理论创新,必须在坚持马克思主义经济学关于社会主义经济本质特征的基本原理的基础上,清除那些照搬经典马克思主义经济理论的具体结论的教条化观点。根据马克思主义创始人所阐明的社会主义经济的本质特征和我国实际国情,我们应当在四个方面突破那些照搬经典社会主义经济理论具体结论的教条化观点,全面实现社会主义经济理论的重大创新:①

首先,应当突破马克思主义经济学经典理论关于社会主义将实行"社会大工厂"的具体结论,实现中国社会主义生产组织理论的重大创新。就其本质来说,社会主义生产组织是社会化的生产组织;然而,我们应当看到:在我国现阶段生产力水平的基础上,社会化的生产组织还不可能是囊括全社会的"社会大工厂",而只能是在企业和农户自主经营基础上而形成的社会化生产组织。因此,我们应当摈弃传统社会主义经济理论关于"社会大工厂"的错误观点,根据我国实际国情而选择适当的社会化生产组织形式。在实践上,应当坚决贯彻党的十五届四中全会《决定》和十六大精神,积极进行国有经济布局的战略性调整,缩小国有经济存在的范围,减少国有经济存在的领域和在国民经济中的比重。为此,除了一些中小企业出售改变为非公有制经济外,相当大一部分国有企业应当通过股份合作制和股份制等形式改制为民营企业,实现社会主义生产组织形式的重大变革。② 就目前来说,应当克服那种主张实行"民退国进"的错误观点,坚定不移地推进以民营化为核心的社会生产组织形式的创新。

其次,应当突破马克思、恩格斯关于社会主义实行"产品—计划经济"的具体结论,实现社会主义生产形式理论的重大创新。为此,不仅要摈弃把计划经济当做社会主义本质特征的传统化观点,而且应当摈弃那种试图把市场经济体制与传统社会主义制度进行机械对接的简单化观点。应当明确认识到,在我国现阶段人们劳动的社会性与社会调节的自觉性还不可能通过直接的产品生产和全面的计划经济这一具体形式来实现,应当而且必然要通过商品生产和市场调节这一新的形式来实现。中国特色社会主义的生产形式,只能是社会主义商品生产,只能是社会主义市场经济。同时,应当清

---

① 程恩富:《经济学现代化及其五大态势》,《高校理论战线》,2008年第3期。
② 于金富:《马克思主义经济学的经典理论与现代观点》,北京:中国社会科学出版社,2008年,第3页。

楚地看到，我国原有的社会主义制度结构完全是根据计划经济的要求而设计与建立的，是计划型社会主义制度。这种计划型社会主义制度在本质上是排斥市场经济的。这样，就要求我们一方面应当坚持市场化的改革方向，全力推进市场化改革进程，努力建设与完善社会主义市场经济体制；另一方面，应当根据市场经济的客观要求，全面进行经济基础和上层建筑领域的改革，构造以市场经济为基础的现代社会主义制度结构－市场社会主义，构建以公民为主体的现代社会主义模式——公民社会主义。全面地实现市场化的制度变革与制度创新，是我国经济体制转轨的客观要求和必然趋势。

再次，应当突破马克思、恩格斯关于社会主义将实行"社会所有制"的具体结论，实现关于社会主义公有制基本形式的重大理论创新。为此，必须克服以"全民所有制"即国家所有制作为社会主义公有制基本形式的教条化观点。应当看到，马克思主义经济学经典理论关于"社会所有制"的观点，是以生产高度社会化、商品经济已经消亡为客观条件的，因而不适合我国社会主义初级阶段生产力比较落后、商品经济不发达的基本国情。因此，我们应当在坚持马克思主义经济学关于社会主义公有制本质特征的基本原理的基础上，根据我国现阶段的基本国情和社会主义市场经济的客观要求，提出关于中国特色社会主义公有制基本形式的新观点。根据党的十六届三中全会《决定》关于"使股份制成为公有制的主要实现形式"的精神，实现我国社会主义公有制的理论创新与制度创新。在我国现阶段，以股份合作制与公众股份制为主要形式的劳动者股份制，一方面能够使劳动者通过社会联合的途径真正成为所有者，真正实现劳动者的个人所有权，从而建立起劳动者联合的个人所有制；另一方面，它能够实现企业产权清晰、政企分开，使企业真正成为独立的法人实体与市场竞争主体。因此，劳动者股份制既能够体现社会主义公有制的本质特征，又能够适应市场经济的客观要求，因而应当成为我国现阶段社会主义公有制的基本形式。我们应当大力推进国有企业的股份制改革，实现社会主义公有制实现形式的重大变革，确立市场型的现代社会主义公有制形式。为此，我们不仅应当突破传统政治经济学照搬马克思、恩格斯"社会所有制"的具体结论的教条化观点，而且还必须坚决清除把国家所有制直接等同于社会主义公有制等附加在马克思主义名下的错误观点，确立劳动者股份制是我国现阶段社会主义公有制基本形式的新观点。

最后,应当突破马克思主义经济学经典理论关于社会主义将实行"各尽所能、按劳分配"的具体结论,实现社会主义分配理论的重大创新。具体说来,党的十四届三中全会《决定》明确提出了应当允许属于个人的资本、技术等生产要素参与收益分配;党的十五大进一步提出要"把按劳分配和按生产要素分配结合起来";党的十六大提出了"确立劳动、资本、技术和管理等生产要素按贡献参与分配的原则";党的十七大明确提出要"健全劳动、资本、技术、管理等生产要素按贡献参与分配的制度"。所有这些,都表明生产要素按贡献分配的观点在理论上已经逐渐确立起来,在实践中日益占据重要的地位。适应社会主义市场经济的要求,我们应当进一步推进社会主义分配制度的理论创新,明确提出我国现阶段的社会主义分配制度就是生产要素按贡献分配的新观点。这是因为,生产要素按贡献分配,一方面符合马克思主义经济学关于社会主义分配制度的平等性(按同一尺度进行分配)和效率性(按照对社会的贡献进行分配)和承认劳动力要素个人所有权(默认不同等的劳动能力是劳动者的"天然特权")等本质特征的基本原理,符合"效率优先、兼顾公平"的社会主义分配原则;另一方面,它符合我国现阶段个人已经广泛拥有生产要素所有权和劳动力、资本、技术与管理等各种生产要素已经全面商品化、市场化的客观现实与实现各种生产要素有效配置的客观要求。因此,我们应当全面推进我国社会主义分配方式的理论创新与制度创新,确立按贡献分配这一市场化的现代社会主义分配制度。

原载于《河南大学学报(社会科学版)》2010年第3期;《马克思列宁主义研究》2010年第9期、《中国社会科学文摘》2010年第10期、《高等学校文科学术文摘》2010年第4期转载

中国现阶段国民收入分配结构的理论分析与变革对策

于金富

目前,我国国民收入分配出现了向政府和企业严重倾斜的现象,劳动报酬在初次分配中所占比重和居民收入在国民收入分配中所占比重不断降低,国民收入分配结构不合理已经成为一个不争的事实和严重的社会问题。理论界对此展开了深入的研究,赵人伟和李实根据1988年和1995年两次全国居民收入抽样调查数据,对个人可支配收入的不均等程度进行了估计;①陈宗胜和周云波全面测度了1988年至1999年中国居民正常收入的差别以及各种非法、非正常收入对居民收入分配的影响等。② 总的来看,这些研究大多属于实证性与对策性的研究,并且由于在资料选取、研究方法等方面的差别,研究的结论各不相同甚至互相矛盾,在此基础上所提出的国民收入分配结构调整的措施也各不相同。笔者认为,对于我国现阶段国民收入分配结果问题不能就事论事,只在提高思想认识和政策调整上做文章,而必须在马克思主义分配理论指导下,深入到社会生产方式的缺陷与变革中探究其根源与出路。

---

① 李实,赵人伟:《中国居民收入分配再研究》,《经济研究》,1999年第4期。
② 陈宗胜,周云波:《中国的城乡差别及其对居民总体收入差别的影响》,《南方论丛》,2002年第2期。

一、生产方式决定分配方式：
马克思主义分配理论的主要内容

（一）生产方式的缺陷是一切重要经济社会问题的总根源

根据马克思主义政治经济学基本原理，生产方式作为生产的条件（生产的技术条件与生产的社会条件）与形式（社会的生产形式与生产的社会形式），是社会存在的基础，它从根本上和总体上决定着社会的性质和面貌，生产方式的变革决定着社会制度的运动规律与发展趋势。恩格斯在《反杜林论》中指出："经济科学的任务在于：证明现在开始显露的社会弊端是现存生产方式的必然结果，同时也是这一生产方式快要瓦解的标志，并且在正在瓦解的经济运动形式内部发现未来的、能够消除这些弊病的、新的生产组织和交换组织的因素。"①资本主义生产方式是以生产资料的资本主义私有制为基础的、建立在机器大工业技术基础上的资本剥削雇佣劳动的生产方式。马克思指出，剩余价值的生产是资本主义生产的直接目的和决定动机，生产剩余价值或赚钱，是这个生产方式的绝对规律。在资本主义生产方式下，经济危机周期性地发生，其根源就在于资本主义生产方式的内在矛盾，即资本主义物质生产方式与生产的社会形式之间的尖锐矛盾。经济危机的实质是生产相对过剩的危机（生产过剩，有效需求不足），是生产和销售矛盾造成的相对过剩。生产资料归少数资本家私人占有，资本家雇佣大多数人——工人进行生产，社会化大生产赚来的钱绝大多数以剩余价值形式归资本家所有，而雇佣工人却只以工资显示得到极少部分，导致社会消费能力不足。从近年来世界金融与经济危机的发生来看，这场危机仍然是资本主义制度不可克服的内在矛盾演变而成的，是其内在矛盾激化的外部表现，是其内在矛盾不可克服性的外部表现，是资本主义制度必然灭亡趋势的阶段性反映。这场危机告诉我们，资本主义基本矛盾不仅没有克服，而且以新的更尖锐的形式表现出来了。这场危机再次证明资本主义内在矛盾决定了资本主义经济危机是不可避免的。由

---

① 《马克思恩格斯选集》第 3 卷，北京：人民出版社，1995 年，第 492 页。

此我们可以看到,经济危机是当代资本主义生产方式发展的必然结果,同时也是当代资本主义生产方式快要瓦解的标志。并且,通过当代世界金融与经济危机我们还可以从正在瓦解的当代资本主义经济运动形式内部更加清晰地发现能够消除这些弊病的未来社会主义生产组织和交换组织的因素。当今资本主义生产方式所表现出的基本特征,无论是资本社会化、经济计划化,还是管理民主化、利润分享化都已经内含着更多的社会主义因素。这些因素的增长必然促进资本主义社会在量变的过程中发生部分的质变直至最后发生根本的质变。根据马克思、恩格斯的观点,既然社会生产方式的弊端是导致包括分配在内的一切经济社会问题的根源,那么要解决收入分配结构等方面的重要问题就不能只在提高思想认识和政策调整上做文章,而必须到生产方式的缺陷中探究其根源,必须变革不合理的生产方式和社会制度,建立先进的社会制度,这样才能为确立合理的分配结构提供有力的社会保证。

(二) 生产方式决定分配方式

马克思在批判李嘉图等经济学家提出"分配先于生产"的观点时指出:"分配本身是生产的产物,不仅就对象说是如此,而且就形式说也是如此。就对象说,能分配的只是生产的成果;就形式说,参与生产的一定方式决定分配的特殊形式,决定参与分配的形式。"①分配结构决定于生产结构;生产结构决定于生产方式。马克思在论述分配方式与生产方式的关系时指出:"所谓的分配关系,是同生产过程的历史规定的特殊社会形式,以及人们在他们生活的再生产过程中互相所处的关系相适应的,并且是由这些形式和关系产生的。"②作为生产的社会形式,生产方式表现为一定的生产要素所有制,生产要素所有制决定了人们在生产过程中的地位和相互关系,进而决定了他们之间的分配方式和分配关系。生产方式决定分配方式,主要表现为生产要素所有制决定分配制度。马克思曾明确指出:"分配是产品的分配之前,它是(1)生产工具的分配,(2)社会成员在各类生产之间的分配……有了这种本来构

---

① 《马克思恩格斯选集》第 2 卷,北京:人民出版社,1995 年,第 13 页。
② 《资本论》第 3 卷,北京:人民出版社,1975 年,第 998 页。

成生产的一个要素的分配,产品的分配自然也就确定了。"①针对拉萨尔社会主义者提出的"分配决定论",马克思明确地指出:"消费资料的任何一种分配,都不过是生产条件本身分配的结果;而生产条件的分配,则表现生产方式本身的性质。"②所谓生产条件的分配,就是生产要素在社会成员之间如何分配,归谁所有。只要生产要素属于不同所有者,形成一定的生产要素所有制以及社会成员在各类生产之间的分配(即存在社会分工)的经济条件,就必然产生与之相适应的分配制度。"资本主义生产方式的基础就在于:物质的生产条件以资本和地产的形式掌握在非劳动者的手中,而人民大众则只有人身的生产条件,即劳动力。既然生产的要素是这样分配的,那末自然而然地就要产生消费资料的现在这样的分配。如果物质的生产条件是劳动者自己的集体财产,那末同样要产生一种和现在不同的消费资料的分配。庸俗的社会主义仿效资产阶级经济学家把分配看成并解释成一种不依赖于生产方式的东西,从而把社会主义描写成为主要在分配问题上兜圈子。"③资本主义私人占有的所有制形式,成为资本主义分配制度的主要依据,决定了这种分配具有资本剥削雇佣劳动的社会性质。资本家凭借对生产资料的所有权而无偿占有雇佣工人的剩余劳动,而工人依靠其劳动力所有权,仅仅以工资形式获得必要劳动的报酬,丧失了获得自己剩余劳动的权利。生产方式决定分配方式的原理,不仅适应于资本主义社会,也适应于社会主义社会,不仅适用于社会主义一般阶段而且也适用于我国社会主义初级阶段。

(三) 马克思主义关于社会主义分配制度本质特征的基本原理

由其生产方式所决定,社会主义必然实行新型的分配方式。在《哥达纲领批判》中马克思指出了按劳分配的实现原则:以劳动作为分配个人消费品的尺度,实行等量劳动领取等量报酬的原则。马克思的按劳分配理论,一方面指出了社会主义分配方式的具体形式,另一方面阐明

---

① 《马克思恩格斯选集》第2卷,北京:人民出版社,1995年,第15页。
② 《马克思恩格斯选集》第3卷,北京:人民出版社,1995年,第306页。
③ 《马克思恩格斯选集》第3卷,北京:人民出版社,1995年,第306页。

了社会主义分配方式的本质特征,其内容主要包括三个方面:

第一,体现按贡献分配的原则。按劳分配是社会主义社会个人消费品的分配原则,它通常被表述为:在社会主义经济中,社会按照劳动者提供给社会的劳动数量和质量分配个人消费品。多劳多得,少劳少得,有劳动能力而不参加社会劳动的人没有权利向社会领取报酬。从这个简单的定义可以看出,按劳分配既否定了不劳而获的特权主义,也否定了按人头分配的平均主义。它只以劳动作为分配的唯一依据和单一尺度,以劳动者为社会提供劳动的数量和质量为依据进行个人消费品分配。复杂劳动要换算为倍加的简单劳动,因为复杂劳动的贡献更大。只有劳动才能参加个人消费品的分配,劳动投入多就会多得,投入少就将少得。所以,按劳分配其实也就是按劳动者对生产的贡献进行分配。每一个生产者,在为社会提供了劳动之后,从社会方面领得一张证书,证明他提供了多少劳动(扣除他为社会基金而进行的劳动),而他凭这张证书从社会储存中领得和他所提供的劳动量相当的一份消费资料。在做了各项扣除之后,从社会方面正好领回他所给予社会的一切。马克思指出,只要还存在社会分工,脑力劳动和体力劳动、复杂劳动和简单劳动的差别仍然存在。在同一时间内,不同的劳动者向社会提供的劳动在质和量上还存在着一定程度的差别。劳动者的不同等的个人天赋,不同等的劳动能力,就是一种天然特权。这种天然特权不会导致分配结果上的平均,但它符合按劳分配的公平原则。按劳分配承认与肯定效率优先、兼顾公平的原则。只有如此,才能鼓励先进,强调竞争,才有利于激发人们的主动性、积极性和创造性,有利于社会经济的发展。

第二,贯彻权利平等的原则。马克思认为,社会主义按劳分配通行的是等量劳动获得等量报酬,这种平等的权利按照原则仍然是资产阶级的法权。"生产者的权利是和他们提供的劳动成比例的;平等就在于以同一的尺度——劳动——来计量。"[1]在形式上,按劳分配是采取的同一尺度——劳动来计量的,具有平等性。这里通行的就是调节商品交换(就它是等价的交换而言)的同一原则。消费资料在各个生产者中间

---

[1] 《马克思恩格斯选集》第3卷,北京:人民出版社,1995年,第304页。

的分配,通行的是商品等价物的交换中也通行的同一原则,即一种形式的一定量的劳动可以和另一种形式的同量劳动相交换,所以,生产者的权利是和他们提供的劳动成比例的。在这里平等的权利按照原则仍然是资产阶级的法权。这种平等的权利,不承认任何阶级差别,每个人都像其他的人一样只是劳动者。当然,按劳分配这种平等权利还是一种形式上平等而事实上不平等的权利。首先,在按劳分配条件下,由于一些劳动者具有较强的劳动能力,在同一时间能够提供更多的劳动,或者能够劳动较长的时间,因此能够分配到更多的个人消费品。其次,在劳动者的劳动能力相同的情况下,他们的家庭负担可能有轻有重。这样,在劳动成果相同,从而由社会消费品中分得的份额相同的条件下,某个人事实上所得到的比另一个人多些,也就比另一个人富些。所以,就其内容来讲按劳分配仍然是一种不平等的权利。但是,"这些弊病,在共产主义社会第一阶段,在它经过长久的阵痛刚刚从资本主义社会里产生出来的形态中,是不可避免的。权利永远不能超出社会的经济结构以及由经济结构所制约的社会的文化发展"。①

第三,承认劳动力要素个人所有权的原则。根据马克思、恩格斯的论述,生产要素所有权是参与收入分配的基本前提。因为在生产要素所有权多元化的社会条件下,按生产要素分配是实现生产要素所有权的客观要求。生产要素归不同的所有者所有,社会分配必须体现生产要素所有者的经济权益,使生产要素所有权在经济上得以实现,才能推动社会生产发展。

在马克思所设想的经典社会主义模式中,由于实行生产资料的公共所有制,每个人除了自己的劳动,谁都不能提供其他任何东西;除了个人的消费资料,没有任何东西可以成为个人的财产。但是,按劳分配是一种承认劳动者劳动能力差别的分配方式,它默认劳动者的不同等的个人天赋,从而不同等的工作能力是天然特权。这样,按劳分配事实上承认劳动力这一重要生产要素的个人所有权。按劳分配原则的贯彻,正是以事实上承认劳动力要素的个人所有权为基本前提的。按劳分配,多劳多得,优劳优酬,正是劳动力所有权实现的具体形式。

---

① 《马克思恩格斯选集》第3卷,北京:人民出版社,1995年,第305页。

二、分配方式不合理：
我国国民收入分配结构的根本问题

国民收入初次分配是对国民生产成果在各生产主体之间分配的第一个微观分配环节。1996—2005年间，我国初次分配环节各分配主体的收入分配中居民分配比率呈下降趋势。见下页表1-3。

当前初次分配存在着资本所有者所得偏高、劳动所得持续下降的趋势。国民收入分配向资本所有者倾斜，中国的工薪阶层难以分享经济增长的成果，"强资本、弱劳工"状态表现突出。由于国有企业改组改制，非公经济迅速发展，企业想方设法压低工资，非国有企业员工收入长期低于经济增长的速度。国有企业大量使用编制外员工并且同工不同酬，不给职工养老保险、住房公积金，以降低用人成本。从利润和职工工资的比例看，利润比重过大，工资比重过小。2000年至2006年，我国居民工资平均增长速度为11.6%，规模以上工业企业利润的平均增长速度达到25.5%，2006年规模以上工业企业利润总额接近2万亿元。根据中国社会科学院工业经济研究所组织发布的2007年《中国企业竞争力报告》，1998年国有及规模以上工业企业工资总额是企业利润的2.4倍，到2005年降到了0.43倍。1998年，国有及规模以上工业企业利润占工业增加值的比重是4.3%，到2006年提高到了21.36%。

在初次分配格局形成的基础上，政府将主动进行再分配，这是各经济主体利益格局的第二次调整；经过再分配之后，形成国民收入分配的最终格局，它反映国民收入各分配主体的资源最终占用状况。从表1可以看出，在1996—2005年间，政府最终分配比率一直处于上升趋势，企业也一直处于上升趋势，居民一直处于显著下降趋势（见表1）。之所以如此，主要是宏观税负上升造成了居民分配份额下降。宏观税负的不断上升通过各种渠道侵蚀了居民分配份额：一方面，在劳动力供给弹性较小的情况下，税负可以向后转嫁给劳动者，使得居民劳动报酬降低；另一方面，增值税和营业税等流转税可以通过提高消费品价格向前转嫁给居民消费者，降低了他们的实际收入。此外，个人所得税的不完善也使工资收入者承担了较多税负，降低了工薪收入者的收入水平。

表1 体初次分配格局测算结果

年份	初次分配收入（亿元）				初次分配格局（%）		
	总收入	政府	企业	居民	政府	企业	居民
1992	26651.84	4138.27	5080.64	17432.93	15.53	19.06	65.41
1995	57494.88	8705.35	11565.12	37224.41	15.14	20.12	64.74
2000	88288.62	14737.24	16724.61	56826.77	16.69	18.94	64.36
2005	184088.66	32170.47	42220.09	109698.09	17.48	22.93	59.59
2006	213131.70	37145.47	49393.11	126593.12	17.43	23.17	59.40
2007	251483.22	42870.09	57715.85	150897.28	17.05	22.95	60.00
区间	各主体初次分配收入增长倍数				分配格局变化		
1992—1999	2.02	2.30	1.87	2.00	1.42	−0.99	−0.43
1999—2007	2.12	2.14	2.96	1.88	0.10	4.88	−4.98
1992—2007	8.44	9.36	10.36	7.66	1.52	3.89	−5.41

注：本表数据根据1992—2008年《中国统计年鉴》资金流量表（实物交易）整理；2006—2007年数据结合年鉴中其他数据由时间序列ARIMA模型估计所得。

表2 中国和美国再分配格局比较（%）

年份	中国再分配格局						美国再分配格局		
	政府1	企业1	居民1	政府2	企业2	居民2	政府	企业	居民
1992	18.96	13.33	67.71	28.51	5.18	66.31	11.37	13.18	75.45
1993	19.23	16.15	64.61	28.64	7.73	63.63	11.51	12.88	75.61
1994	18.01	16.02	65.97	27.77	7.17	65.06	12.02	12.76	75.22
1995	16.50	16.70	66.81	25.22	8.91	65.87	11.92	13.27	74.80
1996	17.15	13.57	69.29	25.45	6.28	68.27	11.83	13.79	74.38
1997	17.51	14.37	68.13	28.08	4.99	66.94	11.72	14.41	73.87
1998	17.53	14.33	68.14	28.52	4.67	66.81	11.46	13.56	74.99
1999	18.58	14.31	67.11	30.03	4.27	65.70	11.22	13.33	75.45
2000	19.54	15.65	64.81	30.7	6.26	63.37	11.07	12.70	76.23
2001	21.08	15.14	63.78	31.89	5.94	62.16	10.29	12.56	77.15
2002	20.49	14.32	65.18	30.69	5.67	63.64	10.44	13.17	76.39
2003	21.85	15.47	62.68	33.47	6.14	60.40	10.91	13.25	75.84
2004	20.38	21.79	57.83	30.20	13.62	56.17	11.41	13.70	74.89
2005	20.55	20.04	59.41	29.55	12.39	58.06	11.98	14.49	73.54
2006	20.03	20.88	59.09	30.46	11.98	57.56	12.32	15.45	72.23
2007	19.59	20.84	59.57	31.54	10.75	57.71	12.03	15.07	72.90

注：政府1代表由资金流量表计算的数据；政府2代表考虑非预算收入后调整的数据；美国数据由美国商务部经济分析局在线数据库中有关数据计算得来。

表 3 国民收入的初次分配和最终分配格局(%)

年份	政府分配份额		企业分配份额		居民分配份额	
	初次	最终	初次	最终	初次	最终
1996	15.1	17.1	16.7	13.6	65.3	69.3
1997	15.7	17.5	17.6	14.4	64.0	68.1
1998	16.4	17.5	17.1	14.3	64.0	68.2
1999	16.5	18.6	17.6	14.3	63.4	67.1
2000	16.3	19.5	18.5	15.6	62.9	64.9
2001	18.0	21.1	17.7	15.1	62.2	63.8
2002	17.1	20.5	16.9	14.3	64.0	65.2
2003	17.7	21.8	18.5	15.5	62.1	62.7
2004	17.6	20.2	24.2	22.4	57.0	57.4
2005	17.3	20.7	22.7	19.5	58.9	59.8

资料来源:本表根据1999—2007年《中国统计年鉴》和2005年资金流量表的有关数据计算而得。

总的来看,我国国内收入分配格局变动的趋势是:政府部门可支配收入占国民可支配收入的比重不断上升;企业部门可支配收入占国民可支配收入的比重在波动中上升;居民可支配收入占国民可支配收入的比重持续下降,我国国民收入分配出现了向政府和企业严重倾斜的现象。① 从这些特征来看,目前我国国民收入分配结构背离了社会主义分配制度的本质特征:一是它通行的是按权力分配的原则,背离了按贡献分配的社会主义分配原则。各类收入分配参与者的分配份额主要由其权力来决定,企业与政府都是凭借其不受制约的资本权力与行政权力获得更多收入,而不是根据其贡献获得相应收入。二是它违背了权利平等的原则,参与分配的机会,不能具有同等的竞争条件,资本所

---

① 参见彭爽,叶晓东:《论1978年以来中国国民收入分配格局的演变、现状与调整对策》,《经济评论》,2008年第2期;刘扬:《现阶段我国国民收入分配格局实证分析》,《财贸经济》,2002年第11期。

有者与政府凭借垄断地位与绝对权力而获得更高利润与更多收入。三是未实现劳动力要素个人所有权,不仅复杂劳动者的技术、管理等人力资本所有权未能在收入分配上获得较好地实现,而且普通劳动者的简单劳动报酬也被资本利润所侵蚀。国民收入分配向企业与政府倾斜的失衡现象导致居民消费不足,使我国经济增长对国外需求依赖性增强,严重地影响了我国经济的可持续发展。

三、生产方式的变革:
解决我国国民收入分配结构问题的根本途径

根据马克思主义经济学基本原理,分配方式源于生产方式,生产方式决定分配方式。我国目前分配方式的不合理,源于不合理的生产方式,主要是不合理的所有制形式:其一,资本的业主所有制,导致了资本的强势地位和资本利润侵蚀劳动报酬;其二,行政的国家所有制,不仅导致企业利润过高、劳动报酬偏低,而且导致国有垄断企业官员收入过高,大大超过一般部门收入水平。既然如此,变革分配方式、调整国民收入分配格局的根本出路就在于实现生产方式的变革:全面推进所有制改革,重建劳动者个人所有制。"重建个人所有制",是对劳动者个人所有制的重新肯定,它表明社会主义所有制关系与历史上已有的个人所有制既具有某些共同特征,又有着许多显著的区别。

作为重新建立的个人所有制,社会主义所有制的本质特征有三方面:(1)其主体是劳动者,它消除了劳动与所有权的分离,实现了劳动者与生产资料直接结合,使劳动者占有劳动产品与剩余劳动,它是劳动者所有制;(2)其实现途径是劳动者的社会联合,它是劳动者的联合所有制;(3)其内容是实现每一劳动者个人的所有权,即包括生产资料使用的控制权(管理权),也包括生产资料使用的收益权,即剩余索取权,它是劳动者联合的个人所有制。在社会主义所有制关系下,一方面全体劳动者联合起来共同占有生产资料,另一方面充分实现每一劳动者个人的所有权。这充分表明马克思对个人权利的高度重视,把个人权利是否能得到充分实现作为衡量社会主义公有制是否完善的基本尺度。① 从我国现实来看,无论是在初次分配中劳动报酬偏低还是在再分配中居民比重偏低,其主要原因都在于劳动者缺乏财产所有权。初始财产权分配的不公平导致了其后劳动者在初次分配中的失利与不公平,因此,应当创造条件让更多群众拥有财产性收入。让财富的增长更多地覆盖普通百姓,让财产性收入从"精英时代"进入"大众时代"。

(一)应当深化所有制改革,确立广大劳动者个人财产权,体现"重建个人所有制"的社会主义原则

在我国现阶段,要实现重建个人所有制的目标,必须深化国有企业改革,使劳动者真正成为企业的所有者。目前,劳者有其股有两种有效的方式:职工持股和股票期权。职工持股是劳动者劳动力产权实现的有效形式,股票期权制度是经营者人力资本产权化的有效实现形式。这两种制度使劳动者和经营管理者的角色发生转变,由单纯的员工、代理方转向劳动者或管理者和所有者的双重职能,从而使其更加尽职尽责,取得很好激励效果而实现公司利益最大化的目的。首先,要加大力度完善我国职工持股制度。建立和完善有关职工持股的法律法规。目前我国对职工持股缺乏明确和有效的法律规范,这一方面造成各地、各企业各行其是,钻政策与法律的空子,使国有资产在不同程度上遭受损害;另一方面又造成广大职工对自己持有的所谓"内部职工股"的合法性和稳定性缺乏信心,难以建立起自己的股东意识和对企业长远发展的信心。因此,应当以切实有效和灵活多样的方式推进职工持股制度的发展。国有企业在进行股份制改造或现代企业制度建设时,应当考虑将由企业福利基金和奖励基金形成的资产和部分企业积累形成的资产划为职工股,以配送和低价出售的方式转让给职工作为职工股。对国有小企业,应当进行股份合作制改革,应当按照"先出售,后改制,内部职工持股"的办法,组织实施股份合作制的改制工作。改制企业的国有净资产原则上可全部出售给职工个人。对资债基本持平的企业,可

---

① 陈思明:《马克思主义分配理论的理性回归和时代发展》,《中央财经大学学报》,2003年第7期。

以"零"价向企业职工出售,职工所投入的股份作为注册资本。对于那些处于一般竞争性行业的国有大中型企业,应当通过投资机构、企业经营管理者、职工和自然人投资入股组建股份有限公司。鼓励企业职工持股,具备条件的企业可以拿出一部分资产折成股份,采取员工持股的方式实现产权多元化,员工股份既可以通过增资扩股方式设置,也可以通过产权转让方式设置。

(二)确立人力资本产权,使科技、管理人员成为企业与资本所有者

在企业实现股份制过程中,经营管理者、科技人员、业务骨干等人力资本所有者应当拥有人力资本产权,其持股额度应当高于一般员工。在传统业主制企业里,劳动者只有人力资本的所有权,而没有人力资本的产权,劳动者只获"劳动力价值"(成本),没有剩余分配权。在"两权分离"型公司制企业里,企业合约将管理者人力资本所有权与非人力资本所有权分离,使经营管理人力资本成为独立的生产要素。人力资本存量高的劳动者更容易获得企业的期股或股票期权。确立人力资本产权,有助于消除代理人侵蚀所有者现象,使企业的法人治理结构以及企业的监控机制更加规范和完善。在我国现阶段,国有企业确立人力资本产权的地位,可以使劳动者以所有者的资格直接参与企业的管理和决策,可以弥补所有者缺位的缺陷:一方面,它能制止代理者的道德风险行为;另一方面,它又能以其人力资本产权抗衡代理者的官僚主义行为,完善企业的监控机制。私营企业确立人力资本产权,可以实现物质资本产权和人力资本产权的有机结合和平等合作,有利于抗衡物质资本所有者对劳动者权益的剥夺。在人力资本产权确立的制度条件下,人力资本所有者不再仅仅是物质资本所有者的雇佣者,而是与物质资本所有者一样享有资本投入的权益。为此,应当健全我国股票期权激励制度,健全相关的法律法规:一是加快制定国有企业实施股票期权的统一的操作规范,使其有章可循;二是适当调整和修改《公司法》、《证券法》中与实施股票期权制相悖的款项,尽快出台有利于实施股票期权制的税收优惠政策,进一步完善股票期权制实施中的监管及信息披露方面的法律法规;三是科学设计股票期权方案。在现阶段,企业应积极争取国家政策支持,切实解决股票来源问题。借鉴国外企业的成功经验,因企制宜,合理设计企业经营者的薪酬结构比例和股票期权的授予数量,科学设计行权价格,既要保证国有资产的保值增值,又要维护企业经营者的切身利益。

(三) 深化农村土地所有制改革

应当克服传统集体所有制的缺陷,确立农民个人所有权。改革开放前,在"一大二公""政社合一"的人民公社制度下广大农民被剥夺了土地所有权,这不仅没有真正实现"耕者有其田"的目标,而且极大地破坏了农村生产力的发展。改革开放30多年来,实行土地集体所有、家庭承包经营仍然没有赋予农民土地所有权,土地的集体所有制成为地方政府从土地上攫取巨大经济利益的工具,成为一些地方政府与民争利的一种强权经济组织。因此,我们应当推进土地集体所有制改革将土地所有权还给农民,这样可以一举解决困扰我国数十年的"三农问题"。这是因为:农民拥有了土地所有权,就会将这块土地及其附着其上的房屋和种养物视为自身的资产而百倍地珍惜之并竭力提高这块资产的投入产出率并扩大增殖,大大增加农民收入。农民拥有了土地所有权,这块成为个人资产的土地及其附着物的价值就会因具备了交易的条件而自然地得到评估并被纳入农民的总资产中,使农民摆脱目前的所谓集体的佃农的身份,作为一个生产者有资产可以抵押贷款,便于农民加大农业的投入,促进农业生产的发展。农民拥有了土地所有权,国家可以通过颁行包括社区合作社在内的新的更符合国际合作社基本原则的合作社法,引导和鼓励农民根据需要去组建各种类型的名实相符的合作社法人或社办企业法人股份制经济组织。因此,废止土地集体所有制并将土地所有权还给农民,普遍实行股份合作制,不仅使农民土地个人产权制度同企业的以个人股权为基础的股份制一样是公有制,而且是马克思曾指出的那种"在协作和对土地及靠劳动力本身生产的生产资料的共同占有的基础上,重新建立个人所有制"。① 具体说来,可以采取土地股份合作制的形式实现农民个人对土地的最终所有

---

① 《资本论》第1卷,北京:人民出版社,1975年,第932页。

权:首先,把土地的最终所有权量化到农民个人头上,农民个人履行出资人职能;然后,实行农民个人所有的社会联合,农民个人作为股份持有者组成土地股份合作社,成立股东大会,选举董事会作为最高权力机构,掌握与行使土地的所有权;最后,在农民股份合作制的基础上采取企业化的经营方式,构建法人财产制度和法人治理结构,直接行使土地的占有权、经营权与收益权,建立公司化的农场制度,实现土地规模经营与农业企业化经营。

原载于《河南大学学报(社会科学版)》2012年第1期;《高等学校文科学术文摘》2012年第2期、《社会主义经济理论与实践》2012年第5期转载

为构建中国特色社会主义政治经济学贡献智慧
——许兴亚教授的学术思想

李保民　王权堂①

习近平总书记在主持中共中央政治局第二十八次集体学习时指出:"要立足我国国情和我国发展实践,揭示新特点新规律,提炼和总结我国经济发展实践的规律性成果,把实践经验上升为系统化的经济学说,不断开拓当代中国马克思主义政治经济学新境界。"②改革开放以来我国一大批马克思主义政治经济学研究者,从学术和学科方面致力于把中国特色社会主义经济发展实践经验上升为系统化的经济学说,推动中国特色社会主义政治经济学形成、发展与创新,为构建中国特色社会主义政治经济学理论体系做出了重要贡献。许兴亚教授就是其中的一位杰出代表。

许兴亚教授是我国著名的马克思主义经济学家,中国《资本论》研究会副会长,全国马克思列宁主义经济学说史学会副会长,河南大学经济学院原院长,政治经济学和马克思主义基本原理专业博士生导师。他从20世纪70年代末开始从事《资本论》与社会主义经济理论研究,勤于笔耕,著述丰硕。他研究的特点是从马克思主义经典著作的文本出发,通过考证、校勘、复原,厘清文本的原有真意、精神意蕴与时代内涵,澄清对它们的种种偏见、误解和超越客观历史条件下的某些理论局限,从而深化对马克思主义经济学基本原理的认识。许兴亚教授积极

---

① 李保民(1971—),男,河南尉氏人,河南大学经济研究所所长,教授,博士生导师;王权堂(1976—),男,河南唐河人,河南大学经济学院博士生。
② 《习近平主持中共中央政治局第二十八次集体学习》,《人民日报》,2015年11月27日。

参与构建中国特色社会主义政治经济学理论体系,由此被认为是我国经典的马克思主义文本学派的领军人物。① 在国内经济学界学风浮躁、马克思主义文本研究与考据严重不足的大环境下,许兴亚教授的研究尤为可贵和值得重视。本文试从以下几个方面简要地概述许兴亚教授的学术贡献:

一、澄清对我国"国情"和"社会主义初级阶段"的片面认识

许兴亚教授认为,马克思主义经济学应坚持马克思主义"历史唯物论",在对中国经济问题的研究中,理应从我国的"国情"和"实际"而不是从某些先验的"假定""逻辑"和"范式"出发。② 针对理论界对"国情"讨论只讲"人口多、底子薄、生产力落后"等等的片面认识倾向,许兴亚教授指出,国情问题首先是一个国家的社会性质问题,对我国国情认识的实质,就在于对我国的社会性质及其所处发展阶段的认识。③

依据包括"技术条件"和"社会条件"两个方面内容的生产方式,将社会经济发展划分为不同的发展阶段,是马克思《资本论》理论与方法的一个重要特点。许兴亚认为,对于我国的社会性质及其所处发展阶段,也应从"生产的社会形式"及其"物质技术基础"两个方面来认识。从"生产的社会形式"方面看,我国已建立起"社会主义社会",但缺少其特有的物质技术基础,还不是马克思所说的"在自身基础上已经发展了的"社会主义社会。因而,我国的社会主义具有既不同于发达的社会主义,又不同于资本主义社会的特点,只能是一种初级阶段的社会主

---

① 薛宇峰:《当代中国马克思主义经济学的流派》,《经济纵横》,2009年第1期。

② 许兴亚:《以马克思主义为指导,繁荣与发展我国理论经济学——兼论中国马克思主义经济学者的使命》,《当代经济研究》,2004年第9期。

③ 周守正,许兴亚:《国情·宪法·资本论》,《河南大学学报》(社会科学版),1998年第1期。

义。① 既然是社会主义初级阶段,那么,它的主要任务就是解放和发展生产力,通过社会主义物质技术基础的充分发展,建立起"特殊的社会主义生产方式",这样才算得上是完全的社会主义经济。当初资本主义社会也是先从"形式"上建立,然后才从物质技术基础上建立起来的;那种依据我国处于"社会主义"初级阶段,就认为社会主义"搞早了"和"搞糟了"的观点是不成立的。②

二、对马克思主义经济学的研究对象、基本范畴和理论体系的新阐释

作为"系统化的经济学说",中国特色社会主义政治经济学理应具有其特有的研究对象、基本范畴和理论体系。近四十年来,许兴亚教授本着马克思主义的科学和创新精神,对马克思主义经济学的研究对象、基本范畴和理论体系进行探讨,并做出了新的阐释。

(一) 马克思主义经济学的研究对象

许兴亚教授认为,马克思主义政治经济学的研究对象,并不仅限于斯大林所说的"生产关系",而应是马克思所说的"一定的生产方式以及和它相适应的生产关系和交往关系"。由于"生产方式"包含生产力、生产关系及上层建筑,马克思主义政治经济学的研究对象就是由生产力、生产方式和生产关系乃至上层建筑中的某些环节和方面内在构成的一个社会经济运动总体;而且,生产力、生产方式和生产关系,都是"多级和多层次结构"的范畴,三者之间以及它们的各级("第一级的""第二级的""第三级的")、各层次(直接生产过程、其他经济领域、其他社会领域)之间存在相互渗透和相互转化的关系。因而,马克思主义经济学首先必须要重视对"第一级的""原生级的"经济关系的研究,但同时也要

---

① 许兴亚:《马克思主义经济学与中国经济问题探索》,北京:社会科学文献出版社,2004年,第50—52页。
② 谷亚光:《经世济民之道》,北京:中国社会出版社,2009年,第164—187页。

重视对"第二级的""第三级的""派生的""转移来的""非原生的"经济关系研究;而现实的生产力、生产方式和生产关系都是具体的和历史的范畴,它们共同构成了人类历史上的各个不同社会形态。① 他还认为,由于社会主义条件下财富的内容客观上是物质、主观上是劳动,社会形式与其内容相一致,因而,尽管自然物质或产品并不单独构成社会主义政治经济学的研究对象,但社会主义政治经济学所研究的财富的特殊社会形式,同时就是对财富的内容即自然物质或产品的研究。②

(二) 马克思主义经济学的若干基本范畴

在这方面,许兴亚教授的贡献体现在:一,基于对马克思经典著作文本翻译的推敲,从理论的角度重新考证、辨析经济形式、生产力、生产方式、生产关系、所有制、商品、使用价值、价值、资本等基本范畴,清除对这些范畴的误解。③ 他在阐释中注重运用马克思主义唯物辩证法的逻辑,强调这些基本概念或范畴并非单纯逻辑上的概念或范畴,而是现实的生产关系的理论抽象或理论表现。二,对我国改革与发展实践中新出现的、首先是资本主义发展产物的"市场经济"和"股份制"等现象进行理论分析,对"社会主义市场经济"和"新社会主义股份制"等新提法进行科学论证。他认为,社会主义社会初级阶段的国情决定了它与共产主义(社会主义)的高级阶段具有某些共同的本质,同时它又保留有旧社会的某些特点。我国实行的"市场经济"和"股份制"等都是这样的例子。因而,市场经济有姓"资"姓"社"之分,决不能将"社会主义"舍去而简单说成"市场经济"。尽管他赞同将股份制看作国有企业改革的一项措施,但他同样认为我国的股份制是与资本主义股份制不同的"新社会主义股份制",涉及的是社会主义全民所有制企业内部的国家、企

---

① 许兴亚:《马克思主义经济学与中国经济问题探索》,北京:社会科学文献出版社,2004年,第3—25页。

② 李连第:《中国经济学希望之光》,北京:经济日报出版社,1991年,第739页。

③ 许兴亚:《〈资本论〉第一卷序言中若干译文的辨析》,《当代经济研究》,1998年第5期;许兴亚:《〈资本论〉第一卷第一章中的若干范畴》,《当代经济研究》,2000年第9期。

业和职工之间的关系。社会主义股份制应是对资本主义股份制的扬弃,股份制改革的目的首先应当立足于从总体上搞好整个国有经济,发展社会主义社会的生产力,所谓"规范化"(符合西方资本主义股份制规范)的股份制是我国企业改革唯一出路的观点是不正确的。① 他还提出,我国实行社会主义股份制的理论依据,不应从生产社会化和商品经济发展的要求而应从我国社会主义生产方式和生产关系总和的角度去解释。② 三,运用马克思主义经济学的立场、观点与方法,对学界在探讨我国经济体制改革与发展中广泛运用的"制度""产权"等西方经济学范畴进行批判,以便与其划清界限。

(三) 马克思主义经济学的理论体系

许兴亚教授认为,马克思主义经济学广义上是指"一门研究人类各种社会进行生产和交换并相应地进行产品分配的条件和形式的科学",狭义上是指研究某特定社会的上述条件、形式和规律的科学。即使单就马克思本人的经济学理论体系来看,也不能简单地等同于《资本论》,甚至也不能仅仅等同于马克思《政治经济学批判》的"六册计划"(包括《资本》《土地所有制》《雇佣劳动》《国家》《对外贸易》和《世界市场》)体系,而是一个更加宏伟的理论体系。③ 按照马克思的设想,它应包括三大部分:首先应当出版的著作(第一部分)是对资产阶级"经济范畴"或"资产阶级经济体系"的批判,亦即包括前述"六册"著作的《政治经济学批判》;其次(第二部分)是"政治经济学和社会主义的批判和历史",即"经济学说史"和"社会主义经济理论史";最后(第三部分)则是"对经济范畴或经济关系的发展的简短历史概述",即"经济史"。此外,它还应包括恩格斯、列宁和斯大林、毛泽东以及世界各国的马克思主义经济学家所做出的创新与贡献。

---

① 许兴亚:《社会主义股份制应是对资本主义股份制的扬弃》,《中国改革报》,2004 年 6 月 7 日。
② 许兴亚:《新社会主义股份论》,《经济新论》,1986 年第 3 期。
③ 许兴亚:《马克思经济学著作的"六册计划"与〈资本论〉》,《中国社会科学》,1997 年第 3 期。

三、对劳动价值理论的"正本清源"和创新发展

构建中国特色社会主义政治经济学离不开马克思主义政治经济学的劳动价值论。然而,在许兴亚教授看来,无论国内还是国外,也无论是马克思主义政治经济学界还是非马克思主义经济学界,对劳动价值论的认识本身都长期存在着许多重大的误区:

其一,将马克思劳动价值论混同于资产阶级古典经济学的劳动价值论,将后者的"缺陷"用作反对前者的"论据";其二,把马克思的劳动价值论仅看作是一种"剥削"理论和"造反有理"理论,认识还停留在"从李嘉图学派出发的社会主义者"的水平;其三,把马克思用于说明隐藏在交换价值和价格中的实质的劳动价值论,混同于研究"只限于价值量"或交换价值和价格的理论;其四,将马克思劳动价值论对资产阶级经济关系的"叙述""说明"和"分析"说成是"假定"和"证明"等等。① 为了更好坚持马克思劳动价值理论,他基于马克思主义经典著作文本翻译与考据,对其中的若干重要范畴进行了"正本清源"。

(一)关于劳动价值论若干重要范畴

1."商品""使用价值"和"货币"

许兴亚教授认为:(1)在马克思那里,"商品"实际上包括广义和狭义两个不同层次的含义。狭义的商品是指为交换而生产的并且实际"用来交换的劳动产品";广义的商品则是"具有交换价值的使用价值",即"用来出售的物品"。这一定义的好处是涵盖了资本主义市场经济中的所有"商品",同时也便于从本质和现象两者的统一上来科学地把握市场经济中的"商品"。(2)"使用价值"是指"商品体本身",不是教科书定义的"商品可以满足人们某种需要的属性",也不等于商品的"效用"或"有用性"。明确马克思这一概念的好处是既坚持了马克思主义经济学的历史唯物主义的基本原理,同时也彻底堵死了任何试图用资产阶

---

① 许兴亚:《马克思主义经济学与中国经济问题探索》,北京:社会科学文献出版社,2004年,第339—349页。

级经济学的"效用价值论"来冒充或"修正"马克思劳动价值论的可乘之机。(3)"货币"并非仅仅是"固定充当一般等价物的商品",也绝非仅仅是一般的流通手段即"通货",而是"作为价值尺度并因而以自身或通过代表作为流通手段来执行职能的商品"①。而西方经济学的各种"货币"理论的弊端之一,恰恰在于它没有一个科学的货币理论。

2. 使用价值范畴与马克思主义政治经济学

许兴亚教授认为,按照马克思的理论,政治经济学是研究财富的特殊社会形式,或者说是财富生产的特殊社会形式。财富的社会形式,在不同的社会中则是不同的。对于资本主义生产方式占统治地位的社会来说,只有当这种材料(即使用价值)本身成为经济形式的因素(例如作为商品的两个因素之一),或者成为改变经济形式的要素(例如贵金属对于贵金属成为货币商品、劳动力的使用价值对于劳动力成为商品、劳动资料表现为固定资本)时,或者当它被经济的形式关系所改变(例如商品体不仅作为使用价值而且同时成为交换价值和价值的物质承担者,贵金属不仅作为工业原料而且同时作为货币,货币不仅成为货币商品、而且成为资本商品)时,才列入考察的范围。这时它所起的作用,也仍然不同于交换价值和价值的作用,但却并非像在李嘉图那里一样消极地呆在一边不起作用,而是起着一种"在以往的任何经济学中都不曾有过的重要作用"。至于在非商品生产的条件下,使用价值本身就成为财富的社会形式,它是从"需要和生产体系"中发展起来的,体现着社会分工、一定的对象化劳动,以及物对人的关系,因此,它的社会属性也是客观存在的。② 而对于生产资料归全社会所有的社会主义和共产主义社会来说,使用价值范畴的意义将会变得越来越重要,这也是由社会主义的生产目的是为了更好地满足人们日益增长的物质和文化需要所决定的。

3. 商品的价值量和价值规律

针对价值量和价值规律认识上的误解,许兴亚教授指出,商品的价

---

① 许兴亚:《〈资本论〉第一卷第一章中的若干范畴》,《当代经济研究》,2000年第9期。

② 许兴亚:《使用价值范畴与价格》,《中州学刊》,1988年第3期。

值规律是商品的价值和价值量的决定的规律,而不是"交换价值的量的决定的规律"或者"商品交换的规律";商品的价值量不是由单个商品生产者的个别劳动时间决定的,也不是所谓这些"个别劳动时间的加权平均",而是由社会在一定时期内所应当花费在该类商品生产上的总劳动时间决定的。因此,在"第一种含义的社会必要劳动时间"的规定中,已经包含了"第二种含义的社会必要劳动时间"的规定。但是,只有在生产实际地受到社会的预定控制的地方,社会才有可能在社会总生产和总消费间建立直接的联系,它才有可能谈得上在全社会范围内自觉利用价值规律,而不是竞争的规律。①

4. 市场价值与价值和市场价值规律与价值规律

许兴亚教授认为,在马克思那里,"市场价值"既不同于商品的实际价值,也不同于日常的市场价格,而是一个介于商品价值和市场价格之间而又同时具备价值和市场价格的规定的中间范畴。但因为它是"用货币来估计的价值",所以,它就是对在市场上出现的一类商品的各种不同的市场价格起调节作用的那个共同的市场价格。商品的市场价格在竞争和供求的作用下,就是围绕着这个市场价值、而不是直接围绕着商品的价值自发地上下波动的。商品的市场价格围绕着这个"起调节作用的市场价格"即市场价值、而不是直接围绕着价值而上下波动的规律,就是市场价值规律。它的基本内容就是同类商品在同一市场上只能有一个"共同的、起调节作用的市场价格"。它是在价值规律的基础上、由价值规律派生出来的、价值规律在流通领域内(即在市场上)的表现形式,但却并不就是价值规律本身。在资本主义的基础上,商品的"市场价值"转化为商品的"市场生产价格"或"社会生产价格",但是市场价值规律及其发生作用的形式仍然没有变。市场上的同类商品仍然只能有一个共同的、对同类商品的各种不同的市场价格起调节作用的"市场价值",即"市场生产价格"或"社会市场价格",它才是同类商品的各种不同的市场价格赖以波动的重心。马克思所说的这个"市场价值",就是重农学派所说的"必要价格"、亚当·斯密所说的"自然价格"、

---

① 许兴亚:《〈资本论〉第一卷第一章中的若干范畴》,《当代经济研究》,2000年第9期。

李嘉图所说的"生产价格",以及在一定意义上,就是当代资产阶级庸俗经济学家所说的"均衡价格"。① 但是资产阶级经济学家的共同局限,就在于他们当中的任何人,从来也没有把价值和市场价值、价值规律和市场价值规律区分开来。因此,无论在内容或是形式上,马克思的"价值—价格"理论,都比西方资产阶级经济学的"价值—价格"理论更完整、更全面、更深刻。

5. "虚假的社会价值"

马克思在《资本论》中还提出了一个著名的"虚假的社会价值"理论。国内外都有学者认为"虚假的社会价值"虽然名义上是"虚假"的,但仍然是农业部门中农业工人创造剩余价值的一部分。对此,许兴亚教授指出,虽然地租作为"虚假的社会价值"是社会为购买农产品向农业资本家多支付的价值或价格,亦即资本投资于农业所带来的超额利润,但超额利润即"虚假的社会价值"的产生却并不仅局限于农业部门,只不过在农业部门比较固定。其实质则在于在资本主义的基础上,在竞争和市场价值规律的作用下,"平均利润率和平均利润率规律"转化为"最低限度利润率和最低限度利润率规律",由此导致在社会生产的任一部门内,条件最坏的资本也要力求获得这个最低限度的平均利润和平均利润率(否则它就会从该部门抽走)。其结果必然导致在全社会各个生产部门内都会产生出一个不断增长的、名义上的、虚假的超额利润,即"虚假的社会价值",②也就是全社会的名义上的利润率必然不断地高于实际利润率,全社会的名义利润必然会不断地高出全社会的实际利润即实际剩余价值。

(二)创新和发展社会主义劳动和劳动价值论

许兴亚教授认为,在对马克思主义劳动价值论和价值规律问题的研究中,必须区分资本主义社会和社会主义社会中的不同情况,亦即必须区分"商品的价值规律"和"产品的价值规律"。他认为,马克思的商品价值理论主要是用来说明商品生产和资本主义生产的运动规律的;

---

① 许兴亚:《论虚假的社会价值》,《价格理论与实践》,1990年第8期。
② 许兴亚:《论虚假的社会价值》,《价格理论与实践》,1990年第8期。

然而,依照马克思和恩格斯的理论,即使在完全的共产主义社会中,"价值规定的内容"亦即"时间的节约,以及劳动时间在不同的生产部门之间有计划的分配""仍然是首要的经济规律。这甚至在更加高得多的程度上成为规律。然而这同用劳动时间计量交换价值(劳动或劳动产品)有本质区别"。与此同时,"价值概念"也会部分地保留下来。然而由于社会形式和经济条件已经发生了根本的变化,它肯定具有不同于资本主义社会的劳动与价值理论的某些特点和规定。因而,必须立足于新的历史条件,以马克思主义理论为指导,创新和发展劳动和劳动价值论。他的主要创新观点包括:

1. 在我国社会主义社会的初级阶段条件下,与资本主义市场经济相类似的某些经济关系也仍然还是存在的。因此,马克思的劳动价值论和商品价值理论在一定范围内也仍然还是适用的。在这个意义上,它仍然是研究我国社会主义市场经济问题的重要的理论基础。但是,另一方面,我国的社会毕竟已经进入了社会主义社会,因此,价值规定或价值规律的"主体(即社会)"已发生了重大变化。所以,支配我国的"时间的节约,以及劳动时间在不同的生产部门之间有计划的分配"的规律,发生作用的形式也必然会发生一定的变化。他认为,一方面我国社会主义社会初级阶段中的"劳动价值论",作为"商品价值"的理论仍是"一元"的,"商品的价值规律"仍然需要通过竞争和市场价值规律来发生作用;另一方面,我国社会主义社会的"价值"和"财富",就其"非商品性"(例如自然资源和知识产品的价值)来说,其"价值理论"又可以是"多元"的。

2. 马克思的"商品价值理论"与"生产劳动和非生产劳动理论",并非同一个理论。后者是从"经济的社会形式规定"即生产关系方面来划分的。在我国社会主义市场经济的条件下,判断生产劳动和非生产劳动的根本标准不在于劳动和产品的"物质性与非物质性",也不在于所生产和实现的"商品价值"的多少,而是要看这些"劳动"是否符合"社会主义的本质"和"三个有利于"标准。因此,在我国社会主义社会条件下,判断生产劳动与非生产劳动的标准,尤其不能单凭劳动所实现的"价值"(通过市场价值和价格)来衡量。

3. 马克思的劳动价值论和收入分配理论也是分属于不同领域的理

论。决不能把马克思的劳动价值论仅仅视作与"剥削"和"公平"有关的理论。我国现阶段的按劳分配和其他的分配形式,其最基本的依据都不在于"劳动价值论"和其他任何"价值理论"中,而是在于我国社会主义现阶段的基本经济制度和实际需要中。①

四、对马克思扩大再生产理论的探讨

开拓当代中国马克思主义政治经济学的新境界,需要拥有挑战长期形成的错误教条和重新科学论证、创新的巨大理论勇气。许兴亚教授在对马克思扩大再生产理论的探讨中,就生动体现了这样的求真务实和批判创新精神。众所周知,社会总资本再生产理论,特别是其中的社会生产两大部类对比关系的理论,是马克思全部学说中理论性较强的部分,在传统的政治经济学教科书中对于这一点往往是这样介绍的:在马克思《资本论》的数字公式中,由于没有考虑到扩大再生产过程中资本有机构成的提高,所以两大部类生产是平行增长的。列宁在《论所谓市场问题》等著作中,把资本有机构成的提高引入马克思的数字公式,得出了生产资料生产的增长快于消费资料生产的增长的结论。特别是到了斯大林时期,他在实践中提出了一条优先发展重工业的政策,并在《苏联社会主义经济问题》一文中把这说成是"马克思再生产理论的基本原理"和"建设社会主义的根本条件"。因而,在苏联的《政治经济学教科书》和在社会主义各国的政治经济学界都把这一点当作了"马克思再生产理论的基本原理",形成了错误的教条,并在实践中形成了一种僵化的经济建设路线。受苏联的影响,"优先发展生产资料的生产"即"优先发展重工业"在我国也发展成为重要的经济方针。针对这一问题,结合上世纪60年代我国国民经济的调整,许兴亚早在大学读书时期就对这一"原理"提出过质疑。1978年党的十一届三中全会前后,他又在内蒙古自治区的一个县级中学里,在几乎与国内外经济学界隔绝的情况下,深入进行了这方面的研究。他在刻苦钻研马克思的《资

---

① 许兴亚:《马克思主义经济学与中国经济问题探索》,北京:社会科学文献出版社,2004年,第331—338页。

本论》和列宁的一系列著作的基础上，结合"六五"期间我国国民经济的调整和当时我国经济发展战略目标，并且通过回顾与总结新中国在处理农、轻、重相互关系问题上曾走过的曲折道路和经验与教训，写成了五万字论文《对扩大再生产条件下社会生产两大部类生产对比关系的初步探讨》，其初步结论如下：

1. 马克思的扩大再生产公式并非只有一个，而是三个，即：$I(v+m) > II c$，$II(c+m-m/x) > I(v+m/x)$，以及 $I(v+\Delta v+m/x) = II(c+\Delta c)$。从以上三个公式中，得不出生产资料优先增长的结论。只有这三个公式，才能够准确反映社会资本扩大再生产的条件。这一研究结论与毛泽东提出的农、轻、重三者的相互关系原理是一致的。

2. 马克思在《资本论》第二卷第三篇所列举的数字公式中，并非没有考虑到资本有机构成提高的情况。列宁关于生产资料生产比消费资料生产增长更快的结论，是在特殊的条件下提出的，列宁并且指出这是由资本主义生产的特殊性质和固有矛盾所决定的，也就是说，列宁并没有把它视为任何社会都适用的"原理"。

3. 扩大再生产条件下的两大部类生产，取决于两部类生产的资本有机构成、剩余价值率和积累率等复杂因素。所以，两部类生产增长速度的对比关系会出现第I部类优先增长、第II部类优先增长或两部类平行增长三种不同的情况，而不是只有生产资料生产优先增长这样唯一的模式。

4. 社会主义国家在发展经济时，在处理两部类生产和农、轻、重三者的关系时，必须一切从实际出发，按照实际情况决定我们的方针。

为了更加准确地阐述自己在这一问题上的观点，许兴亚教授又单独或与他人合作发表了《试论扩大再生产条件下社会生产两大部类增长速度的对比关系》（论文的观点被《人民日报》头版报道）、《关于马克思扩大再生产公式的几个问题》、《生产资料生产的优先增长不是扩大再生产的必要条件》和《再论扩大再生产条件下社会生产两大部类增长速度的对比关系》，以及《列宁对罗莎·卢森堡〈资本积累〉一书的批判及其意义》等论文。其中，他的关于马克思扩大再生产公式的三个公式的提法引起了我国马克思主义政治经济学界的重视,①国内出版的很多政治经济学教科书都相继采用了三个基本公式的提法。他的关于生产资料生产优先增长不是扩大再生产的必要条件的观点,被评价为这方面的代表性观点。②他所提出的两部类增长速度的公式,被评价为国内最早提出的马克思经济增长公式。③他对于两大部类增长速度对比关系问题所进行的研究被评价为对两大部类对比关系的"数字模拟和数学论证",是"近年来马克思再生产理论研究的新进展"。④他这方面的研究成果,先后获得河南省第一、二届优秀社会科学论著(成果)二、三等奖和河南省教委首届优秀社会科学成果特等奖。

通过对上述问题的研究,许兴亚教授还得出了一个附带的结论:马克思主义经济学不仅是一门规范的科学,而且首先是一门实证的科学。尤其是它的社会主义部分,在本质上是一门关于社会主义社会的经济和社会发展以及人类自身全面发展的学说。⑤

五、批判资产阶级政治经济学及其改革观

繁荣发展中国特色社会主义政治经济学,需要正确对待马克思主义经济学和非马克思主义政治经济学。许兴亚教授指出,政治经济学,或曰经济学,在它诞生时首先是一门资产阶级的科学。但是自从马克思主义诞生以来,它就分成了互相对立的两大阵营,即马克思主义政治经济学和资产阶级政治经济学。改革开放以来,我国引进了一些西方资产阶级经济学的东西,这从比较和鉴别以及批判地吸收和借鉴其中

---

① 胡文杰:《也谈马克思扩大再生产公式的几个问题》,《经济研究》,1980年第11期。

② 李学曾:《我国社会主义再生产理论研究的进展》,《经济研究》,1985年第7期。

③ 杨铁牛:《马克思的经济增长理论研究》,内蒙古大学硕士学位论文,2011年。

④ 刘国光、张曙光:《关于再生产理论的研讨与述评》,《经济学文摘》,1981年第3期。

⑤ 谷亚光:《经世济民之道》,北京:中国社会出版社,2009年,第170页。

某些有益的东西的角度看,是必要的。但是绝不能因此而否定和排挤马克思主义政治经济学的主流、主体和指导的地位,并且甚至由此而误导和妨碍我国经济改革的社会主义方向和进程。然而事实上,改革开放以来,我国始终存在着马克思主义政治经济学和资产阶级政治经济学,以及社会主义改革观和资产阶级改革观之间的尖锐斗争。就此,许兴亚教授指出,目前我国所说的西方经济学,并非是一个单纯的地理或地域概念,而是资产阶级政治经济学的另一名称。尽管它的研究对象在客观上与马克思主义政治经济学特别是它的资本主义部分确实存在着许多共同的地方,但是,作为一门资产阶级的经济学,则无论是古典的还是现代的,都存在一个共同的局限,那就是狭隘的资产阶级眼界的局限,也就是把资产阶级的经济关系和经济范畴看作是一般的和永恒的。这就从根本上抹杀了社会主义经济与资本主义经济之间的界限和区别。至于其中的庸俗经济学,则还具有其特有的肤浅性、辩护性和调和性的特征。因此,作为一种意识形态,它在总体上与马克思主义的政治经济学以及社会主义的基本原理是相对立的。因此,我们在对西方经济学进行吸收和借鉴的时候,首先必须认清它的这些资产阶级意识形态的偏见,坚决地予以批判和清除。为此,他从对西方经济学的立场(资产阶级立场)、观点(唯心史观)和方法(形而上学),再到对当代西方经济学的一系列具体范畴和理论,都进行了深入细致而又坚持不懈的批判和辨析。现仅就他对西方经济学中的"经济人"假设、市场经济理论和产权理论等错误的时髦理论的分析和批判做些介绍。

(一) 对"经济人"假设的批判

许兴亚教授认为,当代西方经济学的资产阶级局限性,突出地表现在它的"经济人"的假定上。离开了这一"自私自利"的、在市场中"趋利避害"的"理性经济人"的假定,它的任何理论(包括微观、宏观)和模型就都会建立不起来。而西方经济学所说的这种"经济人"也并非是一种单纯的理论假设,而是对现实的资本主义社会中活动着的"资产者"或"市民"的一种理论抽象,因而是客观的、合理的和真正有效力的。这理应"归功于"西方经济学的阶级局限性。不基于这一理论假设,西方经济学也就不成其为资产阶级经济学了。

许兴亚教授通过将"经济人"假设和黑格尔对"资产者"或"市民"论述的对照分析发现,黑格尔所讲的"资产者"或"市民"事实上早已囊括了"经济人"的一切本质规定。"经济人"其实就是黑格尔所说的"资产者"或"市民",也就是资产者,是对其历史和事实的概括和描述。西方经济学的错误在于,硬要把"经济人"这种资产阶级的属性推广为一切社会的人的经济属性,用这一资产阶级人性和阶级性偷换社会主义人性和阶级性,从而将资产阶级经济关系当作社会一般的颠扑不破的自然规律偷偷地塞了进来。由于整个资产阶级经济学体系都是从"经济人"假设出发推演出来的,因此也就暴露出资产阶级经济学的唯心主义和形而上学的方法论本质。①

(二)对资产阶级市场经济理论的批判

改革开放以来,我国逐步形成了社会主义市场经济理论。在马克思主义经典著作中,"商品经济"和"市场经济"的术语虽然是列宁而不是马克思和恩格斯首先提出和使用的,但是,马克思在《资本论》等著作中既阐明了商品生产和货币经济与资本主义经济的联系,也阐明了它们与资本主义经济的区别。然而,资产阶级经济学家却将市场经济说成是"资本主义的自由企业经济",从而把市场经济等同于资本主义经济。在我国,也有人把资本主义经济说成是"市场经济一般"。对于这一点,许兴亚教授指出,按照马克思的论述,一方面,"商品经济"或"市场经济"是历史上某些时代所共有的,判断资本主义生产方式和生产关系的标志不在于生产要素在多大程度上来自市场,以及产品在多大程度上必须重新回到市场上去,而在于资本与雇佣劳动的对立。但也正因如此,就不能把资本主义的有关规定说成是"市场经济一般"的规定。另一方面,"市场经济"在现实中又总是与不同的社会生产方式亦即基本经济制度结合在一起的。而且"市场经济一般"首先也是从资本主义市场经济中抽象出来的。这就要求我们在建设社会主义市场经济体制的过程中,既不能把资本主义的有关规定说成是"市场经济一般"的规

---

① 许兴亚:《马克思经济学应如何看待"经济人"假设——与程恩富同志商榷》,《中国社会科学》,2008年第2期。

定,更不能用这个变了味的"市场经济一般"来"规范"或"裁剪"我国社会主义市场经济实践。因为这样做的结果和实质,是在用资本主义的市场经济来冒充"市场经济一般"和"社会主义市场经济",从而全面颠覆社会主义经济基础,全面推行资本主义。对此,必须坚决反对。

(三) 对资产阶级"制度"和"产权"理论的批判

许兴亚教授认为,西方经济学中的"制度"和"产权"概念根本不同于马克思主义经济学中的"制度"和"所有制"概念。马克思主义经济学中所说的"资产阶级经济制度"指的是资产阶级的"经济体系",是指包括资本主义的生产方式和生产关系在内的经济关系的"总体",属于社会的"经济基础";而西方经济学(特别是所谓"新制度经济学")中所说的"制度",包括所谓的"规则"和"习俗"等,则属于上层建筑,充其量是第二级和第三级的、派生的、转移来的、非原生的生产关系。马克思主义经济学中的"所有制"是内容和形式的统一,其内容指的是"现实的经济关系",即一定的"生产关系的总和";而资产阶级经济学所说的"产权"指的仅仅是属于上层建筑方面的"法的"或者"权利的"关系,亦即"意志关系",它们的内容是由经济关系决定的,而不是相反。尤其是一些新自由主义的经济学家,他们所鼓吹的"产权"归根到底不过是资产阶级的私人财产权,即凭借私人财产权得以侵占和剥削社会和他人财产的权利。因而,西方经济学中的"制度"和"产权"理论,是不应当被当作我国社会主义经济体制改革的理论基础的。[①]

六、中国马克思主义经济学者的历史使命

许兴亚教授指出中国特色社会主义政治经济学,既是广义上的马克思主义政治经济学的重要组成部分,也是马克思主义政治经济学在当代中国的新发展。决不允许用资产阶级经济学理论来排挤和取代马克思主义政治经济学的主流和主导地位,也决不允许任何用资产阶级

---

① 谷亚光:《经世济民之道》,北京:中国社会出版社,2009年,第186—187页。

经济学的意识形态来冒充马克思主义政治经济学、歪曲中国特色社会主义政治经济学的马克思主义性质。构建中国特色社会主义政治经济学、繁荣与发展马克思主义经济学,必须"坚持马克思主义的指导地位":一是坚持马克思主义经济学的基本立场,将立足点放在最广大人民群众的利益和共同富裕上;二是坚持马克思主义的世界观和方法论即唯物辩证法和历史唯物论;三是坚持马克思主义经济学在我国经济学领域的主流地位,不搞指导思想多元化,等等。

许兴亚教授认为,我国马克思主义经济学理论工作者为完成自身光荣的历史使命,必须做到:一要自觉坚持马克思主义立场、观点和方法,埋头苦干、艰苦奋斗,积极投身于马克思主义理论研究和建设,继续在真正"弄懂、弄通"方面下功夫,并且努力加强马克思主义经济学理论队伍自身的建设,培养和造就一大批青年马克思主义经济理论工作者;二要贯彻理论联系实际的好学风,积极投身于中国特色社会主义建设事业,勇于实践,大胆创新,努力在实践中不断发现新事物、总结新经验,并且使之上升到马克思主义政治经济学的高度,在实践中丰富和发展马克思主义政治经济学,为构建中国特色社会主义政治经济学贡献自己的智慧;三要继续解放思想,不断排除各种"左"的和右的干扰,继续推进对于马克思主义政治经济学的"正本清源"和"拨乱反正"的工作,继续清除从"左"的和右的两方面对于马克思主义经济学的"误读""误解"和"错误的附加";四要结合新实践,进一步发掘、整理和发展马克思主义经济学理论体系;五要批判和清除西方经济学的"资产阶级的意识形态偏见",但同时也要吸收其中某些有益的东西,努力做到马克思主义经济学研究工具和手段现代化;六要创新和发展科学社会主义的"社会主义经济理论",真正更好地构建"中国特色社会主义的政治经济学"。①

原载于《河南大学学报(社会科学版)》2017年第1期

---

① 许兴亚:《马克思主义经济学与中国经济问题探索》,北京:社会科学文献出版社,2004年,第122—152页。

《资本论》和西方经济学关于市场经济起点理论的比较分析

张昆仑[①]

马克思《资本论》的研究对象是"资本主义生产方式以及和它相适应的生产关系和交换关系"。[②] 西方经济学——无论是古典的还是现代的,都普遍认为资本主义的商品经济(市场经济)是人类"自然"的"永恒"的生产方式——可以说,西方经济学就是资本主义市场经济学。这样,《资本论》和西方经济学的研究对象就有着一定的契合性和耦合性。再从国际经济发展现状和发展趋势来看,当今世界原有市场经济国家依然走着市场经济之路,而几乎所有的社会主义国家也都告别了传统计划经济走上了市场经济的发展道路——为什么现代人类、现代国家都要选择市场经济体制?对于市场经济,我们应当怎样站在时代的潮头予以客观的、科学的审视和解读?所有这一切,都需要我们进行认真研究。单就理论层面的研究来说,对马克思的《资本论》和西方经济学的市场经济理论进行比较和分析,无疑具有重大的价值和意义。这里,笔者仅就二者的起点理论进行比较和分析。

一、学术界关于两种起点理论评论的概述

马克思《资本论》的起点理论是"商品论"。西方经济学的起点理论是"稀缺法则"和"经济人假设",当然,作为西方经济学重要组成部分的微观经济学还有另外两个假设——"市场出清"和"完全信息",宏观经

---

① 张昆仑(1952—),男,山东郓城人,河南大学经济研究所教授。
② 《资本论》第 1 卷,北京:人民出版社,2004 年,第 8 页。

济学的基本假设则是"市场失灵论"。应当如何看待这三个假设在整个西方经济学理论体系中的地位,笔者认为,"市场出清"假设认定通过自由价格机制可以达到市场供求均衡状态,进而实现资源的优化配置。"完全信息"假设虽然已被无数事实证明是不存在的,但它所折射的思想却是在资源稀缺的大背景下,具有经济人全部属性的社会成员渴望得到全部有关信息以实现自己最大利益的愿望,因而这一假设仍然是以稀缺法则和经济人假设为前提的。至于"市场失灵论"则是认定基于经济人动机的完全自由放任的市场行为必然造成种种外部不经济现象,因而宏观经济需要国家的"有形的手"进行有效调控——可以看出,"市场失灵论"的前提也是稀缺法则和经济人假设。总而言之,稀缺法则和经济人假设就是西方经济学的原生理论、基石理论和起点理论。

关于《资本论》的起点理论"商品论",学术界的认识较为一致。认为:马克思之所以从商品开始构建庞大的资本理论体系,首先,是由他的从抽象到具体的叙述方法决定的。其次,这样设定符合研究主体和研究对象的客观要求——如果不是这样,而是从国家、民族、利润、地租、价格等具体的现实出发,也许就不会有成功的资本理论体系了。再次,以"商品论"作为逻辑起点也与资本主义生产关系的历史演变顺序相一致——商品既是马克思的资本理论体系的逻辑起点,也是资本关系发展、演变的现实起点。①

关于西方经济学的"稀缺法则"。把资源配置作为经济学的研究对象始自19世纪70年代的新古典经济学。1932年,罗宾斯在《经济科学的性质和意义》一书中第一次正式地将"稀缺"引入经济学,把在稀缺资源约束下人类的行为方式作为研究的主题。此后,西方主流经济学始终将这一法则当成经济学研究的前提。在计划经济时代,正统政治经济学对稀缺法则不置可否。随着社会主义市场经济的建立和发展,特别是在倡导科学发展观、倡导人与自然和谐发展的背景下,首肯这一法则的论著多了起来,同时,深入探讨这一法则的论著也出现了。其中,孙剑平提出:如果将资源稀缺设为逻辑起点,如果把从较短时间区间来

---

① 黄少安:《马克思经济学与现代西方产权经济学理论体系的比较》,《经济评论》,1999年第4期。

看具有一定合理性的经济学称之为资源稀缺经济学,那么,回应现代科技革命挑战,以相当一部分资源枯竭假设为逻辑起点的经济学,就可以称之为资源枯竭经济学。在资源枯竭经济学中,首先是自然规律和经济规律一起构成经济科学的规律体系;其次要特别强调自然规律对经济规律的决定作用。① 张俊山则对"稀缺法则"进行了批判,他指出:作为西方经济学出发点的资源的稀缺性这个基本判断是用静态的和常识性的思想方法考察和认识经济活动,因此具有很大的虚构性。②

西方经济学界对"经济人假设"褒贬不一。褒者如美国科学哲学家库恩,对其给予了高度评价,认为它是经济学第一个研究"范式";③更有不少学人称《国富论》是市场经济的圣经,自 1776 年《国富论》问世,"经济人假设"作为支撑经济学大厦的基石,迄今无人可以撼动。贬者的观点可以概括如下:其一,美国经济学家凯里指责"经济人""实际上不是人,而是受盲目的情绪驱策的想象的动物",这一理论"讨论人性最低级的本能,却把人的高尚利益看作纯属干扰其理论体系的东西"。④其二,德国历史学派指责"经济人假设"将人们在受到道德和情感等诸多方面动机激励下去追求的社会利益排除在外,显然不符合事实和有悖常理。⑤ 在中国政治经济学界,对"经济人假设"持批判态度的观点居主流地位。除了和上述观点相类似的以外,其他有新意的批判有:曾中秋指出,从方法论角度看,"经济人假设"的缺陷在于它的个体主义方法。它赋予每个个体以先验的、一成不变的人性,却忽视了个体间复杂

---

① 孙剑平:《重新审视经济学的逻辑起点》,《江海学刊》,1997 年第 3 期。
② 张俊山:《对经济学中"资源稀缺性"假设的思考——兼论资源配置问题与政治经济学研究对象的关系》,《甘肃社会科学》,2009 年第 2 期。
③ 王宵前:《略论"经济人"假说是西方经济学的基础——兼论理性主义对古典经济学理论的影响》,《江苏教育学院学报》(社科版),2005 年第 6 期。
④ 杨春学:《经济人与社会秩序分析》,上海:上海人民出版社,1998 年,第 175 页。
⑤ 邓春玲:《经济人假说的理论回顾及其启示》,《深圳大学学报》(人文社会科学版),2007 年第 3 期。

的相互作用,以及这种相互作用对"人性"的调节力量。① 赵磊指责"经济人假设"是用"心理来说明心理",是典型的唯心主义。② 当然,也有学者对"经济人假设"从特定视角出发作了肯定性的评价。邓春玲认为:"经济人"是在不断的争论与反驳中逐渐成长起来的,在这一过程中,"经济人"越来越接近现实的人,如由完全理性到有限理性,由最大化到非最大化,由经济利益目标到非经济利益目标等。"经济人假设"发展的历史充分表明马克思的关于人的本质的表述——"它是一切社会关系的总和"。③

有的学人在评价两种起点理论的同时,还提出了自己的经济学起点理论。张建映提出:经济学研究的逻辑起点应该是人类生存发展需求。④ 张俊山认为:劳动应当是经济学研究的出发点和中心范畴。⑤ 本文在以上研究的基础上,着重探讨两种起点理论的共性和区别;论证马克思主义的市场经济学应当融进"稀缺法则"和"经济人假设"。

二、《资本论》和西方经济学起点理论的共性和区别

笔者认为,《资本论》和西方经济学两种起点理论既有共性也有区别,二者的共性具体表现在如下两个方面:

第一,它们在各自的理论体系中都居于始点的位置。就马克思主义经济学来说,马克思《资本论》第1卷第1篇的题目是"商品和货币",第1章的题目是"商品"。马克思在第1章第1节——"商品的两个因素:使用价值和价值

---

① 曾中秋:《经济人假设的理论发展及方法论评价》,《科学技术与辩证法》,2004年第4期。

② 赵磊:《西方主流经济学方法论的危机》,《经济学动态》,2004年第7期。

③ 邓春玲:《经济人假说的理论回顾及其启示》,《深圳大学学报》(人文社会科学版),2007年第3期。

④ 张建映:《生存发展视域下的经济学逻辑起点》,《河北软件职业技术学院学报》,2009年第4期。

⑤ 张俊山:《对经济学中"资源稀缺性"假设的思考——兼论资源配置问题与政治经济学研究对象的关系》,《甘肃社会科学》,2009年第2期。

(价值实体、价值量)"中开宗明义指出的是:"资本主义生产方式占统治地位的社会的财富,表现为'庞大的商品堆积',单个的商品表现为这种财富的元素形式。因此,我们的研究就从分析商品开始。"①而就现行政治经济学以及社会主义市场经济的各种教科书来看,凡是论及商品经济、市场经济内容的,无不以分析商品为逻辑开端。再就西方经济学各种版本的教科书来看,其导论部分首先由"稀缺法则"发轫,阐述人的需要和经济资源的对应关系以及矛盾运动等问题;而在导论中的微观经济学概述中,所设定的最为重要的基本假设就是"经济人假设"。

第二,从形式上看,两者都覆盖了各自理论的所有内容,或者说,两者理论的所有内容都可以在"原点"上追溯到它们。具体来说,在马克思的市场经济理论中,我们从货币、资本、剩余价值、雇佣劳动关系、资本主义占有规律、资本积累、再生产以及利润、利息、地租等理论中,都可以追根溯源到原生态的"商品"。而在西方经济学理论中,无论是微观经济学的价格基本理论、消费者行为理论、生产理论、成本与收益理论、市场理论、分配理论、一般均衡理论和微观经济政策,还是宏观经济学的国民收入核算与循环理论、国民收入决定理论、失业与通货膨胀理论、经济周期理论、经济增长与经济发展理论、宏观经济政策等,则都可以在其基石上找到"稀缺法则"和"经济人假设"的决定性致因。

笔者认为,两种起点理论的区别具体表现在如下五个方面:

第一,两种起点理论对市场经济现象所作的理论抽象不同。就马克思来说,他通过对纷繁复杂的资本主义经济现象的考察,发现资本主义的生产对象、交换对象、分配对象、消费对象虽然五花八门、难以计数,但它们却具有一个共性,都是商品。② 因而,马克思概括的"商品论"是对与资本主义经济当事人相对立的经济物品的属性所作的抽象。而西方经济学的"稀缺法则"无疑是依据人们从事经济活动的前提条件进行的理论抽象;"经济人假设"则是从人们从事经济活动的动机角度(动力角度)所进行的理论抽象。就马克思的"商品论"和西方经济学的

---

① 《资本论》第1卷,北京:人民出版社,2004年,第47页。
② 虽然分配可以采取货币的形式,但货币也是按照商品经济的交换原则得到的,货币也是商品——货币商品。

"稀缺法则"以及"经济人假设"的关系来看,显然是资源稀缺和人们追求利益的无止境性构成一对始初性的矛盾,这对矛盾的运动衍生了人类的最初经济活动,进而,又进化衍生了人类经济活动的特殊——商品生产、商品交换、商品分配和商品消费,衍生了人类的市场经济制度。

至此,有的学人可能会提出:马克思概括的"商品论"是一种经济"理论",西方经济学的"稀缺法则"和"经济人假设"则分别是经济"法则"和经济"假设"——三者不在同一个论域,不是同一个"级别",不属于同一类问题,没有必要也无法对之进行对比分析——这就像劳动价值论可以和效用价值论进行对比分析而无法和消费理论进行对比分析一样。笔者认为,这种观点是不能成立的。固然,三种理论的属性有所不同,但它们分属于两大经济学派起点理论的地位则是相同的——正是这一点使它们具有了可比性①——理论经济工作者就是要分析和阐释基于不同视角的起点理论的共性、差异性,并在此基础上相互借鉴,取长补短,以构建逻辑严谨、科学合理的市场经济的理论框架。

第二,两种起点理论服务的对象及其研究目的不同。显然,马克思写作《资本论》的目的是为了揭示资本主义产生、发展和灭亡的历史必然性。这种研究目的要求从分析资本主义原点开始——虽然,就资本主义发展的历史轨迹来看,商品经济并不是资本主义的产物,但资本主义却是建立在商品经济的基础之上的——因此,马克思把"商品"作为《资本论》分析的起点,并由此一步步推演,揭示建立在雇佣劳动基础上的资本关系、剩余价值规律、资本积累规律、资本主义市场经济的基本矛盾等,并论证了这一不可克服的基本矛盾的激化必然导致资本主义的灭亡和社会主义的全面胜利。而西方经济学的研究目的则是探讨如何通过资源优化配置来达到厂商和消费者的"利润最大化"和"效用最大化"——在这之中,资源优化配置的要求显然源于资源的稀缺,或者

---

① 仔细思考,还可得出"经济人假设"不过是对古往今来人性的一种抽象;"稀缺法则"则是对资源和物品的供给相对于无限的人类需求而言的有限性状况的"抽象",这种"抽象"也可以称为"假设"。由此推之,"商品"何尝不是一种"抽象"呢?(一种对特定经济制度下经济物品属性的"抽象")由此可知,"经济人假设""稀缺法则"和"商品论"就具有了共同的"假设"属性。

说,资源的稀缺必然要求对资源进行优化配置;同时,厂商"利润最大化"和消费者"效用最大化"则是基于经济人属性——因而西方经济学需要把"稀缺法则"和"经济人假设"作为全部理论分析的起点。

第三,两种起点理论的理论叙述方法不同。大家知道,马克思《资本论》的研究方法和叙述方法是不同的。《资本论》的研究方法是"从具体到抽象",而叙述方法则是"从抽象上升到具体"。因此,在《资本论》庞大而繁杂的内容架构中,马克思设定"商品"作为理论叙述的起点。马克思说:"资本主义生产方式占统治地位的社会的财富,表现为'庞大的商品堆积',单个的商品表现为这种财富的元素形式。因此,我们的研究就从分析商品开始。"[1]西方经济学的理论叙述方法则是机制机理分析。西方经济学认为:市场经济关系错综复杂,但其运动存在环环相扣的运行机制和机理——这种运行机制、机理在源头上就是"资源稀缺"和社会成员的"经济人"属性。正是客观存在的"资源稀缺"和主观上的社会成员的"经济人"属性的始初决定作用才导演了古今人类一幕幕经济活动的活剧。因此,西方经济学把"稀缺法则"和"经济人假设"设定为自己整体理论框架的起点。

第四,两种起点理论串联各自理论体系的方式不同。具体来说,《资本论》遵循的是"从抽象到具体"的分析路径,也就是以"从简单上升到复杂"的事物发展规律串联起自己的理论内容。首先,马克思分析商品,继而分析价值形态演变,分析货币的产生及其职能,然后解析资本——剩余价值——绝对剩余价值——相对剩余价值——资本积累……由此一步步将资本主义生产方式下的生产、交换、分配以及消费关系串联起来。这可以说是马克思《资本论》的整体串联方式。不仅如此,马克思在特定的生产关系分析中也处处体现"从抽象到具体"的串联方式。比如,阐述"生产"时就由粗到细地阐述生产一般、商品生产一般、小商品生产、资本主义商品生产;分析"再生产"时则首先分析再生产一般、简单再生产、扩大再生产,继而分析资本主义的简单再生产、资本主义的扩大再生产等等;涉及"分配"时则具体分析资本家的按资分配、雇佣劳动者的按劳动力价值或价格的分配,以及剩余价值在不同剥

---

[1] 《资本论》第1卷,北京:人民出版社,2004年,第47页。

削者之间的分配等等。而西方经济学则以"资源稀缺"作为人类从事经济活动的前提条件或曰大背景——也就是说,西方经济学以共同的前提约束条件串联起各个子理论——西方经济学各个子理论虽互有差异,但它们在源头上都是因"稀缺"而生,因"稀缺"而变,"稀缺"成了整个资本主义市场经济运行机制分析的"端口"。至于"经济人假设",则是以人类从事经济活动的"动力源"出现在各个理论构架中,"经济人假设"是以动力机制、机理串联起各个子理论的。

第五,两种起点理论的范畴属性不同。显而易见,作为马克思《资本论》起点的"商品"是一个历史范畴——因为它只存在于商品经济(或曰市场经济)社会中。而作为西方经济学起点的"稀缺"范畴则是一个永恒的经济范畴——因为稀缺是指资源和物品相对于无限的人类欲望而言的有限性。毋庸置疑,整个一部人类经济发展史就是一部不断克服短缺的资源约束而满足自己物质文化消费需求的过程,这个过程只有层次、水平的差异而没有过程的终结。至于"经济人假设"中的"经济人"范畴,传统观点认为它是一个历史的范畴——因为作为特定的思想观念只能是特定社会存在的反映,具体来说,它是财产私有制这种社会存在的反映。比如,在原始社会,没有私有制,人们也就没有私有和自私意识,从而也就没有"经济人"观念。笔者认为,这种阐释是缺乏说服力的,不错,原始部落的产权是公有的,但产权公有并不能决定原始人都是大公无私的——试问,原始部落劫掠其他部落财富,杀戮其他部落成员的行为该当何论?这难道不是一种放大的在"为公"旗号下掩盖着的极端自私的行为,因而也是一种极端的"经济人"行为吗?

笔者认为,人们的"经济人"观念与行为,其本质不过是人类生存和发展的一种内在机制而已。这种机制表明:人类的生存与发展表现在千千万万微观个体的生存与发展之中,倘若人类的微观个体毫无自利的观念与行为,也就是完全彻底地没有"经济人"的观念和行为,那么,他就会不吃不喝,困了不睡觉,冷了不御寒……由此以来,他也就无法在世界上存在,更谈不上发展了。显然,任何时代的人类个体都天然地具有谋求生存与发展的动机与行为,由此,"经济人"的观念与行为就会存在于一切社会形态之中,"经济人"是一个永恒的经济范畴。

倘再作进一步的考察,还可得出,经典作家和无产阶级革命家对人的"自利"属性也是持肯定态度的。比如,马克思在分析流通领域劳动力的买卖时就指出:在"那里占统治地位的只是自由、平等、所有权和边沁……边沁!因为双方(指劳资双方——笔者注)都只顾自己。使他们连在一起并发生关系的惟一力量,是他们的利己心,是他们的特殊利益,是他们的私人利益。"①马克思、恩格斯还说:"各个人的出发点总是他们自己,不过当然是处于既有的历史条件和关系范围之内的自己"。② 邓小平同志则直接将否认人的自利欲求的观点斥之为"唯心论"。小平同志说:"不重视物质利益,对少数先进分子可以,对广大群众不行,一段时间可以,长期不行。革命精神是非常宝贵的,没有革命精神就没有革命行动。但是,革命是在物质利益的基础上产生的,如果只讲牺牲精神,不讲物质利益,那就是唯心论。"③

笔者认为,人类具有"经济人一般"的属性,也具有"经济人特殊"的属性。在不同的社会历史时期,人类的"经济人"观念和行为的表现形式是不同的,由"经济人"所体现的自利需求与他利、公利要求的矛盾关系也是不同的。具体来说:在原始社会,人们只有为公,才能为私——人们的"私利"寓于"公利"之中。这种状况造成了原始人仿佛没有"经济人"观念的假象(长期以来此种假象以正统理论左右着人们的认识)。在奴隶社会和封建社会,统治者、剥削者的"私利"建立在侵害被剥削者的利益的基础之上,即建立在损人利己的基础之上——显而易见,这是一种受人挞伐并最终要被进步的社会荡涤消除的极端的"经济人"的观念与行为。而这个时期的小生产者,由于处在自然经济制度下,其行为基本可以定义为利己不损人,但也并非增加别人或社会的利益这样一种类型。显然,这种类型不会遭受任何道德指责,是一种自然的、本真的且被社会广泛认可的"经济人"的观念与行为。在资本主义社会,资本家毋庸置疑地是为了追逐剩余价值,也就是为了个人私利而进行生产和经营的,但他们的商品生产经营活动在客观上有利于消费者,有利于社会。这可以定义为是一种"主观为自己、客观为他人"的"经济人"类型(亚当·斯密对此有过深入分析);同时,资本主义社会形态中的雇

---

① 《资本论》第1卷,北京:人民出版社,2004年,第204—205页。
② 《马克思恩格斯选集》第1卷,北京:人民出版社,1995年,第119页。
③ 《邓小平文选》第2卷,北京:人民出版社,1994年,第146页。

佣劳动者基于"谋生"劳动的性质,也必然具有"经济人"的全部属性。在规范的社会主义社会,消灭了生产资料私有制,也就消灭了凭借生产资料私有权剥削他人的损人利己现象,但由于社会主义社会的劳动依然是"谋生"性质的劳动,因而,即便是劳动者也必然具有利己心,这种利己心既会衍生利己利人、利己不损人的现象,也会衍生损人利己的现象,总之,会衍生所有"经济人"行为。笔者深深感到,唯有到了未来的共产主义社会,人们的利己利人、为公为私才会水乳交融地统一于一体,也就是说,共产主义社会每一个成员的全面自由发展,既是为私的,也是为公的。这是因为,在共产主义社会,生产力达到了极高水平,由于实行"按需分配",每个人的物质消费必然得到充分个性化的满足,进而,社会劳动也就必然由"谋生劳动"转化为"乐生劳动"。在这种情况下,人们所追求的目标将主要升华为精神消费(这种情况就像一个学生学完了小学课程,转而追求更高级课程的学习一样)。而人最大、最高层次的精神享受就是从事创造性劳动,为社会的进一步发展作出贡献。由此,共产主义社会势必形成"人人为我、我为人人","私"与"公"的良性互动。这就是马克思和恩格斯在《共产党宣言》中所阐述的"每个人的自由发展是一切人的自由发展的条件"[①]这一思想的深刻含义。这种情况就如同马克思的事业既是个人的恢宏事业,又是全世界无产阶级求解放的伟大事业一样,"私"与"公"都交融在一起了,统一在一起了。

三、马克思主义的市场经济学应当融进"稀缺法则"和"经济人假设"

马克思的《资本论》可以称为狭义的资本主义市场经济学,中国社会主义市场经济理论(以及其他社会主义国家的市场经济理论)则可以称为狭义的社会主义市场经济学,再加上马克思主义的简单商品经济理论(小商品经济理论),三者的组合可以称为马克思主义的广义市场经济学。笔者深深感到,马克思主义的市场经济学在理论架构中应当而且必须融进"稀缺法则"和"经济人假设"。

---

① 《马克思恩格斯选集》第4卷,北京:人民出版社,1995年,第294页。

(一)现有马克思主义的市场经济学只有融进"稀缺法则"和"经济人假设",才能在更深层次上阐释既有理论

具体来说,如下马克思主义市场经济学的既有理论必须融进"稀缺法则"和"经济人假设"。

1. 在商品理论方面。如上所述,马克思《资本论》的起点理论是商品论,但马克思在《资本论》第1卷第1篇第1章"商品"中并没有首先给出商品的定义,而是直接分析商品的二因素——使用价值和价值。现在我们所熟知的商品定义"商品是用来交换的劳动产品"不过是后来学者的概括。其实,这个定义的外延是缺失的,因为在现实生活中,非劳动产品例如自然矿藏、野生动植物、处女地等也可以成为商品,因此,外延周全的商品定义应为:"商品是用来进行交换的劳动产品和自然产品。"但现实生活中并非所有的自然产品都能成为商品,例如阳光、雨露、空气等就没有成为商品。这说明,自然产品成为商品的前提是该产品必须是稀缺的。同理,所有的劳动产品也都是稀缺的——正是"稀缺"才使得使用价值成为商品——由此,在更深的层次上分析,马克思主义市场经济理论的"商品论"应当引入"稀缺法则"。

2. 在价值规律致因的解读方面。价值规律是商品经济(或曰市场经济)运行的基本规律。价值规律要求商品的价值量由生产商品的社会必要劳动时间所决定,商品交换按照价值进行。那么,我们往深处问一下,商品的价值量为什么要由生产商品的社会必要劳动时间来决定?商品交换为什么要按照等价交换的原则来进行?传统理论没有探究这些问题。其实,往深里说,价值规律的本质不过是维护每个商品生产和经营者公平合理地获取个人收益的游戏规则而已——其背后所隐含的假设前提乃是人人都是追逐个人利益的"经济人"!否则,如果人人都是完全彻底为他人、为社会的话,那么,每个商品生产者和经营者就将只讲奉献而不求索取,从而不会去计算自己的劳动付出和个人收益,也就不需要"著名的价值规律插手其中"了!此外,这一规律也暗含了稀缺性假设。十分明显,商品购买者之所以要花费代价才能获得作为消费品的商品,那就说明,商品的生产供给不是无限的,而是稀缺的;商品生产者之所以索要等价物才让渡生产物,那是因为不索要等价物就无法弥补生产成本和扩大生产规模,今后的生产就无法进行,这说明,生产资源是稀缺的。

3. 在供求关系的探索方面。就商品经济的供求关系来看,显而易见,作为规律表现的情况是:卖者总是希望把价格抬高一些,而卖价提高势必要减少买者的利益,这岂不是将自己利益的增加建立在他人利益减少的基础之上?这难道不是人的自私属性的充分暴露吗!同理,买者则总是希望将价格压低再压低,而卖价的压低,则意味着卖方利益的损失,这无可置疑同样是人的自利属性的充分暴露。这就是说,"经济人"的思想与行动事实上是贯穿于商品交易的全过程之中的。①

4. 在商品经济矛盾的阐释方面。显而易见,在商品经济(或曰市场经济)制度安排的出发点及其最终决定力量都无法摆脱"经济人"理念的支配。比如,产权制度安排就是如此。试问,人类经济社会为什么要建立不同的财产所有权制度?西方经济学认为这是由于财富的稀缺性所致——如果财富是无穷的,如自然界的空气、阳光就不会界定产权。这种阐释当然有道理,但还不足够深刻、全面。其实,产权的界定还与"经济人"观念有着密不可分的关系。试想,如果人人都没有私欲,如果人人活着都是百分之百为着他人的利益,那还要界定产权干什么!正是因为明晰的产权是实现个人利益以及其他经济实体利益的切实保障,所以才有产权制度建设,才有各种形式的产权交易制度。

总之,马克思主义市场经济学的现有理论只有融进"稀缺法则"和"经济人假设",才能得到更深刻的阐释,才能准确地洞察它的运行机理,而在这一方面,我们的研究显然还很不够。

(二)作为发展的马克思主义市场经济学的研究目的理所当然地应包含"优化资源配置",进而要求融进"稀缺法则"和"经济人假设"

如上所述,马克思依托《资本论》研究市场经济,是为了揭示资本主

---

① 有人会提出,人的属性是复杂的,人既有自利自私的一面,也有利他助人的"道德人"的一面,因而,"经济人"不是人的本质属性。这样的议论当然有道理。不过,在市场经济大背景下探讨人的本质属性,只能在遵循既有市场经济规律下来加以认定,也就是说,对供求双方的主流关系,我们只能将其概括为"卖方倾向于提价、买方倾向于降价",因而将双方定义为"经济人"。否则,倘若认定买卖双方都是具有牺牲精神的"道德人",那么,卖方就会压价销售、亏本经营,买方则会高价购货,很显然,这样的商品生产经营活动是经营不下去的,双方都会倒闭破产,由此,市场经济也就难以存在了。

义产生、发展、灭亡的运行规律,揭示社会主义(共产主义)计划经济必然取代市场经济的历史必然性。由此,马克思的《资本论》就具有鲜明的阶级性和批判色彩。然而,马克思研究资本主义的生产关系,必然涉及资本的运行,涉及对"资源的优化配置"的分析,比如,马克思对"协作"的分析,对"价值规律""供求规律""竞争规律"的分析,对"资本循环""资本周转""资本游离"的分析,对"社会总资本再生产和流通"的分析等就是如此。现在,社会主义国家纷纷摒弃传统计划经济体制,走向了市场经济发展之路。有鉴于此,作为马克思主义的市场经济理论必须"与时俱进""与实俱进",研究市场经济运行的机制和机理,研究资源的优化配置,研究社会主义条件下生产者的利润最大化、消费者的效用最大化,而要服务于如上的研究目的,就必须融进"稀缺法则"和"经济人假设"。

(三)作为发展的马克思主义市场经济学,其叙述方法不能单一化为"从抽象到具体",也应融进具有学科特色的机制、机理分析,从而要求融进"稀缺法则"和"经济人假设"

毋庸置疑,"从抽象上升到具体"的叙述方法不仅仅适用于经济学,而且也适用于所有学科(包括自然科学),因此,"从抽象上升到具体"的方法是叙述方法一般。鉴于不同学科有不同的研究对象,服务于不同的研究目的,因此,不同学科除采取一般的叙述方法之外,还应采用具有自身特色的叙述方法。作为社会科学特殊的经济学,作为经济学属下的马克思主义的市场经济学,除了采用"从抽象到具体"的叙述方法之外,还应同时采用机制、机理的串联叙述方法。这就是说,马克思主义市场经济学应当借鉴西方经济学的"稀缺法则"和"经济人假设"的串联叙述方法。显然,这样将马克思主义经济学和西方经济学的叙述方法融合在一起,必将使得其整体市场经济理论体系环环相扣,更加严谨,更加深刻,更加具有解释力。

原载于《河南大学学报(社会科学版)》2011年第6期;《高等学校文科学术文摘》2012年第1期转载

研究进展与理论探索

中国近代经济地理变迁中的"港口－腹地"问题阐释

吴松弟①

本文所说"港口－腹地",是"港口－腹地与中国现代化空间进程"的简称,也有学者将其简称为"港口－腹地空间模式"。1983年,我在研究宋代东南沿海丘陵经济开发时,提出这一区域(尤其是福建)商品经济的发展为泉州港发展为南宋后期全国最大的贸易港奠定了基础。② 1993年,我与戴鞍钢先生合作申报项目"近七百年来东南沿海主要港口经济腹地的变迁",获得了当时国家教委的支持。我开始将"港口－腹地"研究的时间范围从宋代延续到近代,空间范围从福建泉州扩大到东南沿海。1999年,我指导博士生和硕士生研究中国近代经济地理,考虑到中国近代经济变迁是外因通过内因作用的结果,先进生产力在沿海口岸登陆之后沿着交通路线向广大腹地伸展,导致相关区域发生经济转型,有必要深入探讨沿海港口城市与其腹地的关系。因此,请博士生、硕士生各以一个口岸城市及其腹地为研究对象,探讨港口城市及其腹地的双向互动关系。

2004年,在学术团队连续五年的研究基础上,我们提出"港口－腹地与中国现代化的空间进程"的观点,并强调这不但是我们前几年还是

---

① 吴松弟(1954—),男,浙江泰顺人,历史学博士,复旦大学中国历史地理研究所教授,博士生导师。

② 吴松弟:《宋代东南沿海丘陵地区的外贸港口、出口物资和泉州港繁盛的主要原因》,复旦大学历史地理研究所编:《历史地理研究》2,上海:复旦大学出版社,1990年,第234—249页。

今后研究的切入点。① 论文甫一发表,先后被《高等学校文科学术文摘》《人大复印资料·地理学》详文转载或全文转载,产生了一定的影响。2009年,我主编《中国近代经济地理》,各位研究者都接受"港口—腹地"的概念。虽然各区域情况有所不同,但都不同程度地受到"港口—腹地"模式的影响,因此将其贯穿于全国卷和八大区域卷的写作中。2016年,九卷本、510万字的《中国近代经济地理》全部出版,第1卷《绪论和全国概况》中将全国分为八大区域,第2卷至第8卷都是区域经济地理卷,两部分共同构成近代中国大地上一幅幅经济变迁的全景式的历史画面,也将影响全国和各区域经济变迁的"港口—腹地"空间模式摆到了读者的面前。由于全书采用了论述方式来说明近代经济变迁的过程与区域差异,对"港口—腹地"空间模式缺乏集中而又深入的阐述。根据一些读者的要求,笔者草撰本文,略作阐述,以供抛砖引玉。

一、中国近代经济变迁的内外因素和"港口—腹地"问题的提出

(一) 中国近代经济变迁的内外因素

全球的现代化开始于英国和法国。16世纪20年代开始,英国、法国都自上而下地进行了宗教改革以及政府机构、议会制度的改革,从政治上和文化上为资本主义的发展扫除了一些障碍。从1760年代开始,以蒸汽机和机器大生产为标志的工业革命在英国各地展开,此后美国、法国都开始了工业革命。自19世纪中叶到20世纪中叶的第二次世界大战以前,继英、美、法之后,德国、意大利、加拿大、澳大利亚、新西兰、俄国、日本也完成了现代化,拉丁美洲、印度、中国开始了至今仍未完成

---

① 吴松弟:《港口—腹地与中国现代化的空间进程》,《河北学刊》,2004年第3期。

的现代化进程。①

1840年鸦片战争之前,中国的工业、农业、运输、军事仍保持古代的状态,生产劳动依靠人力和畜力,政治上停留在封建君主专制时代。当英国发动第一次鸦片战争时,清朝全国总兵力是英军的数十倍、在东南作战的兵力是英军的十余倍,却在英军面前一败再败,根本不是对手。战败最直接的结果,是英国迫使清朝于1842年签订中英《南京条约》,开放广州、上海、厦门、福州、宁波等五个沿海城市为通商口岸,并将香港割让给英国。

吴于廑回顾全球的大变迁时指出:"近代的工业世界是对外扩张的世界,传统的农耕世界是固守闭塞的世界。近几个世纪西方向世界各地的扩张,其实质是世界历史上扩张的经济体系对闭塞的经济体系的冲击和挑战。""当世界上已经有一个地区进入了工业世界,从此农耕世界的大门就关闭不了,也就是得面临冲击,对冲击作出反响。"②放眼世界,中国的现代化不过是全球现代化的一个组成部分,1840年的鸦片战争只是西方列强用武力将中国硬拖入现代化进程的开端而已。中国在无奈的情况下,被迫卷入全球化和现代化进程。诚如章开沅、罗福惠等专家指出:"挑战来自外部,如何回应挑战则多取决于内部。而各种回应方式的效果如何,又是内因和外因共同作用所致。"他们认为,讨论中国早期的现代化状况必须从外因和内因两个方面着手;他们不同意中国"早期现代化迟滞或受挫的主要原因在于内部",而同意"中国早期现代化的有效动力在于内部"的观点。③

证之以我国近代各地经济的发展过程,我认为在西方的挑战面前,中国人并非只有被迫接受的一面,更有对先进文明主动适应的一面。甚至可以说,绝大部分的中国民众一旦对先进文明有所了解,一般都能

---

① 吉尔伯特·罗兹曼主编,国家社会科学基金"比较现代化"课题组译:《中国的现代化》,南京:江苏人民出版社,1988年,第1—5页。

② 吴于廑:《历史上农耕世界对工业世界的孕育》,《世界历史》,1987年第2期。

③ 章开沅,罗福惠主编:《比较中的审视:中国早期现代化研究》,杭州:浙江人民出版社,1993年,第36页。

采取主动适应的一面,这一点无疑是中国早期现代化的有效动力。例如进口商品,一般认为1860年代才大规模涌入中国各地,其中的日常生活类商品,由于比之于中国的传统用品具有价廉物美、便于使用的优点,仅仅十余年便为中国百姓所接受。例如,"火柴、针及窗玻璃销售续增,至期(清?)末二三年,国内各地,特别繁荣,各货销售,愈为畅旺。而煤油一项,进口激增";这一切,"尤足表现人民守旧习惯,逐渐破除,新式需要,乘时而兴"①。各地进出口贸易的剧增,商人利用新时期的新契机发展工商业,工场棉织业采用外国机器零部件和进口原料进行生产,都表明人民开始主动适应新的生产力。

中国民众迎合新经济因素的动力,更多的来自新格局形势下的利益驱动。随着进出口贸易对经济的冲击,各地民众意识到传统产业在增加自己收入方面的局限,看到了为市场和出口而生产带来的实惠。农民主动调整种植结构,牧民主动从事农畜产品的市场化外向化生产,有的农牧民还通过半工业化手段进行出口产品的加工,利用或现代或传统的交通工具以适应远方市场的需要。而市场化外向化半工业化的扩大,促进交通、商业、城镇以及加工业的发展,反过来又促进农牧业的发展。②

(二)"港口"与通过交通路线联接的"腹地"

自第一次鸦片战争被迫开放五口通商,到1930年代,我国通过条约开放的口岸和朝廷同意地方自开的口岸达到114个,绝大部分的省份都有了多个通商口岸,形成了全方位开放的态势,各地卷入国际市场,并逐渐向近代经济转型。由于中国的现代化进程首先开始于沿海口岸城市,并顺着交通道路往广大的腹地延伸,故随之产生了"港口—腹地"问题。"港口",指位于我国东部的丹东、大连、营口、秦皇岛、天津、烟台、青岛、连云港、上海、宁波、温州、福州、厦门、广州、香港等沿海

---

① 班思德:《最近百年中国对外贸易史》,中国第二历史档案馆编:《中国旧海关史料1859—1948》第158册,北京:京华出版社,2013年,第183页。
② 吴松弟,樊如森,陈为忠,等:《港口—腹地与北方的经济变迁(1840—1949)》,杭州:浙江大学出版社,2011年。

主要港口城市,以及镇江、南京、九江、汉口、宜昌、万县、重庆等长江沿岸的主要港口城市。因此,它并非仅指承担客货运输任务的港口部门,而是包括港口部门和它所在的城市。

"通商口岸",简称"口岸",指对外通商的沿海沿江港口,以及位于边境或内陆交通要道的通商处所,近代开放的方式包括中外条约开放和各地经过中央政府批准的自行开放两种。大部分重要的沿海沿江港口,都是口岸城市。"腹地"是政府和学术界使用较多的一个概念,但各人使用的"腹地"的概念往往不尽相同。按照地理学的解释和中国国土广袤海岸线漫长的特点,加上我们从港口贸易入手研究的需要,大多数情况下都指位于港口城市背后的港口吞吐货物和旅客集散所及的地区范围,通常情况下这一范围内的客货经由该港进出比较经济与便捷。① 另外,依照人文地理学的普遍规律,除非有高大的山脉阻碍两侧的气流、物资、人员的流通和交换,边界两侧人文现象的差异都不是一刀切、泾渭分明的,而是具有一定的过渡性,因此不同的腹地之间往往存在着交叉现象。

依据与港口城市的空间位置和商业联系程度、互动关系强度,腹地可分为核心、边缘两大层次。核心腹地是指地理上与港口城市相连接、在进出口贸易与市场网络中,对于口岸城市具有决定意义的区域。边缘腹地是指地理上与港口城市不相连接,对口岸城市的港口繁荣和经济发展不具有重要作用的区域。当某个区域同时是几个港口的腹地时,这一区域便是几个港口城市的混合腹地。

"空间进程",指中国近代的先进生产力主要自沿海口岸城市向广大腹地推进的过程。这种过程,是港口城市与腹地之间,在经济发展过程中所形成的互相依赖、互相作用的过程。港口城市是其腹地联接国际市场和国内沿海市场的枢纽、区域现代化的窗口和近代经济变迁的源动力,而腹地范围的大小、人口数量、商品经济的规模,以及近代经济

---

① "腹地"的概念,乃针对大陆港口而言,并非适用于陆地面积有限的岛屿上的港口,也不包括沿海港口面向海洋的一面即"海向腹地"。此外,"位于港口城市背后"和"客货经由该港进出在运输上比较经济合理",是必须具备的两个前提条件,故并非任何一个与港口发生客货联系的地区都可以称为"腹地"。

的成长速度和发育程度,又影响着港口城市的贸易、经济、人口、文化诸方面的发展。因此,除了看到港口城市对其腹地的巨大推动作用之外,同样要看到腹地对港口城市经济的巨大影响。

(三)山河大势与国内型"港口一腹地"网络的形成

我国国土辽阔,面积几乎与整个欧洲相等。它位于亚洲的东部和中部,面临太平洋,是一个海陆兼备的大国,陆疆长 2 万多公里,大陆海岸线长 1.8 万多公里,疆域辽阔,南北跨纬度 49 度多,东西跨经度 60 多度,加之居欧亚大陆东部、濒临太平洋的地理位置,具有自己的地理特点。

我国地貌的总轮廓是西高东低,自西向东逐渐下降,构成巨大的阶梯状斜面,导致长江、黄河、珠江、淮河等主要大河均发育于此斜面,然后自西向东流,汇入太平洋。在古代以水上交通最为方便的条件下,河流构成的水上交通成为东西向交通的干线;位于河口附近的城市大多是河流和海洋的交汇点,由河流和海洋携带的泥土沉积而成的三角洲,往往成为河流下游的主要农耕地带。

阅读中国地图,不难发现,我国自古至今最主要的河流交通是东西向的长江航线,位于长江和东海相交处的宋明的华亭(今上海松江)、清代的上海(今上海老城区),都相继成为长江三角洲最大的水上交通枢纽。如果将长江中下游平原以南北向山脉为界进行分割的话,位于上海背后的长江三角洲无疑是南方面积最大的平原,而且又是热量、降水最为优越的地区。我国的经济重心,自唐代安史之乱以后南迁至长江三角洲为中心的南方地区,便稳定在这一区域,既未北返,也未南下,拥有优越的土壤、水热、光照、地理位置诸条件应是主要原因。

鸦片战争以后的五口通商,很快改变了清代乾隆以后形成的我国出口物资主产地在长江三角洲、出口港却在广州的不合理的状态。上海利用其位于海口、背靠发达的长江三角洲,所在地区既是外国进口商品的主要消费地、我国出口商品的主要产地的优越条件,迅速发展为中国最大的贸易港,并将长江流域纳为自己的腹地。此后经过几十年的发展,上海又成为中国最大的经济中心,而且这一格局直到今天仍未发生根本性的改变。

上海如此,长江三角洲如此,其他沿海区域又何尝不是如此,接近珠江口的广州是珠江流域的贸易中心,珠江三角洲成为广州的直接腹地,而全珠江流域均被广州所收纳,此后位于珠江口的香港超越广州,成为我国最重要的埠际贸易港和工商城市之一,香港－广州组合成华南双核城市。福建南部的闽南的发展离不开厦门的开港,北部的闽北的发展离不开福州的开埠。自福建北上直到钱塘江的闽浙地区,那一条条冲破"井"字形山河结构的独流入海小水系,其河口港,其河口三角洲,其河谷平原,对于这一区域的开发的作用,差不多都具有港粤对于珠江流域、珠江三角洲对于港粤直接腹地、全珠江流域均成为港粤腹地的作用。

长江以北的一些河流,因滨海浅滩、河流含沙量、河口深度,以及经济落后和市场经济不够发达等方面的原因,长期未能得到很好的开发利用。但海河之于天津、辽河之于营口,都在这些重要港口发展的初期阶段,甚至其后更长的时期,发挥过重要的作用。烟台、青岛、大连的优良港湾,则为这些港口发展为北方优良的港市准备了良好的天然条件。此外,北方沿海相对平坦的平原地形,既便于普遍利用畜力,也便于较早进行铁路、公路建设,一定程度上抵消了缺少河流给当地交通带来的不便。

基于上述原因,我们在分析北方的"港口－腹地"状况时,既要看到沿海存在着一些良港,又要看到其分布的不均衡;既要看到有一些自腹地流到海口入海的河流,又要看到河流通航长度有限需补以铁路和公路。德国占领青岛之后将码头建设和胶济铁路建设齐头并进,迅速取代了没有铁路的烟台港;日俄战争以后日本夺走沙俄所建中东铁路的长春至大连段,并将战时所修的窄轨轨距改为标准轨距,使依靠辽河的营口港走向衰落,都是因地制宜、扬长避短建设"港口－腹地"的例证。

(四)边疆的国际型"港口－腹地"网络

在分析中国的"港口－腹地"系统时,必须注意既有以上提到的源头、流域、河口都在中国的国内型"港口－腹地",还须注意源头在中国国内、流域部分或大部在国外、河口在国外的国际型"港口－腹地"网络。

云南偏居我国大西南,与国家的几何中心和政治、经济、文化中心均相距遥远,在传统的交通条件下和内地的沟通极为不便。另一方面,因地势向南倾斜,云南境内河流除长江上游金沙江折向东北流之外,其他几条大河均南向流入东南亚诸国。其中,怒江流入缅甸,改称萨尔温江,于毛淡棉附近注入安达曼海,毛淡棉1852年之前为缅甸最大海港,之后因仰光港兴起而退居次要。澜沧江南流至中国、缅甸边境改称湄公河,蜿蜒老挝、泰国、柬埔寨于越南胡志明市附近的湄公河三角洲注入南海,胡志明市为越南最大港口。元江发源于哀牢山东麓,上源礼社江与绿汁江汇合后称元江,进入越南后称红河,于海防以南注入北部湾,海防为越南北部主要港口城市。

1889年蒙自开埠,不久思茅、腾越(今腾冲)相继开关,云南形成蒙自为主、三关并立的局面。蒙自的主要贸易对象是香港,出口物资先经过越南的红河到港口海防,再转香港。由于香港是南中国贸易中心,这一路线不仅将香港、越南、云南联接起来,也将云南和世界各地联接起来。由于借助红河水运,沿途需时约一个月,比其他道路省时省钱,成为滇越铁路未通以前蒙自进出口贸易最主要的商道。1910年滇越铁路通车以后可从海防直达昆明,全程仅四日的时间,以海防为出海口、中转香港的商道在云南对外贸易的交通中地位更加突出。

早在腾越开埠之前,缅甸已建起以仰光为起点,内通国内各枢纽,外与印度大港与新加坡、香港等处连接起来的现代化交通网,仰光成为缅甸的贸易中心和水陆交通中心。开埠之后,腾越可通过伊洛瓦底江和铁路便利地到达仰光,从而成为仰光贸易网络在云南境内的一个重要节点。思茅本是一个偏僻的小镇,清代随着茶叶贸易的兴起,商业开始兴盛。

从贸易联系的角度看,思茅也应视作仰光贸易网络在云南境内的另一个节点。

综上所述,可以看出云南的大部分地区及相邻的境外,实际存在着两个以境外国家为主、延伸到中国边疆的国际"港口—腹地"系统,一个是以越南海防为起点,以中国蒙自及其腹地为终点,通过红河或滇越铁路联接的"港口—腹地"系统;另一个是以缅甸仰光为起点,以中国腾越与思茅两口岸的腹地为终点,通过伊洛瓦底江或缅甸南北铁路联接的

"港口一腹地"系统。对于蒙自、腾越、思茅三个中国的沿边口岸而言，它们所在的"港口一腹地"系统的大部分空间在国外，进出口物资的主要部分通过作为起点的外国港口城市吐纳或中转，从区域联系的角度它们自然属于国际"港口一腹地"网络的一部分。最新的研究表明，甚至国内与云南的贸易，由于道路较近、交通相对通畅的原因，主要经过香港－海防－滇越铁路（修成之前是红河河谷），而不是溯长江由川入滇或由桂入滇。①

不仅云南如此，其他边疆地区同样如此。例如西藏的进出口贸易，大约80%左右经主要口岸亚东，亚东距拉萨460公里，离印度噶伦堡只有80公里，距印度沿海大城市加尔各答约400公里，甚至可直接出海口。据对亚东外商的调查，他们在西藏以外设店的地区，以加尔各答、噶伦堡最多。国外的商品经香港运抵加尔各答等地，然后经西藏的中外商人运入西藏。②

东北的"港口一腹地"系统与云南、西藏不一样，既存在着源头、流域、河口都在中国境内的国内型"港口一腹地"，也存在着源头在中国国内、流域部分或大部在国外、河口在国外的国际型"港口一腹地"。东北在1898年至1935年的38年间，南部的营口、大连、安东三港完全属于国内的"港口一腹地"系统，而作为东北北部物资主要输出入港的俄罗斯海参崴及其联接腹地的中东铁路——乌苏里铁路，则属于由境外延伸进来的国际"港口一腹地"系统。1935年苏联将中东铁路出售给日本，东北北部进出口不再经过海参崴，才结束了两种"港口一腹地"系统并存的局面。③

---

① 张永帅：《空间视角下的近代云南贸易研究（1889—1937年）》，北京：中国社会科学出版社，2017年，第57—94页。
② 李坚尚：《西藏的商业和贸易》，中国社会科学院民族研究所、中国藏学研究中心社会经济所合编：《西藏的商业与手工业调查研究》，北京：中国藏学出版社，2000年，第92—104页。
③ 吴松弟：《序二：近代东北开发的意义与特点》，姚永超编：《国家、企业、商人与东北港口空间的构建研究（1861—1931）》，北京：中国海关出版社，2010年。

二、"港口—腹地"结构与区域经济发展

(一)"港口—腹地"结构与口岸城市的极化效应

每个港口都有自己的"港口—腹地",纵横交错的"港口—腹地"结成复杂的网络。由于我国国土广袤,不少港口的"港口—腹地"具有极大的空间范围,根据距口岸城市的远近,其内部又可分成门户港口城市、核心区、中位区、边缘区四个部分。因受到地理位置、交通、经济、历史、城市诸多方面的制约,同一港口城市的"港口—腹地"结构中,各个部分的交通、经济、文化、城市的发展都具有较大的差异性。(参见图1和表1①)

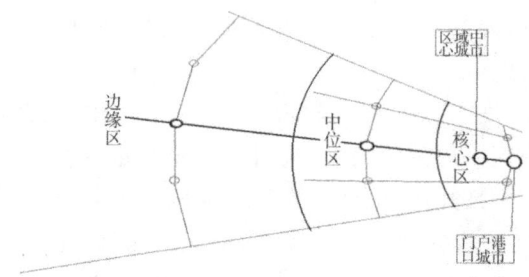

图1 "港口—腹地"空间结构示意图

门户港口城市(以下简称"口岸城市")位于大陆和海洋连接部,是外来先进生产力进入腹地、腹地联系世界的主要门户,随着国内外贸易、海陆交通、进出口加工业、修船业和服务业的发展,率先得到发展的人口众多、经济发达的城市,所在的"港口—腹地"区域的经济中心。按照经济地理学解释区域经济增长过程和机制的区域增长极理论,它是区域经济的增长极,具有技术和经济方面的先进性,城市产业和人口数量率先得到成长。

在开埠前,天津的城市规模和人口数量根本无法与北京相比。1860年天津开埠后,进出口贸易量激增,海河河道得到整修和疏浚,城

---

① 吴松弟,樊如森,陈为忠,等:《港口—腹地与北方的经济变迁(1840—1949)》,杭州:浙江大学出版社,2011年,第372—373页。

市得到扩展,天津由旧式商业中心演变为华北的经济中心。天津的城市人口,1840年不足20万人,1906年达到42万人,1936年猛增到125万,1973年达到近178万人,开始超过北京而居北方第一位、全国第二位。①

口岸城市不仅能够通过要素流动关系和商品供求关系,对周围地区的经济活动产生支配作用以及示范、组织和带动的作用,而且能够形成极化效应和扩散效应。近代是北方城市化得到较快推进的时期,开埠通商以后发展起来的新兴工商业城市秦皇岛,随着北方铁路网的建设而兴起的石家庄、郑县(今郑州)、包头、唐山等内地交通型和矿业型城市,便都不同程度受到天津的极化效应和扩散效应影响。②

表1 同一"港口—腹地"内部经济联系关系表

	口岸城市	核心区	中位区	边缘区
空间位置	滨海城市	离口岸最近	离口岸距离居中	离口岸最远
空间范围	城市	小区域	较大区域	最大区域
增长极的极化效应	增长极	向增长极输出能量最大	向增长极输出能量居中	向增长极输出能量最小
增长极的扩散效应	扩散源	接收扩散最多	接收扩散居中	接收扩散最小
市场经济发育程度	最高	次高	居中	最低
中心城市规模	最大	最大或次大	较大	不大
中心城市的交通地位	全区域门户和交通中心	全区域和核心区的交通中心	全区域和中位区的交通中心	边缘区交通中心
道路和城镇的密度	最密	最密	次密	不密
工业发展阶段	现代工业为主	半工业化	半工业化	传统工业为主
对口岸城市经济的影响	接受各腹地的经济影响	对口岸城市影响力最大	对口岸城市影响力居中	对口岸城市影响力最小
国内外相邻的"港口—腹地"对各区域的影响	没有	没有	不大	很大

核心区是离口岸最近的区域,空间范围不算很大,由于紧靠口岸城

---

① 吴松弟,樊如森,陈为忠,等:《港口—腹地与北方的经济变迁(1840—1949)》,杭州:浙江大学出版社,2011年。
② 吴松弟:《市的兴起与近代中国区域经济的不平衡发展》,《云南大学学报》(社会科学版),2006年第5期。

市这一增长极,它向增长极输出的能量在各区域中却最大,接收增长极的扩散最多。核心区市场经济的发育程度仅次于口岸城市而居次高,整个"港口—腹地"区域的中心城市位于核心区的中心,其城市规模在四个区域中或最大,或次大。在北方,长期担任首都的北京,1930年代城市人口被天津超过,但仍居区域次大。而在长江流域,明初担任过首都、后为陪都的南京曾是全国人口最多的城市,近代上海成长为全国人口最多的大都市,南京仍是长江流域较大的城市。

作为天津"港口—腹地"核心区中心城市的北京、上海"港口—腹地"核心区中心城市的南京,近代地位有所下降但仍是区域重要城市,说明往日的首都或区域行政中心的影响还在,它们与附近的口岸城市天津、上海结成双核结构,亦容易接受到增长极的扩散。

除了以上方面,在中心城市的交通地位、道路和城镇的密度、工业发展阶段、以及对口岸城市经济的影响力等方面,各区域的指标都是口岸城市最高、核心区次之、中位区又次之,而边缘区最低。例如,在工业发展阶段方面,口岸城市以现代工业为主,核心区和中位区以半工业化为主,而边缘区则以传统工业为主。各区域在增长极的极化效应和扩散效应方面,也有着极不同的表现:口岸城市既是增长极,又是扩散源;核心区向增长极输出能量最大,接收增长极的扩散最多;中位区向增长极输出能量和接受增长极的扩散均居中,边缘区则都是最小。

以上表明,受空间距离衰减规律的支配,在同一个"港口—腹地"区域,大体上表现出各地距增长极(区域经济中心城市)的空间距离越小,向增长极输出能量和接收增长极的扩散就越大;反之,距增长极的空间距离越大,向增长极输出能量和接收增长极的扩散就越小,呈反相关关系。口岸以外各地区之所以经济发展程度差于口岸城市,在经济发展水平上大致出现越往西水平越低,口岸城市经济、文化、政治对各区域的影响也大致表现出越往西越低的区域差异,除了受到地理条件和历史基础的影响之外,主要是增长极的极化效应和扩散效应有所不同造成的。

《中国近代经济地理》(九卷本)相关内容的研究表明,其他口岸城市的"港口—腹地"的空间关系与对内部各区域经济的影响,与图1、表1所示相比,虽然一些区域具有自己的特色,值得认真研究,但目前看来还是大同小异,体现了山河格局、地理地貌、交通道路、人文现象等方面的制约作用。

(二)"港口—腹地"与交通、城市和贸易体系

1. 交通

在"港口—腹地"的体系中,"港口"的确定、腹地的形成,交通都是个重要因素。交通的发展,促进"港口—腹地"的推进,而"港口—腹地"的推进又促进交通体系的发展和改变。我国古代交通向以人力和畜力为动力的短途陆路运输为主,以人力和风力为动力的内河和沿海航运为辅。开埠通商以后以蒸汽机为动力的外国轮船来到中国,接着火车、汽车、飞机等现代交通工具也传入中国,并逐渐得到推广使用。这些现代交通工具,具有传统的交通工具所没有的速度快、运输方便、运量大的优势,成为改变中国经济面貌的一个重要因素。

尽管各区域的开埠通商为先进生产力的进入和发展提供了方便,但近代经济发生变迁的时间的早晚和力度,仍有一定的差距,由此导致中国交通和城市分布重心的改变。

鸦片战争以后发生的进出口贸易,绝大部分通过沿海口岸进行,沿边和内地口岸所占比重甚低,20世纪以后沿海口岸还成为广大内陆地区所用的国产工业品的主要供应地。受此两个因素的控制,全国物流轴改为以沿海重要港口城市为主要指向。以1936年各地的埠际贸易为例,在全国最大的40个海关的输出入中,输入总额的66.6%和输出总额的72%,集中在上海、天津、青岛、广州四个城市。其中,上海一地便集中了输入总额的36.3%和输出总额的39.1%。①

就各"港口—腹地"内部的物资流动而言,首先流向沿海、沿江的口岸城市,或者虽非口岸,但在近代贸易网络中居转运枢纽地位的交通中心城市,这两类城市和各地之间的物流构成区域内规模最大的物流轴。那些既非口岸、又非交通中心的城市,无论其原先的行政中心的级别有多高,在区域物流方面的重要性一般说来已不如以上两类城市。北京

---

① 吴承明:《论我国半殖民地半封建国内市场》,《中国资本主义与国内市场》,北京:中国社会科学出版社,1985年,第269页。

不如天津，呼和浩特不如包头，开封不如郑州，南京不如上海，成都不如重庆，都是证明。

表1表明，在同一个"港口—腹地"的内部，各区域中心城市的交通地位，一般以口岸城市为全区域门户和交通中心，核心区的中心城市为全区域和核心区的交通中心，中位区的中心城市为全区域和中位区的交通中心，而边缘区的中心城市仅仅是边缘区的交通中心。至于道路和城镇的密度，口岸城市和核心区均是最密，中位区次密，边缘区则不密。

翻开当时的中国铁路分布图，可以看出，无论是东西向还是南北向的铁路，必有一端通向某个沿海或沿江的港口城市，由此导致港口所在的沿海区域成为我国铁路兴建最早、分布最密的地带。此外，港口通往腹地的重要交通线以及新兴的工矿中心，也是铁路建设需要兼顾的地方。不仅铁路，甚至可以认为，中国的新式交通，无论轮船、主要公路还是航空，大多或以港口城市为起迄点，或与通往港口城市的道路相联接。交通是现代工业的先行官，交通分布的不均衡导致了近代的现代工业偏集中于东部狭长的沿海地带，辽阔的中西部普遍薄弱。

"港口—腹地"的交通建设，有同一个"港口—腹地"区域的建设和跨区域的建设两种。一般说来，区域内部的建设往往受到重视，跨区域间的建设则时有忽略。几年前，樊如森在探讨"环渤海经济圈"问题时注意到这一现象。他认为"环渤海"的地理状况与内部联系颇不同于长三角和珠三角，长三角或珠三角本身都是地域相连的完整的自然地理单元，区域内部完成开发的时间、所能达到的开发程度大体一致，且各个小区域之间有着较为密切的经济联系。而"环渤海"被渤海湾所分割，分别分布在面积巨大的海湾的东北面、西面和南面，三大区域之间除了各个港口的腹地之间的交通联系，还依赖港口之间繁忙的埠际贸易以及围绕渤海湾的沿岸交通，才能建立起区域之间密切的联系。开埠之前以政治中心城市北京、济南、奉天（沈阳）为核心、以传统陆路和内河（含运河）运输为主导的国内贸易区域，这一带既非海洋经济区，而且"环渤海"各口岸间的埠际贸易也相当衰弱。

进入20世纪以后，随着以京津等地为中心的现代化铁路运输网的构建和北方各口岸港势地位的变化，该区域的港口由原来以天津、营口、烟台三港为主导,演变为以天津、大连、青岛为核心。在各口岸的腹地逐渐形成的过程中,北方的交通得到了发展。然而,由于北方各区域的现代化是从口岸起步,再向自己的腹地扩展的,北方近代的交通发展体现出主要连接口岸与腹地这样的特点。受此影响,在各个"口岸—腹地"内部的交通体系得到发展的同时,不同的"口岸—腹地"之间的交通联系进展相对缓慢,成了制约环渤海经济圈形成的另一个重要因素。自口岸通往腹地交通的网络如同一株大树,只向上(自己的腹地)分枝,而不往两侧(另一口岸城市及其腹地)伸展,在各个"口岸—腹地"之间,不仅缺乏从一个口岸直接通往另一个口岸的便捷的交通联系,不同腹地之间的交通网络也不发达。因此,直至1930年代,环渤海的广大的北方地区还没有出现一个完整的经济区域,而是以天津、大连、青岛三个港口城市为龙头,分别连接自己的腹地,形成华北和西北大部、东北大部和内蒙古东部、山东和河南东部的三大"扇形"经济带。这种状况,与区域市场高度整合、以上海为龙头的长三角经济区,以及以香港为龙头的珠三角经济区的情况有所不同。①

2. 城市

我国的城市分布历来呈不均衡状态,到了近代,城市主要分布在东部沿海省份的特点更加突出。民国时期设立的151个市中,人口规模200万以上的第一大城市上海以及八个50万—200万的特大城市,除了汉口位于内地省份,其余均分布在沿海省份。在人口居中小规模的城市中,人口20万—50万的18个城市,8个位于内地省份,10个位于沿海省份;人口10万—20万的33个城市,14个位于内地省份,19个位于沿海省份;人口5万—10万的30个城市,15个位于内地省份,15个位于沿海省份。人口居中小规模的城市数量沿海省份仍然多过内陆地区。② 总之,民国的市,无论人口规模处于何种等级,都以沿海省份占较大的比重,而且人口规模的等级越高,沿海省份所占的比重也就越

---

① 吴松弟,樊如森,陈为忠,等:《港口—腹地与北方的经济变迁(1840—1949)》,杭州:浙江大学出版社,2011年,第341—346页。

② 吴松弟主编:《中国近代经济地理》第1卷《绪论和全国概况》,上海:华东师范大学出版社,2015年,第411页。

大,至于人口数量众多的大城市,可以说绝大多数都集中在沿海省份。

通商口岸城市在不同时期设立的市中所占的比重,有助于说明其在推动设市中所起的作用。通商口岸城市在不同时期设立的市中所占的比重,明显具有时间越早、比重越大的特点,抗战以前高达62.5%,抗战时期达到46.3%,只有在抗战以后才下降到21.4%。可以说,通商口岸城市是推动市的兴起并成为重要的行政区划单位的主要动力。① 民国时期各省省城设市的进程,还说明在推动建市过程中的作用"港口—腹地"远远超过行政区划制度。总的说来,较早设市的省城,不仅大多位于发达的沿海省份,也是近代经济发展较快,集省内经济、行政两中心于一体的城市。凡是设市较晚的省城,大部分位于生产力发展缓慢的西部和边疆地区;还有一部分虽然位于经济相对发达的地区,但因经济发展慢于其他城市,省城仅仅是行政中心,并未同时成为经济中心,影响了设市的进度,有的虽然设市最终还是将行政中心让给了新兴的经济中心城市。省会市建立的早晚及其城市行政等级与人口等级的大致一致,反映了近代生产力从沿海口岸城市向内陆推进过程中产生的地区经济差距,又反映了经济发展速度差异对行政区划制度的影响。②

观察民国地图并与明清时期比较,可知近代沿海、沿长江都是我国重要的城市分布带,且沿海地带的城市分布范围和密集程度远远超过明清,沿铁路地带(大致包括滨洲线、滨大线、京沈线、津浦线、京汉线、粤汉线、胶济线所经地带)成为另一条重要的城市分布带。而明清时期兴盛的沿运河城市带除了长江以南依然兴盛不衰以外,长江以北沿河地带只有少数通铁路的城市尚能保持一定的繁荣,其余都已走向衰微。

在同一个"港口—腹地"的内部,各区域中心城市的规模亦有较大的差别:口岸城市作为增长极和扩散源,是全区域规模最大的城市。核心区中心城市是全区域规模最大或次大的城市,有的原是某一行政区

---

① 吴松弟主编:《中国近代经济地理》第 1 卷《绪论和全国概况》,上海:华东师范大学出版社,2015 年,第 412 页。

② 据姚巽编《市组织法释义》(上海世界书局,1937 年),民国时期市的设立与否及其等级,基本依据城市的人口数和政府所收的营业税、牌照费、土地税的数量。

域的行政中心,具有一定的人口数量和经济规模;有的随着现代交通业的发展成为口岸城市连接腹地的转运中心,人口数量和经济规模有所增长。中位区中心城市是规模较大的城市,而边缘区的中心城市的规模则不大。

19世纪20—30年代的人口数据与城市地位,表明表1所示乃当时现实的反映。北方地区城市人口以口岸城市天津最大,中心城市北京次之,中位城市(如郑州、西安)又次之,而边缘区城市兰州、乌鲁木齐等可能又次之。长江流域地区城市人口规模以口岸城市上海最大,中心城市南京次之,中位城市(如汉口、南昌)又次之,而边缘区城市昆明、拉萨等显然都不大。

在近代以前,清代首都北京、明代前期首都南京,都是北方、南方规模最大的城市,天津、上海的规模远逊之,这几个城市地位在近代的易位显然是开埠通商之后经济和人口发展的速度差异造成的。

20世纪前后,在主要口岸城市成为各块"港口—腹地"的增长极的同时,口岸城市与其腹地的区域政治中心城市也形成特定的双核结构。例如,天津的"港口—腹地"的双核是天津、北京,山东的"港口—腹地"的双核先是烟台、济南,后是青岛、济南,东北的"港口—腹地"的双核先是营口、沈阳,后是大连、沈阳,上海的"港口—腹地"的双核是上海、南京。自香港的贸易地位超过广州之后,珠江三角洲的"港口—腹地"的双核是香港、广州。

20世纪以后,现代交通发达的沿线地区成长为各"港口—腹地"内部的增长轴,原先极核式的空间结构逐渐演变为点轴式空间结构。在北方,天津的"港口—腹地"的增长轴,大致从天津出发,东经北宁线,南经津浦线,西南经京广铁路,西北经京绥铁路,西经正太铁路,将唐山、秦皇岛、北京、张家口、保定、石家庄、焦作、郑州等城市串连成线。山东的"港口—腹地"的增长轴,大致从青岛出发,沿胶济铁路向西延伸,将潍坊、益都、博山、周村、济南等城镇连成线,并在潍坊通过传统的烟潍大道及公路连接柳疃、掖县、龙口、烟台、威海等城镇,而自青岛也有公路通往烟台与威海。东北的"港口—腹地"的增长轴,大致从大连出发,沿沈大、沈滨两铁路,将营口、辽阳、沈阳、铁岭、四平、长春、哈尔滨等城市连成线,并通过连接沈大、沈滨两干线的其他铁路,连接本溪、安东、抚顺、吉林、齐齐哈尔等城市。①

近代城市的发展离不开工业,尤其是口岸城市。天津是北方最大口岸,也是开埠后受到西方现代工业冲击最大最直接的城市,1866年清政府创立天津机器局,1872年设立官督商办的轮船招商局天津分局,1878年又在天津设立开平矿务局。此外,在天津附近的唐山还有启新洋灰公司、华新纺织厂等大型近代企业,外资和官僚军阀也在天津建立了多种工业。1947年天津的工厂数目、工人人数和工业用电数均居全国第二。北方的其他城市,如北京、太原、焦作、西安的工业,也有了一定的增长。②总的说来,除了天津之外,甲午战争之前北方各口岸的现代工业发展缓慢,此后才有较快的发展,20世纪以后开始扩散到内陆的一些城市。受此影响,天津腹地各区域的工业发展阶段颇不相同。大致上,口岸城市以现代工业为主,核心区和中位区进入半工业化阶段,而边缘区仍然以传统工业为主。

美国学者弗里德曼(J. R. Friedman)出版的《区域发展政策》(1966)一书中,将区域空间结构的演变划分为四个阶段。③对照他所说的不同阶段的区域空间结构的形式,可以发现同一"港口—腹地"的不同地区,工业发展水平差异颇大。就北方而言,对照弗里德曼所说,近代经济发展最快的东北很可能已进入第三阶段即工业化阶段。除了大连—沈阳这一经济中心,东北的其他地方,例如长春、哈尔滨,在20世纪二三十年代也已成为新的经济中心。这些新中心和原来的经济中心,在经济发展和空间组合上形成区域的经济中心体系,并导致出现若干规模不等的中心—外围结构,使区域空间结构趋向复杂化和有序化。而在地域广袤的天津的"港口—腹地",当其东部的核心区与中位区进入空间结构演变的第二阶段时,西部的边缘区的空间结构还停留在前工业阶段。前工业阶段空间结构的基本特征是区域空间均质无序,尽管

---

① 吴松弟,樊如森,陈为忠,等:《港口—腹地与北方的经济变迁(1840—1949)》,杭州:浙江大学出版社,2011年。

② 吴松弟,樊如森,陈为忠,等:《港口—腹地与北方的经济变迁(1840—1949)》,杭州:浙江大学出版社,2011年。

③ 刘再兴:《区域经济理论与方法》,北京:中国物价出版社,1996年。

有若干个地方中心存在,但它们之间没有等级结构分异,因经济极不发达,总体上处于低水平的均衡状态。

3. 贸易体系

经过长期的发展,沿海沿江的各个口岸在经济规律的作用下,通过埠际贸易形成井然有序、等级分明的港口——贸易体系。在这一体系中,上海、香港两个全国性的港口位居第一级,广州、厦门、宁波、汉口、重庆、青岛、天津、大连等规模较大的重要的区域性港口位居第二级,其他规模较小的区域性港口位居第三级甚至第四级。上海和香港不仅以贸易量大而凌架于诸港之上,而且通过各港口之间的埠际转口贸易对其他港口产生重大影响。

在很长的一段时间中,从浙江以北直到东北以及长江流域的各港口,主要是通过上海的中转而和国外发生贸易联系的,而福建、广东、广西、海南以及江西、湖南两省的南部和早期的台湾的港口,则主要通过香港和国外发生联系。上海、香港在埠际贸易的过程中加强了与各个港口城市之间的航运、邮政、电讯、金融、信息等方面的联系,将自己的影响输送到这些港口城市,再通过这些港口城市的"港口—腹地"系统到达它们腹地的深处。上海、香港可以说是整个中国的现代化的北南两个领头羊,在它们之下的广州、汉口、青岛、天津、大连等重要的港口城市,也按照同样的方式将自己的影响送达相关的港口及它们的腹地。①

以上所说的交通和商业网络的重要性和复杂性,港口体系的多层次性和转口贸易的重要性这两点,都提醒我们在研究现代化进程和近代经济地理时,一定要注意研究口岸城市和广大腹地的联系环节。在一般的情况下,口岸城市的影响并不是一下子直接地送达广大农村地区的,而是首先沿着主要交通路线送达位于交通路口的城市或集镇,再通过这些城市或集镇沿着次要的交通路线送到下面的农村。这种港口城市、腹地内交通路口城市或集镇、广大农村的几个层次,不仅体现了同一腹地内交通和商业网络的层次性,也体现了现代化进程的层次性,

---

① 吴松弟:《中国百年经济拼图——港口城市及其腹地与中国现代化》,济南:山东画报出版社,2006年。

必然也对区域经济差异产生影响。此外,还须注意上海和香港在中国现代化进程中的特殊作用,分析近代史的各种现象时首先要将观察的眼光投放到上海和香港。

(三)"港口－腹地"与经济区形成和东西差异的扩大化

尽管各区域的开埠通商为先进生产力的进入和发展提供了方便,但近代经济发生变迁的时间的早晚和力度,仍有一定的差距。近代经济变迁的这种空间进程,或曰主要方向,可以用"自东向西、由边向内"八字加以概括。所谓的"自东向西",是指变迁从东部沿海口岸开始,然后沿着主要交通路线,向中部和西部的腹地延伸。而"由边向内",则指在边疆地区,由沿边口岸开始,向边疆的内部延伸。

发生在1860年前,主要因第一次、第二次鸦片战争而分别开埠的口岸,无疑是近代经济变迁较早开始的地方,它们的分布即体现了"自东向西、由边向内"的特点。广州、厦门、福州、宁波、上海、潮州、琼州、淡水、鸡笼、打狗、台湾府(今台南)、天津、登州、牛庄等14个口岸都位于东部沿海,镇江、九江、汉口、江宁(因故1899年才开埠)等4个口岸,则已位于连接东部沿海和中部的万里长江的下游和中游了。1852年伊犁、塔尔巴哈台(今新疆塔城)开埠,1860年前的第二次鸦片战争期间俄国不但攫取我国黑龙江以北、乌苏里江以东,包括库页岛在内的大片领土,还获得在喀什噶尔、库伦的免税贸易权。可以说在欧美帝国主义国家启动强迫中国沿海开埠的"自东向西"进程不久,北面的强邻俄国也启动了强迫中国沿边开埠的"由边向内"的进程。

就全国的近代经济变迁或早期现代化进程而言,沿海口岸在全国的影响远远超过沿边口岸。无论受到影响的空间范围的大小,还是区域人口的多少,"自东向西"都是主要的方向,"由边向内"则是次要的方向。1930年的112个口岸,37个分布在沿海地带,19个分布在沿边地带,沿边口岸的数量只有沿海口岸的一半。由于交通不便、人口较少等原因,沿边口岸的腹地范围一般说来也相对有限。另有56个分布在内陆地带的口岸,实际只有库伦、科布多、乌里雅苏台(位于外蒙)、江孜、噶大克(位于西藏)、昆明(位于云南),以及宁古塔(位于今黑龙江)等7个口岸属于沿边口岸通往自己腹地的中转地,其余的49个口岸(不排除其中的少量口岸位于沿海、沿边口岸的交叉腹地）都属于沿海口岸通往自己腹地的中转地。①

毫无疑问，沿边各口岸的腹地区域大多不出所在省区的范围，且往往只占有小部分地区。而沿海有的口岸的腹地范围，已覆盖数省，沿海口岸的空间范围合而计之已包罗中国的绝大部分区域。还必须看到，由于中国现代化的因素，主要是在东部沿海港口登陆而后渐次向西部扩张，受广阔的空间距离和交通的影响，其在西部的扩张的时间、速度和深度，不仅要弱于东部沿海地区，而且也要弱于中部地区。西部通商口岸设置之晚、之少，从一个侧面提供了证明。这种现代化程度随空间距离的加大而相应弱化的现象，不仅出现在东部和中部、西部三大区域之间，甚至出现在西部内部，如果将沿边口岸附近地区略而不计，在西部地区同样存在着离东部沿海距离越远、现代化程度越低的现象。②

中国的近代经济地理格局，在20世纪20—30年代已经形成，其大致表现在八个方面：

第一，全国和地区间的物流轴主要指向东部的沿海口岸城市和近代交通中心。沿海港口城市不仅是国内出口物流的主要流向地和进口物流的主要流出地，20世纪以后也成为广大内陆地区所用的国产工业品的主要供应地。

第二，全国交通布局发生重大改变。全国的新式交通，无论轮船、主要公路还是航空，大多或以港口城市为起讫点，或与通往港口城市的道路相联接。受此影响，以前以首都和各省省会为中心的交通体系，转化为以沿海沿江港口城市或省会为中心的新格局。

第三，现代工业主要分布在东部沿海。1949年的全国工业总产值中，中西部地区只占全国的29.8%，东部沿海约占70.2%，其中辽宁、天津、山东、上海、江苏、广东等6个省市又占了全国的58.3%。

第四，沿海沿江沿铁路成为城市主要分布地带，城市主要分布在东

---

① 吴松弟主编：《中国近代经济地理》第1卷，上海：华东师范大学出版社，2015年，第120—124页。

② 吴松弟：《中国近代经济地理格局形成的机制与表现》，《史学月刊》，2009年第8期。

部沿海省份的特点更加突出。

第五，一些区域的经济中心，由传统的行政中心城市转移到开埠通商之后才发展起来的重要的口岸城市和交通中心城市，它们有的经济地位甚至超越长期以来集行政中心与经济中心于一体的传统城市。

第六，形成近代经济区。这里所说的"经济区"，是在一定空间范围内经济活动相互关联的客观存在的空间组织，是经济发展时自然而然形成的产物。近代中国广袤的空间，除了边疆可以通过沿边口岸发展对外贸易的区域形成自成一体的沿边经济区之外，其余地区几乎都成为沿海各口岸城市的腹地，并在此基础上形成经济区。在20世纪的头20年，以沿海主要口岸城市或城市群为中心，以它们的腹地为空间范围，口岸城市与其腹地通过主要交通道路保持密切联系的六大经济区，实际上已经形成。

第七，上海、香港成为中国近代经济发展的两只"领头羊"。在全国沿海沿江各口岸通过埠际贸易形成的港口—贸易体系中，沪、港两个全国性的港口位居第一级，区域性港口则位居第二级直至第四级。沪、港通过埠际转口贸易加强了与各个港口城市之间的航运、邮政、电讯、金融、信息等方面的联系，将自己的影响输送到这些港口城市，直至其腹地的深处。

第八，中国大的区域经济差异，从南北差异为主转变为东西差异为主。

如上所述，近代中国的进出口贸易主要通过东部沿海口岸吞吐，近代工业主要集中在东部沿海地带，近代城市的数量尤其是人口规模较大的城市的数量也以沿海地带居多。近几年出版的众多的城市史著作，表明近代的金融业、教育、科研和外向型农业也主要集中在东部沿海，东部沿海是近代生产力最发达、现代化程度最高的区域。自港口城市西行，近代生产力水平和现代化程度随地理距离的加大而不断下降，大体上形成"西部不如中部，中部不如东部"这种明显的区域经济差距。

我国大的区域经济差距，向有南北、东西之分。古代社会以南北差距为主，东西差距次之。经过近代社会变迁，转变为东西差距为主、南北差距为次。东部地区向来是中国经济发展程度较高和人口密度较大的区域，近代尤其如此。除了地理条件与历史基础之外，主要在于"港口—腹地"这一中国现代化空间进程的特点和东部优越的地理位置。虽然近代务农人数仍占中国人口的绝大多数,但是工商业在国民经济中占据越来越重要的地位,中国已经纳入世界经济体系,在相当多的地区农业和手工业中市场化、外向化部门已占相当重要的地位。

沿海是中国联系世界的主要通道,先进生产力率先形成的地区,"港口—腹地"既是先进生产力扩散的主要方向,也是全国各区域经济联系的主要途径。是否位于或靠近东部沿海,甚至通往东部口岸城市的重要交通线这一特定的地理位置,便成为近代区域经济能否较早兴起并具有较高水平的关键因素。如果不计自然条件特别差的地方,一般说来,在同一个口岸的腹地的内部,各地区的经济水平和现代化程度,与到达港口城市的距离和交通的方便程度往往呈负相关的关系,距离越远交通越不方便的区域现代化程度越低,反之则越高。

结　语

总的说来,"港口—腹地"是考察港口城市如何与其所密切联系的地区经济互动的一种研究视角,由于近代经济的变迁是无法避免的空间扩大的过程,会导致经济变迁从一个"港口—腹地"区域扩大到以外的地区,并和另一个"港口—腹地"区域相联接,导致全国各地发生全面性的经济变迁,故就此而言"港口—腹地"实际是考察全国经济变迁的研究视角。可以说,以"港口—腹地"互动关系所划定的区域,是至今为止论述口岸城市与腹地经济互动的最大的空间范围。在这一空间范围内,经济地理学关于区域空间结构的各种理论和模式都得到了淋漓尽致的表现。

《历史与现代的对接:中国历史地理学最新研究进展》一书,总结历史经济地理的学科贡献的三个方面,其一便是"港口—腹地空间模式":"80年代,港口—腹地问题在历史经济地理研究中提出时,它只是被当作一个单纯的空间经济关系。经过近30年的不断深化,这一概念已经从经济层面上升到整个社会人文层面。""港口城市不仅是我国近代以来沿海贸易和国际贸易的主要通道,也是各种新式生产力和新文化首先发育壮大的核心。新技术和新文化首先在港口城市及其附近发育成长,然后顺着交通路线往内地渗透,同样具有随距离衰减的趋势。因此,港口—腹地之间的关系不仅是一种经济关系,更有着社会文化方面的丰富内涵。""从这一意义而言,港口—腹地空间关系可谓是理解近代以来中国社会经济文化的一个关键。"①

有关"港口—腹地"理论及其包含的种种空间关系的论述,建立在30余年研究的基础之上,是对客观规律的揭示与探讨,而不是先创造理论再填补事实。越来越多的研究表明,类似于"港口—腹地"的表现在各地有所不同,在市场经济的作用下却又有不少共同的特点,例如,海洋地带在当今世界经济中所占的优势地位,使得距海岸线100公里以内的沿海地带,人口约占全球的49.9%,GDP约占全球的67.7%;纽约、上海、新加坡等各国主要口岸城市崛起为世界重要城市,都自有其共同具备的优势。② 历史经济地理的研究并非仅仅是讲故事,同样能够为现实提供有益的镜鉴。因此,要继续深入探讨我国近代经济地理变迁过程中的"港口—腹地"问题,仍然有待于近代经济地理、现代地理学和经济学者的共同探讨。

原载于《河南大学学报(社会科学版)》2018年第3期;《社会科学报》2018年第8期转载

---

① 张伟然等:《历史与现代的对接:中国历史地理学最新研究进展》,北京:商务印书馆,2016年,第98—99、102—103页。
② 梁进社:《经济地理学的九大原理》,《地理研究》,2008年第1期。

萨缪尔森与辉格思想史观：
文献述评及研究设想

赖建诚①

从某个角度来看，我选读经济学是个盲目意外的结果。高中毕业前，也就是1932年元月2日上午8时，我又重生了。我走进芝加哥大学的讲堂，那天的讲题是马尔萨斯的理论：人口会像兔子一样繁衍，直到每亩地的人口密度太高，(劳动供给过剩)导致工资压低到勉强维持存活的水平。在此状态下，死亡率会增高到与出生率相等。这些是很容易用基本微分方程就能理解的事，以至于我(错误地)认为，是否有哪些神秘复杂的事，被我疏漏了。②

——萨缪尔森《我如何成为经济学家》
2003年9月5日(88岁)刊载于诺贝尔网站(Nobelprizewebsite)

(这段引文的末句意味着：他错误地认为，方程式背后有神秘的复杂性。)

著名经济学家萨缪尔森(1915—2009)在1946—2007年间发表了近百篇经济思想史的研究论文，而且大多发表在顶级的学术期刊上。然而，学界对萨缪尔森思想史研究的探讨还相当有限。本文全面梳理了萨缪尔森的思想史论文，解读其辉格史观的集中体现——他在美国

---

① 赖建诚(1952—)，男，台湾省屏东人，台湾"清华大学"经济系荣誉退休教授，巴黎高等社会科学研究院博士。
② Samuelson P A, How I Became an Economist, https://www.nobelprize.org/nobel_prizes/economic-sciences/laureates/1970/samuelson-article2.html, 2017年5月10日。

经济学会和美国思想史学会上的两篇演讲,并介绍思想史学界对此的反应,以探讨这一史观的意义与局限。同时,萨缪尔森的思想史研究内容广泛,本文亦希望在梳理文献的基础上,规划进一步研究的议题,为思想史学界的同仁提供参考。

一、概览:《全集》七册,1966—2011

1970年上大学时,我读萨缪尔森的《经济学原理》第8版。没想到46年后,会来研究他7大册经济论文集中论思想史的部分。数理经济学界与思想史学界都很看重萨缪尔森的这项贡献,但这也是争议性相当高、难以具体掌握的题材。

1946—2007年间,他发表近百篇思想史的研究论文,虽然长短不一,但都是专业期刊的学术文章:有以数学形式表达的论文,有综合性论述,也有评论性文章。同样令人印象深刻的是,1946—2015年间他大约发表了60多篇文章来评论师友辈中的知名经济学者,这些文章主要收录在《全集》①第7册,页585—886。这些发表在期刊、专著中的传记评论,有关凯恩斯(Keynes)、熊彼特(Schumpeter)、李嘉图(Ricardo)、汉森(Hansen)、维纳(Viner)等,古今欧美的学者都有。各篇长短不一,有短论评价诺贝尔奖得主的,也有长达23页的"Remembering Joan (Robinson)"这样的文章(论文♯540)②。

这百篇学术论文与60篇左右的"论知名经济学者"系列文章,是分析萨缪尔森对思想史的观点、方法论、洞见的绝佳材料。然而,学界对萨缪尔森思想史研究的探讨还相当有限,大都是单篇论文,较重要的也不到十篇。为何这么重要的领域却很少有人关注?萨缪尔森的思想史研究,难道真的那么没启发性吗?这是本文要厘清的主题。

---

① 全称为 The Collected Scientific Papers of Paul A. Samuelson,各卷的出版情形见附录。

② PaulA. Samuelson,1989,《全集》第7册,论文♯540。本文在引用《全集》的论文时,注明的年份为原文发表年份(与附录中的发表年份对应;若同一年中有好几篇,就在年份后加上 a、b、c 来区隔),并用"论文♯"注明其在《全集》中的论文号。

首先说明7册《全集》的编辑过程。前两册由约瑟夫·斯蒂格利茨（JosephStiglitz,1943年生,2001年获诺贝尔奖）主编,1966年出版,收录129篇学术论文,1985年第六次印刷,现已绝版。1965年9月萨缪尔森为这两册写了一篇序,最后一句说:"我太太是个公正的评论者,她说这是我人生的高峰。"①

第3册(1972年,78篇论文)由罗伯特·莫顿（Robert Merton）主编(1944年生,1997年获诺贝尔奖)。在编者序的末段,他说:"我从1968年开始收集这些论文,每次我准备出版此书,萨缪尔森又写一篇我想收录的论文。到了1971年,虽然已超出原初的规划,但似乎还看不到尽头。我接受我太太的建议,忍痛结束第3册。"②

第4册(1977年,86篇)由Hiroaki Nagatani与Kate Crowley主编。编序末段说:"我们编辑此册的几年当中,萨缪尔森教授如同过去一样,写了相当多论文。我们必须承认,很难跟上他的生产速率。"③

第5册(1986,96篇)由Kate Cowley主编。她在1985年12月的编者序首段说:"1966年出版《全集》前两册时,哈里斯（Seymour Harris)写信给萨缪尔森教授,预言说:1985年还会有厚厚的两册。哈里斯原本以为,这样的预期已很宽厚,但他还漏猜了一大册:1972年出版的第3册。1977年出了第4册,现在是1985年底,第5册即将付印。"④

第6、7册(2011年,209篇)由詹尼斯·默里主编,她在序言末段说:"最重要的是,在与萨缪尔森工作将近20年当中,我认为这是一件幸运、丰富、无可比拟的事。我很荣幸能和这位特殊的经济学家共事,

---

① Samuelson P A, The Collected Scientific Papers of Paul A. Samuelson, Vol. 1, 1937－1965 MIT Press, 1966.

② Samuelson P A, The Collected Scientific Papers of Paul A. Samuelson, Vol. 3, 1964－1971, MIT Press, 1972.

③ Samuelson P A, The Collected Scientific Papers of Paul A. Samuelson, Vol. 4, 1971－1976, MIT Press. ,1977

④ Samuelson P A, The Collected Scientific Papers of Paul A. Samuelson, Vol. 5, 1977－1986, MIT Press, 1986

他有一只泉涌且无法压抑的健笔,还有眼中闪亮的光芒。"①

在辛勤写作的70年间,他平均每月写一篇学术论文。此外还有好几本书,和几百篇报章杂志文章。

1970年获诺贝尔奖时,他说:"很高兴能肯定我的辛勤努力。"②他列举在经济学界成功的五项必要条件,其中第四项是"你必须研读大师的著作"③。很少人能像他一样,读得这么广,又这么能看透分析的核心。

整体而言,第1—4册中收录的,绝大多数是学术论文,少数已刊在学术期刊。论知名经济学者的文字,收录在第5册"第7篇:传记与自传"(论文♯355—368)。第6、7册内容较纷杂,包括论师友辈中的知名经济学者(论文♯530—573,第585—886页),以及"第7篇:自述"(论文♯574—597,第887—1137页)。

其次简介几项背景文献。前述7册《全集》显现的,是他的专业与学术方面。Backhouse(2017—2018)出版的是两册思想传记,提供许多生平与师友关系。这是目前最完整的传记。

我的重点放在萨缪尔森的经济思想史研究,这方面过去很少有人做系统性的分析。已有的一本文集是由 Medema 与 Waterman(2015)合编的《萨缪尔森论经济分析史》(Paul Samuelson on the History of Economic Analysis: Selected Essays),收录了17篇代表性论文,分9个主题:史观、亚当·斯密前、《国富论》与古典模型、李嘉图、冯·杜能、马克思、后古典学派政治经济学、对近代两位经济学家(熊彼特、D. H. Robertson)的反思、20世纪经济学革命(凯恩斯与《通论》、垄断竞争)。这17篇当然不足以代表百篇,但出版社已认为太厚(478页)。Medema 和 Waterman 写了一篇21页的导论,但写稿时《全集》第6、7册(2011)尚

---

① Samuelson P A, The Collected Scientific Papers of Paul A. Samuelson, Vol. 6, 1983—2010, MIT Press, 2011.

② Medema S, Waterman A., "Introduction", Paul Samuelson onthe History of Economic Analysis: Selected Essays, London: Cambridge University Press, 2015, 1—21

③ Medema S, Waterman A., "Introduction", Paul Samuelson on the History of Economic Analysis: Selected Essays, London: Cambridge University Press, 2015, 1—21

未出版。这本 17 篇选辑(2015),并未把《全集》第 6、7 册的新资料收入,所以,此书的附录"萨缪尔森的思想史著作"不够完整。

7 册《全集》有项明显特色:只要是专业期刊上的学术论文,几乎每篇都有大量的方程式,思想史的文章也如此,尤其在分析李嘉图、马克思、斯拉法时最为明显。但在 2010 年代重读这些 1960—80 年代的论文,数理技术的部分,就感受不到当初刚发表时的力道。原因很明显:1950—80 年代数理经济学正在突飞猛进,但今天萨缪尔森的数学论证已显得稀松平常。

所以,若论 7 册《全集》中,或他的所有经济学著作中,哪项研究的影响最广泛最长久?我认为恰恰是包含了概念性思辨的"显示性偏好理论"(Re-vealed preference theory),而不是其他纯技术性的研究。现今的经济系本科生,已有许多人没听说过萨缪尔森,但几乎任何学生都知道或听说过这项理论。有两本著作可以支持这个观点:

(1) Stanley Wong (2006):Foundations of Paul Samuelson's Reveal Preference Theory:A Study by the Method of Rational Reconstruction。知名的思想史学者米罗夫基(Philip Mirowski),为此书的第二版写了一篇深入回顾。

(2) Chambers and Echenique(2016),Revealed Preference Theory,Cambridge University Press (Econometric Society Monographs)。知名的经济理论学者范里安(Hal Varian)写了一篇书评,有一段说:"1938 年萨缪尔森在 Economica 发表十页的文章,给显示偏好奠定了基本概念。将近 70 年之后,经济学家还持续探讨这个议题。过去几年来,有好几篇回顾性的论文,发表在专业期刊上,描述这项理论的发展。然而这方面的文献迅速增长,已庞大到需要一本专书,来做较全面性的探讨。Chambers 和 Echenique 这本 220 页的专著,完美地填补了这个空档。此书对显示偏好的当前知识,提供良好的综述,把整个题材更向前推展,提供新的洞见,也把目前的理论做了各种一般化的推衍。"[1]

不仅如此,他还有些完全不用数学表达的文章,例如 1962 年美国

---

[1] Varian H,"Book Reviews."Journal of Economic Literature,54(2016).

经济学会会长的演讲:"Econo－mists and the history of ideas",①以及1987年在经济思想史学会发表的主题演讲"Out of the clos et：aprogram for the Whig history of economic science",②现在读来还是生动活泼,余味悠长。这两篇文章是本文分析的起点,稍后详述。我认为他的文章写得很好,笔法简洁,生动有力,比方程式更有吸引力,甚至更高明。

这就引发一项矛盾:对一位具有高度创意的科学家来说,当初他的重要技术突破,若以"长时段"的方式来讨论,反而不及当初较不受重视的"纯文章"更为有影响。这类的史例很多,牛顿的文章固是如此,以量子理论闻名的薛定谔(1887－1961,1933年获诺贝尔奖)同样如此,他关于生命科学的名著《生命是什么?》(1944),几乎没有方程式,但今日重读仍觉力道深刻。

总之,重读萨缪尔森的思想史论文,有两项基本感受,这也是本文的基础性认知:

(1)他的写作题材,从范围(scope)到规模(scale)都相当可观。他的分析工具相当一致:从各种题材中,挑选适合数学工具解析的议题。也就是说,他不是对某项议题有高度兴趣才去探索背后的深意,而是因为"题材适合分析工具",使他很快就能发挥巧匠的高明,他才会去写作,也因而能产生大量论文。思想史学者,通常是以议题为主、工具为辅。萨缪尔森反其道而行之,甚至有"削足适履"的嫌疑:不合我脚的鞋就不穿,合我意的鞋子,就要穿成我喜欢的形式,至于旁人说,那已不像是鞋子,我也不在意:因为都是很科学的数学证明,你们还能怎样?

(2)我们的工具确实没他好,若与他争论数学过程或结论,基本上是以卵击石。然而思想史注重的不是逻辑严谨,而是背后的概念与思维,甚至社会性的理想。所以我的写作策略,不在进入技术细节,而是要检讨:用方程式分析思想史,能得到哪些有用的深刻见解。换言之,

---

① Presidential address delivered at the 74th Annual Meeting of the American Economic Association, American Economic Review, 52(1961).

② Keynote address at the History of Economics Society Boston Meeting, History of Economics Society Bulletin, 9(1): 51－60.

我要对萨缪尔森所得到的结论和思想学界的非技术分析作比较,有哪些差异、有哪些优劣点。这样做的目的是要探讨数理分析方法,真的会比传统方式更能产生有用的学术知识或信息吗?

二、辉格史观宣言:两篇演讲

> 当我〔在天堂〕遇见圣彼得时,我最严重的罪行,就是采用辉格史观研究学术史。①
> ——萨缪尔森

如前面提过,他有两篇文章,最能体现对思想史的基本观点与分析手法。以下分两小节简介这两篇的背景、主旨、内容,说明他长久坚持的史观:必须用辉格派的观点研究思想史,才能产生对今日有意义的见解。"辉格史观"是个既复杂又简明的概念,需用较长篇幅解说。重读这两篇不长的宣言,更能感受到他的文字魅力与说服的技巧。

一、1961年美国经学会主席的18页讲辞

《经济学家与思想史》("Economists and the history of ideas")是1961年12月美国经济学会在纽约召开74届会议,萨缪尔森担任主席时的讲稿。他当年46岁,从所附的照片看来,确实才华洋溢。为什么会写这篇文章,又刊在1962年《美国经济评论》卷52的首篇?那是因为:他从1946年开始,写凯恩斯与《通论》的文章,刊在 Econometrica 14卷3期;1951年写评述熊彼特的理论;1957年开始用数学模型,分析马克思经济理论中的工资与利率(《美国经济评论》47卷6期);1959年写两篇文章,刊在《经济学季刊》(73卷1—2期),分析李嘉图的经济体系;1960年在《美国经济评论》上(50卷4期),回复1957年那篇用现代观点分析马克思体系工资与利率所受的批评。简言之,1946—1961年

---

① Samuelson P,"Conversations with my history−of−economics critics",in: Economics, Culture, and Education: Essays in Honour of Mark Blaug, Graham Keith Shaw ed. ,3—13,Aldershot, U. K. :Elgar,1991(6:396).

间,他对凯恩斯、熊彼特、马克思、李嘉图的四项研究,一方面用最新的数理模型,另一方面都刊在顶尖期刊上,引起学界的广泛注意与评论。这让他的兴趣大大提升,认为这种数理分析,是理解、厘清、更正"死人错误见解"的利器,更能让他有博古通今的光环。这18页的宣言,可视为年轻雄狮的新战场宣言。

简明有趣的一页开场白后,萨缪尔森进入他最关怀也最擅长的主题:经济分析中使用与误用数学。他说这项主题,"是世界上唯一不受戈森(Gossen)边际效用递减法则约束的"①。意思是说,数学在经济分析的效用,只会递增不会降减。为了加强这个信念,他引述托马斯·哈代(Thomas Hardy,1840—1920,英国小说家与诗人)的话:"如果坎特伯雷(Canterbury)大主教说上帝存在,那是平日该预见的事。如果他说上帝不存在,那你就真的有些重要事了。"②如果萨缪尔森要在上帝面前作证,说经济分析中的数学是个严重的过错(horrible mistake),那就有点像要大主教作证说上帝不存在一样。他借用伽利略的话(地球确实在转!),来强调"数学确实(对经济学)有帮助"(But mathematics does indeed help)。

宣称立场后,他调转话题,说此次演讲的主题,不是技术性的分析,而是谈经济学者和他们的思想与意识形态,也就是谈思想与思想史。首先他对比了两本1950年代知名的思想史巨著:一本是他老师熊彼特的《经济分析史》(1954),另一本是法国查尔斯·基德与查尔斯·李斯特的《经济学说史》(1913第2版,1915英译)。他说这两书是1940年代哈佛博士班学生准备资格考时的读物(熊彼特的书,1940年代尚未正式出版)

对比后可看出,查尔斯·基德(Gide)与查尔斯·李斯特书中所提的人名,在熊彼特书末的索引中都找得到,但这两本书的重点迥异:基

---

① Samuelson P,"Economists and the history of ideas"(Presidential address delivered at the 74th Annual Meeting of the American Economic Association,December 1961),American Economic Review,52(1962).

② Samuelson P,"Economists and the history of ideas"(Presidential address delivered at the 74th Annual Meeting of the American Economic Association,December 1961),American Economic Review,52(1962).

德与李斯特的书会让你觉得,欧文(Robert Owen)(1771－1858,英国乌托邦社会主义者)的重要性和马尔萨斯(1766－1834,英国政治经济学者与人口论者)一样;也会让人以为查尔斯·傅里叶(Charles Fourier,1772－1837,法国哲学家与社会主义者)和圣西门(Comte de Saint-Simon,1760－1825,法国政治与经济学者)同样重要,甚至比瓦尔拉斯(Walras)和帕累托(Pareto)更重要。

相较之下,熊彼特书中的主角是马歇尔(Marshall)、瓦尔拉斯(Walras)和维克赛尔(Wicksell)这些人,当然亚当·斯密也有应得的位置。这两本思想史著作都只用文字描述,几乎没有技术性的分析,但主要的差异,不只是因为差了40年,而是基德与李斯特只重视学说的历史面,熊彼特则完全属于分析性的手法,谈这些前辈在概念与分析上的贡献。

1935年萨缪尔森在哈佛读研究生时,熊彼特说过一句让他震惊的话:全世界四大经济学家中,有三位是法国人。他以为另一位是英国的亚当·斯密,其实熊彼特说的是马歇尔(Marshall)。由此可见熊彼特的重点,是放在分析的长久贡献,而不是学说的流传性与社会影响度方面。

那三位法国人是谁？首先是瓦尔拉斯(Walras,创见一般均衡的概念,也建立分析体系),其次是古诺(August Cournot,1801－1877),就是大一教科书中,建立产业竞争模型基础的数学家。第三位更难猜,原来是重农派描绘"经济表"(Tableau)的魁奈(F. Quesnay,1694－1774),他的贡献是为两百年后的"经济流通图"与"产业关联表"奠定概念性的基础,也深刻影响马克思《资本论》对再生产模式的分析,以及里昂惕夫(Leontif)在1940年代的投入—产出分析。

对比过两本思想史巨著(战前以"学说史"为主,战后以"分析史"为主),萨缪尔森要从自己的观点出发,说明哪几位学者是他心目中的英雄,以及判断的标准何在。他先问了一个重要问题:如何判定思想史大师？大家都想知道答案(可惜无法用数学方程式表达)。我不知道1960年代的读者,对萨缪尔森的答案感受如何,或许数理学界,或是对思想史学界外行的,会觉得很有意思。以今日的思想史知识来看,萨缪尔森的回答很让我失望。

他列举七位心目中的大师:亚当·斯密、李嘉图、杰里米·边沁

(1748—1832，英国哲学家与社会改革者)、约翰·穆勒(1806—1873)、马克思、马歇尔、凯恩斯。我对这份名单没意见，但感觉他的论点未免太浅显。

他说斯密排首位没问题，但"我认为斯密被视为经济理论家，确实被低估了。他对政治经济学的冲击，并不只是改善他朋友大卫·休谟(David Hume,1711—1776)的理论，也不是因为他的见解日后被马尔萨斯、韦斯特(West)、李嘉图、托伦斯(Torrens)、穆勒，做了不同程度的细致分析。斯密的重要性在于，以他对重商主义的攻击、反对国家干预政策、提倡自由放任为例，这些见解不但影响学界，也影响一般读者。也就是说，能同时影响内行人与外行人，能深刻地影响工商界的聪明人士，也能影响学童"①。这当然是个好标准：能对知识界、平民大众都有影响力的才称得上大师，单是专业上的学术突破，尤其是如果只局限在人文社会科学界，只是具备必要条件，要同时对社会有广泛影响力，才是充分必要条件。依据这个判准，萨缪尔森的七人名单确实有道理。他对斯密的评价(约半页)，主要已如上引述，并无更多重要见解。其余六位他用最多篇幅的，是马克思(三整页)、李嘉图(两整页)、马歇尔(两整页)、凯恩斯(一页多)、穆勒(一页)、边沁(不足一页)，这也是他的偏好显示。

二、1987年思想史学会的10页主题演讲

这篇10页的宣言《出柜：辉格经济思想史研究纲领》("Out of the closet: aprogram for the Whig history of economic science")，是经济思想史年会在波士顿召开时，邀他作的演讲，时年他72岁。此时离1961年的美国经济学会已历25载有余，他已退休，且历经了各项社会与经济变动，他的《全集》第5册即将出版，最主要的分析成果也已显现，他的数理分析思想史也做得差不多了。如果说1962年那篇18页讲稿是雄

---

① Samuelson P A, "Economists and the history of ideas" (Presidential address delivered at the 74th Annual Meeting of the American Economic Association, December 1961), American Economic Review, 52(1962).

狮的战场宣言,那么,1987年这篇10页的辉格史观讲稿可以说是将帅检视战场、验收成果的胜利宣言。

一页的开场白后,他说1930年代之后,经济学至少有过四项革命:垄断竞争革命、凯恩斯总体宏观革命、数学化革命、计量推断革命。在这四大革命的压力下,由于"研究生至少每天要睡4小时——这是普遍性的常数",最先排挤掉的课程,就是经济思想史,之后是外语必修课,以及把经济史的重要性降到最低。经济学界追寻新进展,已经极端到1985年之前的文献都不在阅读书单上(1987年写此文时)。这是半导体界的做法,经济学也这么做,表示三年前的文献都不值得浪费时间,连凯恩斯的书都成为"死人的错误见解"。

接下来萨缪尔森要开处方。一方面他认同科学要与时俱进,另一方面20世纪50—80年代在思想史的长期耕耘,让他明白先人的智慧未必全然无用。解决之道是:"我提议,研究经济学史'即思想史',要更具有目的性。也就是要转向,从当今经济科学的观点,来研究过去。……我因而提倡用辉格史观来做经济分析史。……因为此事的成功与否,是由今日最新的科学审查者来判定。这些评审运用现今的眼光与见解,以及今日的知识来判断。"①

他用一个长括号附带说明,为何这种方法称为辉格史观:因为托马斯·巴宾顿·麦考利(Thomas Babington Macaulay,1800—1859,英国历史学者与辉格党的政治家),完全用今日的眼光,来判断过去的事,所以日后就把这种以今日眼光,审视历史变迁的手法,称为辉格史观。为何萨缪尔森要做此主张?因为"经济学是介于文学与冷科学之间"(Econom-cs is in between belles-lettres and cold science)②。

他以斯拉法(Piero Sraffa)(1898—1983)主编的11册《李嘉图全集》(1951)为例,这套全集同时具备历史面向与现代分析的洞见。从历

---

① Samuelson P A:"Out of the closet:a program for the Whig history of economic science"(Keynote address at the History of Economics Society Boston Meeting),History of Economics Society Bulletin,9(1987)

② Samuelson P A:"Out of the closet:a program for the Whig history of economic science"(Keynote address at the History of Economics Society Boston Meeting),History of Economics Society Bulletin,9(1987)

史重构的角度来看,这套全集是完美的范例。斯拉法在剑桥大学长期投入档案里,几乎把李嘉图写过的所有文字搜集齐全。就算对历史完全没兴趣的学者,也会对这套全集感到赞叹,因为斯拉法用简洁的手法,让李嘉图和他的朋友们,能自由自在地表达,而不会展现出观众的赞许或不以为然。

萨缪尔森对斯拉法的尊崇,高到有点让人意外。他曾说过,斯拉法单以"The law of returns under competitive conditions"一文,就值得在世界任何大学取得终身职位。翻看《全集》第 6 册,页 285—558①(论文♯410—426),他在 1987—2006 年间,写了 16 篇充满方程式的论文,来诠释斯拉法的体系。

斯拉法生前最重要的专著,是一本大字宽行距 99 页的 Production of Commodities by Means of Commodities: Prelude to a Critique of Economic Theory。这是仿效李嘉图的"标准商品概念"所建构出的体系。斯拉法能得到萨缪尔森这样高规格的知遇,真是太荣幸了。那也必须佩服凯恩斯的眼光,正是他 1920 年代把斯拉法从意大利带到剑桥。

萨缪尔森说了一件轶闻:1982 年有家意大利的重要报纸,打国际紧急电话给他,说斯拉法即将离世,要他"赶快、赶快、赶快"写篇纪念文。萨缪尔森说,我对斯拉法个人和专业上都很景仰,所以"我就赶快、赶快、赶快"写了这篇文章。然而斯拉法并没死,报社就保留这篇文章,翌年才用上。

在这篇辩论辉格史观的 10 页讲辞中,萨缪尔森用将近 3 整页的篇幅(页 53—55)大谈斯拉法,一方面再度表达对斯拉法的景仰,另一方面要以此 11 册《李嘉图全集》和斯拉法的后续研究为例,说明这就是辉格史观的范例:

这么长的开场白之后,接下来才是此文的核心,篇幅只有两整页(页 55—57),但立场坚定:辉格史观的思想史该怎么做。以下依他的见解逐点析述。

(1)他认为,最具代表性著作的是熊彼特(1954)《经济分析史》。此

---

① Samuelson P A, The Collected Scientific Papers of Paul A. Samuelson, Vol. 6, 1983—2010, MIT Press, 2011: 285—558

书在熊彼特过世时尚未完成,由夫人代为编辑出版。萨缪尔森说这本书实质上要比它的名声更伟大。可惜作者早逝,犹如"上帝让摩西走近应允之地,但拒绝让他进入门内"。

(2)进入任何图书馆,你会发现马克·布劳格(Mark Blaug)的《经济理论的回顾》,比其他知名的思想史著作被人翻得更脏乱,甚至比布劳格自己的《李嘉图经济学》有更多人翻阅。这就是"显示性偏好",展现了读者的品位取向。

(3)萨缪尔森自己所写的诸多思想史文章中,有几篇是典型的辉格史观产品:(a)"von Thünen at two hundred"。①在这篇论文中,他扮演接生婆的角色,把一本天才的作品,完全按模型写出来。(b)"Canonical classical model of political economy"。② 他用一个图来说明李嘉图、穆勒、马尔萨斯、马克思、斯密之间的共同点。辉格史观就是要用现代的更一般化架构,找出各门各派之间的相同与相异点。(c)"Quesnay's 'Tableauéconomique' as a theorist would formulate it today"。③ 与前两篇文章较少人读相比,这第三篇的读者多且反应颇佳。"经济表"的重要性是预见日后的一般均衡分析体系,这刺激了马克思、熊彼特、里昂惕夫,也间接影响了斯拉法。现今学者受魁奈影响的也不少,例如乔治·马拉诺斯(George Malanos)、阿尔马林·菲利普斯(Almarin Phillips)、什洛莫·麦特尔(Shlomo Maital)、蒂伯·巴尔纳(Tibor Barna)、哈里·约翰森(Harry Johnson)、艾提思(Eltis)、罗纳德·L. 米克(Ronald L.

---

① Samuelson P A,"von Thünen at two hundred",Journal of Economic Literature,1983,21(4):1468-88. With a "1986 Correction and Addendum"in volume 2,596-7

② Samuelson P A,"The canonical classical model of political economy",Journal of Economic Literature,16(1978)

③ Samuelson P A,"Quesnay's 'Tableauéconomique' as a theorist would formulate it today",in:Classical and Marxian Political Economy:Essays in Honor of Ronald L. Meek,Ian Bradley and Michael Howard eds. ,New York:St. Martin's Press,1982,45-78

Meek)。(d)"Mathematical vindication of Ricardo on machinery"。① 李嘉图在《经济与赋税原理》第 31 章谈引入机械生产的效果。许多社会主义者批评,他是在对资本主义做出让步,现在有不少经济学者,也对李嘉图的这个观点不满。他强烈地不同意这些批评,认为李嘉图基本上是对的,而且对得很有道理(he is essentially right and right for the right reasons)。也就是说,批评他的人都错了。第 31 章是李嘉图《原理》中最好的一章,所处理的是经济理论重要议题,也分析得很好。

是的,萨缪尔森的经济分析史研究,就是辉格史观产品的典范。形式上科学性十足,也得出不少前所未有的见解,然而专业思想史学者似乎对这种方法不以为然。正如卡尔·斯密特(Carl Schmitt)说的:"胜利者不需感受失败者的智慧。"(The victor feels no intellectual sympathy)。意思是说:胜利者不会对失败者表示智慧上的认同。

这种毫不遮掩的辉格史观,立场太坚定,甚至在指导思想史学者"如何正确地做研究",必然引起学会多数成员的反驳,代表性的论文至今不断,例如库尔达斯(Kurdas,1988)、②奥布赖恩(O'Brien,2007)、③米洛夫斯基(Mirowski,2013)、④温特劳布(Weintraub,2016)⑤等。

此外,《剑桥经济学刊》(Cambridge Journal of Economics)在 2014 年 38 卷 3 期刊出以此为议题的专辑——辉格史观与经济理论的诠释,共有 10 篇论文。下一节综述这方面的反驳声浪,从各种立场与观点来和

---

① Samuelson P A,"Mathematical vindication of Ricardo on machinery",Journal of Political Economy,96(1988)。

② Kurdas C,"The"Whig Historian"on Adam Smith:Paul Samuelson's Canonical Classical Model",Journal of the History of Economic Thought,,10(1988)。

③ O'Brien D P,"Samuelson:the theorist as historian of economic thought",chapter 12 in History of Economic Thought as an Intellectual Discipline,Cheltenham:Edward Elgar,2007.

④ Mirowski P,"Does the victor enjoy the spoils? Paul Samuelson as historian of economics"(2012 HES Presidential address),Journal of the History of Economic Thought,35(2013).

⑤ Weintraub R,"Paul Samuelson's historiography:more wag than Whig",History of Political Economy,48(2016).

辉格史观相互评论,这也是思想史学界和经济学界的基本差异:不完全是(数理)分析工具上的,而是在更根本的层次上有史观、概念、手法上的反差。

三、对辉格史观的批评:十篇评论

如果我们认为物理学的任务,是在发掘大自然的真相,那就错了。物理学所关心的是,关于大自然我们能够说些什么。

物理学相信,有可能用简单且一致的手法,来描述大自然。

其实你不是在思考。你只是有逻辑而已。

——尼尔斯·玻尔(Niels Bohr,1885—1962,1922 年物理学诺贝尔奖得主)

《剑桥经济学刊》的十篇论文,有个专辑名称:

《剑桥经济学刊》的十篇论文,有个专辑名称:"Samuelson's ghosts: Whig history and the reinterpretation of economic theory"。主要目的是:(1)重探辉格史观的意义;(2)如何用这种史观诠释理论;(3)萨缪尔森用这种史观研究思想史,成果与意义何在。此辑有三位主编:艾伦·弗里曼(Alan Freeman)、奇克(Victoria Chick)、Serap Kayatekin。这十篇论文的内容各异,从综观性的到思辨性的,再到历史个案的;若以人物为主题,则从威廉·配第、大卫·休谟、亚当·斯密、马克思、熊彼特、凯恩斯、到萨缪尔森本人。这是对辉格史观最具整合性的专辑,也是对萨缪尔森(1987)那篇 10 页文章,在 27 年后做出回应。

本节要更深论述辉格史观的应用与局限,以下先对这一概念的源起、演变、应用做解说,作为之后论述的基础。英国历史学者巴特菲尔德(Herbert Butterfiel),在他那本小但影响广泛的《辉格的历史诠释》一书中提出这个名词。① 这取名来自英国的辉格党(Whigs),他们的要求是国会权力制(有限君权),这和主张君主治权的托利党(Tories)立场相反。

辉格史观的基本概念,是认为历史发展的途径不可避免地会走向

---

① Herbert Butterfield H, The Whig Interpretation of History, 1931.

更自由、更开明的道路,终必形成现代的自由民主与君主立宪。研究者广泛借用这个信念,来强调做科学史要有个信念:理论与实验的进展是沿着一条迈向成功的索链,至于那些失败的理论与行不通的实验,就可以忽略忘却。这有点像马克思式的社会进化史观,从奴隶社会到封建、到资本主义、再到社会主义,一路迈向更自由平等的社会。但我们不能把辉格史观和马克思唯物史观画上等号,因为那只是表面类似,其实它们是本质迥异的概念。①

同样的,虽然名称来自英国党,但辉格史观与政党完全无关(不论是英国的辉格党 British Whig,或是美国的辉格党 American Whig),也和辉格主义(Whiggism,一种政治意识形态)无关。简言之,辉格史观是一种历史诠释的观点,是一系列由过去的失误,迈向今日的进步故事(interpreting history as a story of progress toward the present)。英国史上的辉格史观学者,萨缪尔森提过的有大卫·休谟、托马斯·麦考利。这是诸多历史学派中的一种,以英美体系为主,是一种乐观性的认知:人类文明是不可逆转地从落后迈向先进,从愚昧走向开明,从失败通往成功。②

这种思维被称为"绝对主义"(或称为"理性重构"),其主张是:经济理论和其他科学见解一样,都是推翻过去的错误,逐渐迈向真理,所以,过去的理论其实都是"死人的错误见解"。现在要用现代最新最好的理论,重新帮前人整理过去的混淆,使之成为更正确、更能为今日服务的思想。绝对主义(理性重构)的特点是:(1)今日比昨日正确;(2)今日的科学能从过去错误,找寻出正确且对今日有益之事;(3)这是当今思想史研究者的职责。

著名思想史学者马克·布劳格(Mark Blaug,1927—2011),在《经济理论的回顾》导言的前两页有精简的解说:"相对主义把每种理论,都

---

① 参见:Wikipedia,"Whig history",2016. Freeman, Alan, Victoria Chick and Serap Kayatekin,"Samuelson's ghosts:Whig history and the reinterpretation of economic theory",Cambridge Journal of Economics,38(2014).

② Goodacre H,"The William Petty problem and the Whig history of economics",Cambridge Journal of Economics,38(2014).

视为可以忠实反映当时各种状态的代言者,每项理论在自己的历史脉络内,都有其平等存在的意义。绝对主义则只关心某项主题的严格智识发展过程,认为所有理论,都是由错误迈向真理。相对主义者,无法对不同时期的各种理论,排列出优劣先后序列,但绝对主义者则非此不为……评价某项经济理论是否有效时,相对主义者必然会倾向于忽视内在的一致性,以及此种理论的解释范围,而把注意力着重在,与历史和政治环境的配套里。"[1]布劳格认为辉格史观的想法,不只是要把前辈重要学者的见解用今日的概念和语言来重塑,甚至更奇妙地,还自认比发明这些概念的前人更理解这些概念的每项特质。

萨缪尔森是经济学界坚持这种信念的头号代表人物,战后他对理论的贡献举世公认,是美国第一位得诺贝尔奖的学者。他竟然肯降尊纡贵踏入思想史领域,这应该是学门的福气。可为什么思想史学界反而抗拒？难道进步的科学观不好？或是无法带来真正的历史洞见？其中有一项原因:相对于绝对主义,思想史学界比较着重"相对主义"(或称为"历史重构")。

也就是说,前人提出某种见解,必然与当时的社会、政治、文化环境密切相关。若抽离这些背景,理论就失去当初的用意与力量。绝对主义(理性重构)完全不顾史实,主观地判断现今科学是较进步的,前人是错误的,甚至是愚昧的。这种把今日的概念强制套在前人身上的做法必然得到削足适履、昧于史实、方枘圆凿的扭曲性结论,可他们然后会用客观的科学语气宣称"比前人更了解前人"。

辉格史观有那么神奇吗？那我们还需要历史学家吗？用方程式表达的马克思模型,还能激起阶级革命吗？自傲的辉格史观,会不会本身就是一种"体系性的失败"(systematic failure)？萨缪尔森会不会被自己的框架与概念绑架了？他会不会被方程式的美感迷惑了,致力于追求形式之美与逻辑的完整性而忽视原初概念的复杂度与社会理念？多元化的方法论不是会产生更丰富的知识吗？单一的辉格史观或死板的数学分析真的那么独特优秀吗？我们的重点不在反对萨缪尔森和他的同

---

[1] Blaug M, Economic theory in retrospect, London: Cambridge UnivesityPress, 1985, 1-2.

道,而在护卫方法论的多元性,维护历史议题的原貌与时代脉络。不是辉格史观不好,但它不是最好,亦非研究思想史的唯一途径。斯密、李嘉图、马克思都是有血有肉有激情的人,被化约为方程式后,就像是一片片的 X 光照;确实有透视力,但不是我们所认识的人——血性、情感、理念、抱负全不见了。这样才算科学?若思想史学界必须在科学与人性间抉择,恐怕大多会放弃萨缪尔森。用现象学者胡塞尔的名言来说,还是该"回到事物的本质上"(zu den Sachenselbst＝to the things themselves)。

接下来也是个较根源性的问题:为什么要研究经济思想史?1969 年斯蒂格勒(Stigler)写过一篇名文《经济学的过去有用吗?》,虽然他以信息经济学获得 1982 年诺贝尔奖,但他在思想史上的造诣也相当可观:他的博士论文就是写思想史。马克·布劳格(Mark Blaug)的博士论文写李嘉图经济学,就是他指导的。斯蒂格勒这篇 1969 年的文章,用意当然是替这个领域辩护。他这篇著名文章的标题"Does economics have a useful past?"(过去的经济学对现代有用吗?)已成为思想史学界的"护身符"。之后被经济史学界借用,调整句子之后也当作护身符:"Does the past have a useful economics?"(可以从历史学到有用的经济学吗?),请参见勃特克等的阐述。①

弗里曼批评了萨缪尔森忽略的一个重点:在知识的进展过程中,争辩(controversy)所扮演的重要角色。② 萨缪尔森以科学至上主义来框套思想史,其实是买椟遗珠,因为思想的根源才是重点,方程式是椟不是珠。若急着给出理论的逻辑条件,反而容易忘却更重要的"对立性假说",而这才是争辩与新知识(温故知新)的源泉。

为什么萨缪尔森对辉格史观那么执着?因为在他知识奠基的 20 世纪 30—40 年代,科学有显著的进步,理论有重要成长,这对社会经济的影响广泛深远。

---

① Boettke P,Coyne C,Leeson P. "Earw(h)ig:I can't hear you because your ideas are old",Cambridge Journal of Economics,38(2014).

② Freeman A,"Schumpeter's theory of self—restoration:a casualty of Samuelson's Whig historiography of science",Cambridge Journal of Economics,38(2014)

这造就了那一代人文社会学者的"物理学钦羡症"(physics envy)。证据是萨缪尔森有段重要文字,对当时著名的物理学者费米(Enrico-Fermi,1901—1954,1938 年获诺贝尔奖)有一段科学方法论上的赞扬。① 换言之,萨缪尔森的思想史研究,是建立在辉格科学史观上:不要浪费时间在"问题的矛盾性与根源性上",而是要直接做"新发现"(discovering)与"理论化"(theorizing)这种较具有实际意义的事。

萨缪尔森时常引述自然科学(以物理学和工程学为主)作为经济分析的灵感与目标。然而这种跨学科的借取概念和工具,对思想史学界来说,犹如把现代的西装领带硬套在古人身上,然后宣称:这才是我们该认识的古人真貌。

用米洛夫斯基的话来说,这会造成"热度大于亮度"(引起学界热潮,但没增加有用的洞见)的现象。② 主因在于,经济学已经被扭曲成"社会物理学"。萨缪尔森的辉格史观并没能让思想史变成真科学,而只是以科学之名来满足数学逻辑的偏好(与偏见)。思想史学界早就明白这个道理,看穿了这件国王的新衣,所以对萨缪尔森一直有抗拒心。有句话可形容这种强烈的科学主义:Shut up and calculate(少争辩,多计算)。也等于说,思想史要多写方程式,不要再流于无益的口水战。但我们知道,光是计算没用,创意才是重点,所以,此句应改为:Shutup and invent(少计算,多创造)。方程式并不等于创造,文字概念与思辩争论未必全然无益。

辉格史观有一项利器:透过长篇的方程式,证明前人的著作内有"逻辑上的不一致性"(logical in consistency)。若能证明此点,依现代科学的判准原作就是错的,接下来就要告诉前人,怎样才是正确的。这才是进步的科学观,这也正是思想史学界的目标。知名的思想史学者马克·布劳格(Mark Blaug)对此说过:"若要把不一致性推给作者,那永

---

① Samuelson P A,"Out of the closet:aprogram for the Whig history of economic science"(Keynote address at the History of EconomicsSociety Boston Meeting),History of Economics Society Bulletin,9(1987)

② Mirowski P,More Heat than Light:Economics as Social Physics,Physics as Nature's Economics,London:Cambridge University Press,1991

远是件危险的事。因为我们无从知道,这种不一致性是内文的错误,或是我们对它的理解错误。"①

辉格史观一直摆出胜利者姿态:我是新的、最好的、正确的。这是胜利者的史观,过去的一切要服膺于现代标准,否则都是错误且该扬弃。正如布劳格所言,有许多内文的不一致性是辉格史观者戴上有色眼镜后所做出的扭曲性解读。用西洋谚语来说:当你手上有一把槌子,眼里看到的全都是钉子。除了钉子,你一概没兴趣,因为不符合你的工具。但其实槌子不是世界上唯一的价值标准。

逻辑的一致性并不等于真理,因为数理逻辑只是众多逻辑中的一种。若被逻辑死死套住,反而会妨碍思想的开展,辉格式的"科学扭曲"对前人不公平,因为它有个明确的判准:符合我逻辑的才对,否则无意义。这正是犯了削足适履、以形害义、先射箭后画靶、时空错乱、替古人穿西装的谬误。思想史学界用"相对主义"(历史重构),指出辉格史观的缺点。大多数成员仍认为,注意时代差异与文化背景的历史重构,更能公正地认识前人的初心。

四、后续研究

经济思想史学家和保罗·萨缪尔森的经济思想史著作之间,一直有爱恶交织的关系,而且是恶多过于爱。……最大的问题争论点,是他公开支持辉格(Whig)史观的经济思想。……以他的成就,其实不必来研究这个领域。而他竟然在这方面,写了大约140篇的论文,包含各式各样的题材。他还在1987年的会议上宣读一篇论文,对经济思想史学会的成员谈"我们的专业"和"我们的议题"。他的"非史学"研究中,也显现出对经济学史的非凡知识。他和大多数的数理派理论家不同,时常会探讨某个他正在研究的理论问题,背后的历史根源。这么有广泛深刻影响力的"诺贝尔级"理论经济学家,还很愿意站在我们"这边",当

---

① 转引自 Kliman A,"The Whiggish foundations of Marxian and Sraffian economics",Cambridge Journal of Economics,38(2014)

然会让思想史学者爱戴。这确实是一种爱憎交织的关系。①

——D. WadeHands

以上对萨缪尔森的经济思想史研究成果,提供了宏观式的全览图:第一节说明7册《全集》的学术意义及其对学界的长期广泛影响。第二节解读他对思想史研究的两篇宣言:(a)1961年底美国经济学会主席讲辞;(b)1987年思想史学会邀请的主题演讲。这两篇文章,宣示了他对思想史的研究路径与辉格史观:用现代知识重新检讨经典著作的逻辑与意义。第三节综述思想史学界对辉格史观的批评,论点聚焦在2014年的《剑桥经济学刊》的十篇论文。可惜萨缪尔森已于2009年过世,否则会有精彩回应。显然双方歧见不少,但也因而引起更大的好奇:为何至今仍无一本专著,深入探讨萨缪尔森的每篇著作,只有这样才能得到更全面以及更公正的评价。

所以接下来的工作,是依主题来探索他的贡献与限度。依附录所列举的详细项目,可大致区分成几项主题:

(1)亚当·斯密之前:休谟与魁奈。重点放在休谟的"物价与金属流通机制"(specie-flowmechanism),以及魁奈的经济流通图和投入—产出概念。

(2)斯密与古典学派的理论。

(3)重构李嘉图的学说体系。

(4)马克思体系的数学解析。

(5)冯·屠能(von Thünen)与新古典分析的现代形式。

(6)斯拉法(Piero Sraffa)学说的开展。萨缪尔森晚年对斯拉法的体系倾注相当心血,建构出一大套经济模型。和这方面日益丰盛的文献相对比,萨缪尔森的模型分析的核心贡献何在?

(7)萨缪尔森论经济学研究法。这是可与辉格史观对照的题材,显现他对如何研究经济学有哪些独特的见解:数学只是工具,还有更高层

---

① Hands D W: "Review of Paul Samuelson on the History of Economic Analysis", Journal of the History of Economic Thought, 38(2016)

次的哲学与认知层面。

(8)散论知名学者,例如对凯恩斯与熊彼特及其他重要学者的评论。其中也隐含他对经济分析史与思想史的各种见解,值得萃取。

以上是相当庞大的研究计划,需要长时期投入才会有成果。学界若有兴趣,也可各自投入,最后集结成集体性的成果。要完成这些体系性的探讨后,才能对萨缪尔森研究经济思想史的成果做出客观的系统性评价。

原载于《河南大学学报(社会科学版)》2017年第5期;《理论经济学》2018年第5期、《经济学文摘》2018年第2期转载

劳动伦理与中国农村劳动力迁移
——一个尝试性理论建构及解释框架

唐茂华　黄少安①

引　言

在现代以新古典经济学为主导的研究范式中,非经济因素不断地被抽离出去,经济学日益成为"价值中立"的实证科学。而事实上,经济学是作为伦理学的一个分支而出现的,且是伦理学的组成部分,作为一门学科,伦理学的诞生要远远早于经济学。

经济学的勃兴始于18世纪的工业革命、启蒙运动和资本主义的兴起,经济活动逐渐摆脱政治、宗教、家庭的束缚,成为一个独立发展的领域。重农学派的发展奠定了古典经济学的基础,而经济思想和理论真正作为系统化的科学,从伦理学中独立出来,集大成者当属亚当·斯密,此外还包括威廉·配第、大卫·李嘉图等。

经济学真正脱离伦理学,成为纯实证、价值中立的学科,应追溯到19世纪70年代的边际革命。边际效用学派以效用最大化为基本原则,以静态一般均衡为理论基础,将个人的经济行为从纷繁复杂的社会生产关系中抽离出来,成为无伦理的"纯粹"科学。新古典主流经济学逐渐以边际效用论替代古典经济学的劳动价值论,"经济人"假说逐渐撇开伦理内涵,经济学从原本具有道德和规范特点的学科转变成作为工

---

① 唐茂华(1980—),男,安徽安庆人,山东大学博士后,天津市社会科学院城市经济研究所副研究员;黄少安(1962—),男,湖南洞口人,山东大学经济研究院教授,博士生导师,教育部长江学者特聘教授。

具和实证的学科,并不断向专业化、科学化、数学化和技术化方向发展。迄今,主流经济学对伦理道德的关注越来越微弱,以至于"随着现代经济学与伦理学之间隔阂的不断加深,现代经济学已经出现了严重的贫困化现象"。①

事实上,伦理道德和经济行为之间存在千丝万缕的联系,伦理道德主要从两个不同的维度影响着经济行为。一方面,"人类经济行为存在复杂多样的伦理考虑,而这些伦理考虑是能够影响人类实际行为的",②亦即伦理道德从源头上影响着经济行为的动机和方式;另一方面,经济行为的结果需要接受伦理道德的价值判断和规范分析,亦即伦理道德在终端上评判经济行为的合理性和规范性。阿玛蒂亚·森将这两个方面分别称之为"伦理相关的行为动机观"和"伦理相关的社会成就观"。对于前者,意味着我们在分析经济行为时,不仅要考虑单纯的功利原则,还要考察经济行为背后的道德、文化、习俗等非经济因素,亦即人类实际行为要包含着比"经济人"假定更为丰富的内容,伦理考虑也是构成人类行为和判断的重要因素。对于后者,意味着行为主体不仅要遵循市场秩序,还要接受伦理检视。

在伦理道德和经济行为相关关系的两个维度中,劳动伦理属于前者,它从源头上影响人类经济行为的动机和方式。对于劳动伦理的关注,影响最大的莫过于马克斯·韦伯。他在著名的《新教伦理与资本主义精神》一书中,深刻阐释了宗教文化力量对社会发展的巨大作用,新教所孕育的资本主义精神对近代资本主义的产生和发展起到了至关重要的推动作用。③ 韦伯将经济发展的动力机制与文化特征、社会心理、习俗等结合起来,进一步强调了文化和精神因素的重要性,使人们对非

---

① [印]阿玛蒂亚·森著,王宇、王文玉译:《伦理学与经济学》,北京:商务印书馆,20年,第13页。

② [印]阿玛蒂亚·森著,王宇、王文玉译:《伦理学与经济学》,北京:商务印书馆,2000年,第13页。

③ [德]马克斯·韦伯著,于晓等译:《新教伦理与资本主义精神》,北京:商务印书馆,1987年,第8页。

经济因素的巨大作用有了更为深刻的认识。① 韦伯的理论对西方资本主义的兴起和发展进程提供了一个全新的认识范式,那么这一理论命题能否在一个全新的区域和国家得以验证?中国的经济社会发展是否与传统伦理之间存在某种必然的联系?在中国经济发展过程中,劳动力迁移以及相伴而来的城市化进程无疑是最重要的经济结构变迁过程,是审视中国经济发展的重要维度。为此,本文拟选取中国劳动力迁移的视角,探寻中国农村劳动力迁移背后的伦理支撑,解析其与传统乡村伦理之间的内在关联。

目前,学界关于劳动力迁移问题的研究可谓汗牛充栋。多数研究都是从经济因素的视角,在城乡二元结构的分析框架下,将城乡收入差距作为劳动力迁移的根本动因。②也有一些研究关注了影响劳动力的非经济因素,如胡金华等分析了个体社会网络对农村劳动力迁移起着至关重要的作用。③程名望、史清华指出城市公共设施、户籍制度、社会歧视等诸多非经济因素都是影响劳动力迁移的重要因素。④同样,学界对于农民的价值观念和伦理道德也不乏探讨,其中最具代表性的莫过于费孝通的《乡土中国》一书。费孝通精辟地阐述了中国乡土社会的"差序格局""熟人社会""礼治秩序"等诸多典型特点。⑤再如,刘志扬指出中国农民的传统观念中蕴藏着固有的进取精神,这是古代中国经济

---

① 有很多学者就这一论题提供了检验性支持。如英国著名历史学家 R. H. Tawne 分析指出,新教工作伦理对英国的勤奋劳动和企业精神的兴起起了决定性的刺激作用。参见 R. H. Tawne, Religion and the Rise of Capitalism: A Historical Study, London, 1926

② 相关的研究颇多,如陈永正、陈家泽:《农村劳动力转移方式及影响因素的实证研究》,《财经科学》,2007 年第 4 期;赵成柏:《影响农村剩余劳动力转移因素的实证分析》,《人口与经济》,2006 年第 2 期

③ 胡金华等:《农村劳动力迁移的影响因素分析——基于社会网络的视角》,《农业技术经济》,2010 年第 8 期。

④ 程名望、史清华:《非经济因素对农村剩余劳动力转移作用和影响的理论分析》,《经济问题》,2009 年第 2 期。

⑤ 费孝通:《乡土中国》,北京:人民出版社,2008 年。

发展的精神与安全;①申端锋指出中国当前农村婚姻伦理、财富伦理等生活伦理正在发生异化,中国农村正在经历伦理性危机。② 但在上述两个主题的相关研究中,关于劳动力迁移问题的研究多是基于经济学视角,对乡村伦理的研究则多是基于伦理学或社会学视角,而基于交叉学科视角,将劳动伦理与农民经济行为相联系,进行关联性研究的文献则极为匮乏。正因如此,本文试图为中国农村劳动力迁移的理论分析提供一个全新的伦理视角,以弥补传统单纯经济分析范式的不足。从这个意义上来说,本文在研究主题上具有创新性。在现行经济研究日益"科学化""纯粹化"的背景下,本文回归到古典经济学关注伦理因素的良好传统,从"伦理相关的行为动机观"的维度,论证伦理与经济行为之间的紧密关联。

一、西方劳动伦理:演进过程及其社会效应

马克斯·韦伯在其《世界宗教的经济伦理》中较早使用了"经济伦理(business ethic)"一词,意指"各种宗教心理对社会行为所产生的实际驱动力"。③ 同理,劳动伦理可以简要表述为人们对于劳动和工作的价值理念和道德准则,亦即人们对于劳动的内在价值认同,并由此产生的对实际劳动行为的影响。

西方劳动伦理经历了一个长期的变迁过程,对于劳动的价值认同是相对近代才逐渐发展起来的。

对于人类古老的历史而言,劳动一直是艰苦和有辱人格的事情。在没有强迫的情况下,努力工作并不是希伯来人或中世纪的文化准则。直到宗教改革,体力劳动才逐渐得到包括富裕阶层在内的普遍文化认

---

① 刘志扬:《中国农民传统经济伦理中的进取精神》,《中华文化论坛》,1997年第1期。

② 申端锋:《农村生活伦理的异化与三农问题的转型》,《中国发展观察》,2007年第10期。

③ [德]马克斯·韦伯著,王容芬译:《儒教与道教》,北京:商务印书馆,1999年,第5页。

同。古希腊时期,劳动被视为一种诅咒和灾难。劳动对于满足物质生活是必需的,但柏拉图和亚里士多德等哲学家明确指出,多数人的辛勤劳动是为了少数人从事纯心灵的艺术、哲学、政治活动。古希腊人和古罗马人都认为,体力劳动是奴隶做的事情,自由人则追求从事大型商业、艺术活动,尤其是建筑或雕塑。罗马帝国解体标志着中世纪的开始,在公元400年到公元1400年的这段时期,基督教思想在欧洲文化中占据主导地位。此时,劳动仍被视为上帝对人类的惩罚的原罪。但是,这种纯粹的负面看法已经产生了积极社会效应。人们不再在物质需求上依赖于别人的施舍,通过劳动来创造财富,已成为可以接受的事情。此时,劳动的主要职能是满足家庭和社区的实际需要,并避免无所事事而导致罪恶。

从16世纪开始,宗教改革使人们对于劳动的认识有了重大改变。这里有两个至关重要的宗教领袖,他们分别是马丁·路德和约翰·加尔文。马丁·路德发展了"劳动是信徒的天职"的思想,亦即劳动应是社会的普遍基础和不同社会阶层的事业,这是对上帝的义务。但马丁·路德并没有为以利润为导向的经济体系奠定伦理基础,他认为每个人都应该获得收入,以满足其基本需要,而积累或守住财富则是罪恶的。约翰·加尔文对于基督教教义的改革则是革命性的。他主张所有人都必须劳动,即使是富裕者,因为劳动是上帝的旨意,而且,人们在得到财富之后不要贪恋,或放松努力,而是要进行再投资创造利润,周而复始,永无休止。加尔文教派认为,人们选择一个职业,并追求最大利润,是宗教义务。该教派不仅纵容,而且鼓励人们无限追求利润,这和中世纪的基督教信仰大相径庭。

新教伦理的发展,孕育了资本主义精神,为资本主义的勃兴创造了伦理基础。在韦伯看来,资本主义是"靠持续、理性的企业活动来追求利润并且是不断再生利润"的市场公平竞争、合理劳动组织、精确成本计算和长期投资经营等共同构建的一套经济体系。[①]资本主义精神则是这种市场经济体系所需要的一套新的经济伦理规范和生活态度——

---

① [德]马克斯·韦伯著,于晓等译:《新教伦理与资本主义精神》,商务印书馆,1987年,第8页。

诚实交易、遵守承诺、辛勤劳动、珍惜时间、忠诚守信等。新教伦理与资本主义精神并不等同,但前者的合理成分催生了资本主义精神,如禁欲主义有利于社会财富积累,限制消费使再投资成为可能,天职观使自愿劳动合理化,职业观促进社会合理分工等。据此,新教伦理适应了时代要求,解除了人们适应市场逐利的心理障碍,促进了近代资本主义的兴起。新教伦理创造了一种通过辛勤劳动、合理组织和理性计算来获取利润的价值观念。这种观念通过新教教派在整个欧洲蔓延并传播到美国。伴随着工业革命,在19世纪,劳动伦理以多种方式被世俗化,从而作为一种道德规范被公众所普遍接受,①这加速促进了资本主义的蔓延和发展。

综上所述,不难看出,劳动伦理并非一个与经济完全独立的社会文化因子,相反二者之间存在不可割裂的内在联系。只有伦理与经济内在相容,才能有效促进经济社会的发展。当然,正如韦伯在《儒教与道教》一书中所说:"利益而不是理念,直接控制人的行动。但是,理念创造的世界观常常以扳道工的身份规定着轨道,在这个轨道上,利益的动力驱动着行动。"②由此可见,韦伯强调文化伦理因素的观点与唯物史观强调的"经济决定论"并无实质性冲突,他并不否定利益在人类经济

---

① 诸如经济学家警告,如果人们没有努力工作,贫困和腐败将降临这个国家;德育家指出,工作是每个人的社会责任;学校教育强调,无所事事是一种耻辱。
② [德]马克斯·韦伯著,王容芬译:《儒教与道教》,商务印书馆,1999年,第19—20页。

行为中的决定性作用。①

二、农村劳动力迁移:中外差异性及其比较

改革开放30年来,中国经济高速发展,其中至关重要的原因之一,就是大量农民进城务工,为城市源源不断地提供了廉价劳动力,成为支撑中国经济持续高速发展的"人口红利"。但中国农村劳动力迁移的情形和国外截然不同。就国外情形而言,大多迁移进入城市的劳动力都脱离了与农业和土地的联系,他们是缺乏基本农业收入来源的"无产者",从而"受迫性"地迁移到城市,以获取替代性的收入来源。② 而中国自改革开放以来,逐步确立了集体所有、家庭经营的"两权分离"农村土地制度。土地以家庭人口或家庭劳动力作为分配的基础,本质上是一种"社区成员权",③即土地集体所有制赋予村庄内部每个合法成员平等拥有村属土地的权利。这种土地福利化的制度安排在一定程度上为农民提供了普遍化的基本生存保障。由此,在城市化进程中,大多迁移进入城市的劳动力已经具有一定的土地收入来源,相较于境况较差

---

① 同样,唯物史观也并未否定社会意识对社会发展的重要性。正如恩格斯所说:"根据唯物史观,历史过程中的决定性因素归根到底是现实生活中的生产和再生产。无论马克思或我都从来没有肯定过比这更多的东西。如果有人在这里加以歪曲,说经济因素是唯一决定性的因素,那么他就是把这个命题变成毫无内容的、抽象的、荒诞无稽的空话。"尽管如此,但二者的观点还是有显著区别的,韦伯主张历史多因论,他并不认为物质因子是解释一切历史现象的唯一原因,而强调因果关系不是线性的,而是双向、反馈的和多重的。他在《新教伦理与资本主义精神》一书的结尾处强调:"以对文化和历史所作的片面的唯灵论因果解释来替代同样片面的唯物论解释,当然也不是我的宗旨。每一种解释都有着同等的可能性。"这无疑是对唯物史观的重要修正和补充。参见《马克思恩格斯选集》第4卷,人民出版社,1972年,第477页。

② 笔者在此之前的一篇文章中分析了英国、日本、韩国和拉美国家等国家的具体情形。参见唐茂华、黄少安:《农地制度、劳动力迁移及其工资变动——基于"收入补充论"的分析框架》,《制度经济学研究》,2009年第3期。

③ 周其仁、刘守英:《湄潭:一个传统农区的土地制度变迁》,文贯中编:《中国当代土地制度》,长沙:湖南科技出版社,1997年,第37—106页。

的国外迁移者,他们是"有产者"的"自主性"迁移,通常被称为"农民工"。

自20世纪80年代以来,中国农民源源不断地涌入城市务工,外出农民工数量从2002年的1亿增加到2005年的1.25亿,到2009年已达到1.45亿。① 但农民工的社会处境不容乐观,农民工主要集中在制造业、建筑业、住宿餐饮业、批发零售业和居民服务业等行业,主要从事简单体力型劳动(如建筑业、制造业等)和青春型劳动(如餐饮服务、居民服务等劳动服务业),工资收入水平很低。② 而且,一直以来,农民工的市场就业环境、居住环境广受诟病,就业歧视普遍存在。③ 需要强调的是,尽管有上述种种不利的境遇,但中国农民工并未放慢进城务工的脚步,而是不断选择背井离乡、义无反顾地涌入城市。

由于农民工有一定的土地收入来源,均分化的土地制度安排保障其基本生存需求,这显然从类似国外情形的"受迫性"迁移的视角是无法解释的。毫无疑问,对城市更高工资所带来的经济激励的反应无疑是重要原因,将城乡收入差距作为劳动力迁移的决策依据也是最为普遍的经济学分析范式。④ 那么,城乡收入差距形成的经济激励是中国劳动力源源不断迁移的充分条件吗?其实不然,这里有两个反例。

中国劳动力迁移的情形与早期非洲的季节工制度有类似之处。早期非洲大多数矿山和种植园经济中流行季节工制度,农民继续生产其农产品,只是以闲暇时间部分地进入工资经济。他们并不是把参加雇佣劳动作为永久性的专职工作,而是作为间歇性的业余活动,以便获取一定数额的货币来补充他们在自给自足中所享有的权利。然而,"这些以闲暇时间部分地进入工资经济的农民,工资刺激并不能引起更多的

---

① 参见国家统计局2002年、2005年农民工抽样调查数据和2009年农民工监测调查数据。

② 2005年,农民工月平均收入仅为966元。当然,近年来他们的收入有了较大幅度的提高,据国家统计局农民工监测调查数据显示,2009年外出农民工月平均收入达到1417元。

③ 当然,这些情形正在逐渐转变,农民工的境遇在不断改善。

④ 诸如刘易斯二元结构模型、拉尼斯—费景汉模型、托达罗模型等都是基于这一分析范式。

劳动力供给,而是形成向后弯曲的劳动力供给曲线"。为此,当地矿山和种植园的业主经常抱怨"劳动力的匮乏",殖民地政府或土著统治者只能利用消极的压力——如行政命令、增加人头税或茅屋税等途径来榨取更多的劳动力。因而,"早期殖民者对非洲土著人存在传统信念,即土著劳动力不但生产率低而且改进能力有限;他们习惯于较低的物质生活水平而缺乏对高工资刺激的积极反应"。① 此外,韦伯也在其著述中列举了一个类似案例:"19世纪的一些德国农场主在农忙时为了加快收获,采取提高计件工资的办法试图刺激农业工人增加作业量。然而,农业工人对工价提高的反应不是增多,而是减少工作量。"②韦伯将这种心态称为"传统主义",是"前资本主义劳动"的主要特征。

显然,面对同样的工资刺激,中国农民工和非洲季节工、德国农业工人的反应却迥然不同。这种比较十分恰当地印证了马克斯·韦伯所指出的:"表面相似的经济组织形式与极为不同的经济伦理相结合,会产生极不相同的历史作用。"③为此,对于中国劳动力迁移的理论解构,应该从非经济的劳动伦理视角中寻找答案。

三、中国农村劳动力迁移:
探寻乡土社会的伦理支撑

正如费孝通先生所说:"从基层上看去,中国社会是乡土性的。"④乡村是中国社会的基础,中国乡土社会的劳动伦理正是在漫长的小农生产方式中逐渐形成并沉淀下来的。农耕文化的长久积淀孕育了中华文明,"农业和游牧或工业不同,它是直接取资于土地的。游牧的人可以逐水草而居,飘忽无定;做工业的人可以择地而居,迁移无碍;而种地的人却搬不动地,长在土里的庄稼行动不得,侍候庄稼的老农也因之像

---

① [英]迈因特著,复旦大学国际政治系编译组译:《发展中国家的经济学》,北京:商务印书馆,1978年,第46—60页
② [德]马克斯·韦伯著,于晓等译:《新教伦理与资本主义精神》,北京:商务印书馆,1987年,第8页
③ [德]马克斯·韦伯著,王容芬译:《儒教与道教》,商务印书馆,1999年,第5页。
④ 费孝通:《乡土中国》,北京:人民出版社,2008年,第1页。

是半身插入了土里,土气是因为不流动而发生的"。① 以土为本、安土重迁是农民日常生活的常态,中国农村社会一直按传统的方式运行,很少流动,保守封闭成了农民的"代名词"。由此看来,农民外出和迁移的价值取向似乎并非中国乡土社会的文化认同,小农文化底蕴不具有流动功能。

然而,事实上中国乡土文化中是不乏进取精神的,将农民仅视为安土重迁、保守封闭是有失偏颇的。早在司马迁《史记》的记载中就有"隙陇蜀之货物而多贾","好贾趋利,甚于周人",武帝时"民不齐出于南亩,商贾滋众"等大量记载。由此可见,中国古代社会是一个经商风气甚为浓厚的社会,不仅有富商大贾,普通民众中的经商倾向也广泛存在,中国乡土文化中历来不乏经商趋利的精神。② 与其说,长期以来农民故土难离是缺乏进取精神,不如说是政治强制施加的人为压制,而且始终伴随着政治主导型伦理与农民内化的经济伦理的控制与反控制博弈。农民始终不乏离农趋利动机,但政治理念主宰的伦理规范始终控制农民守土守农。不可否认,传统政治主导性伦理始终是维护传统、固守土地、重农抑商的,致力于将农民束缚在土地之上,但这一伦理规范尽管不断教化,却始终没有内化到农民内心。因而,只要政治教化稍有松动,农民的离农趋利的特性就会表现出来。这反映了政治主导性伦理与农民自发性的经济伦理存在不一致性,不能将二者简单地画等号。诸如,由于弃农经商风气之盛,汉武帝时期曾实行打击商人的"告缗法",使"商贾中家以上"大都破产,盐铁铸钱等重要工商业均由国家垄断,沉重打击了社会上的经商浪潮,但到了东汉末年,弃农经商浪潮重起。到明清时代,随着农业经济的发展,一些经济发达地区已经开始出现劳动力由农业向工商业转移,人口由乡村向城镇转移的趋势。由此可见,近 30 年来,中国大量农民背井离乡进城务工并非横空出世,而是具有深厚历史渊源的,它只不过是传统弃农经商、积极逐利精神的历史延续。仅将中国农民片面地视为守土重农、因循守旧无疑是对农民传

---

① 费孝通:《乡土中国》,北京:人民出版社,2008 年,第 7 页。
② 刘志扬:《中国农民传统经济伦理中的进取精神》,《中华文化论坛》,1997 年第 1 期。

统精神的误读。

中国农民素以勤劳著称于世,中华文化始终倡导劳而有食。他们"早出暮入","戴星出入","四时之间,亡日休息",终日在土地上辛勤劳作。中国农民的劳动时间之长,是举世罕见的。① 劳动是农民的本性,也是本分。这些吃苦耐劳的劳动美德也不断得到主导思想的普遍教化和宣导,诸如,孔子认为"生财有时矣,而力为本"(《说苑·建本》);墨子认为"赖其力者生,不赖其力者不生"(《墨子·非乐上》);"民生在勤,勤则不匮"(《左传·宣公十二年》);"敬时爱日,非老不休,非疾不息,非死不舍"(《吕氏春秋·上农》),如此种种,不绝于史。②勤勉耐劳、自强不息的精神深深根植于中华民族的血脉,近30年来大量农民工源源不断地涌入城市,他们吃苦耐劳,艰苦奋斗,这无疑是对民族精神和传统美德的传承和彰显。

中国农民长期以来对现行秩序形成了克己、坚韧、适应、服从的社会意识,他们安分守己,息事宁人,以和为贵。长期的"礼治"和宗法等级制度教化使农民形成了服从权威、遵守等级秩序的社会心态,具有服膺现世的显著特征,并内化于心。正如费孝通先生所说:"礼并不是靠外在权力来推行的,而是从教化中养成个人的敬畏之感,使人服膺。"③这种长期以来形成的任劳任怨、安于现世、安分守己的特点,对于中国农民工忍辱负重,接受低工资,接受恶劣的工作环境而无怨无悔,起到了十分重要的精神支撑作用。中国的农民工进城,时至今日无论是工资水平还是社会境遇仍不乐观,但却并未出现类似发达国家工业革命以来的大规模劳资冲突,这无疑是与他们克己复礼、以和为贵、息事宁人的臣民意识不无关系。当然,正如马克思对法国农民的描述:"小农人数众多,他们的生活条件相同,但是彼此间并没有发生多种多样的关系……由于他们利益的同一性并不使他们彼此间形成任何的共同关

---

① 刘志扬:《中国农民传统经济伦理中的进取精神》,《中华文化论坛》,1997年第1期。

② 朱贻庭:《中国传统经济伦理及其现代变革论纲》,《伦理学研究》,2003年第1期。

③ 费孝通:《乡土中国》,北京:人民出版社,2008年,第31页。

系,形成任何的全国性的联系,形成任何一种政治组织,所以他们就没有形成一个阶级。"①农民工缺乏自组织性和作为一个群体的社会意识,也制约了他们的话语权和谈判能力。

"对于多数美国人来说,亲属一词似乎有点古雅或带有乡土气息,亲属关系网也使他们感到陌生",②然而在中国,血缘和地缘关系是传统乡村社会的主要纽带。这一传统特征,也在劳动力迁移的过程中得以延续,并尽显无余。农民工进城主要依赖亲友、老乡介绍外出就业,③实质上是传统血缘地缘关系网的延伸。农民工在城市生活,再现了传统伦理中的血缘地缘特征,并形成老乡群居的小共同体,是乡土"熟人社会"的再现和移植。由此可见,劳动力迁移的表征处处都无法脱离传统乡村伦理的特质。

综上所述,不难看出,乡土社会的传统伦理为中国劳动力迁移在诸多方面提供了内在的伦理支撑,并在外出依靠亲友介绍就业和群居方式等方面延续了传统伦理的特征。中华民族长期以来形成的吃苦耐劳、忍辱负重的民族精神在中国劳动力迁移中发挥了至关重要的作用。类似于韦伯所说的新教伦理,它是经济社会发展中十分重要的文化基石。正是这种勤劳质朴、吃苦耐劳的民族精神和传统美德,支撑着低工资背景下的大量劳动力迁移,为城市发展带来源源不断的廉价劳动力,成为经济发展的强大动力。

这从一定意义上验证了中国劳动力迁移并非是纯粹经济因素驱动的结果,乡村伦理因素在其中扮演着十分重要的角色。中国劳动力迁移并非单一经济因素驱动的结果,相反它的诸多特征都留下了传统乡村伦理的印记,并同中国传统伦理具有内在一致性和相容性。

---

① 《马克思恩格斯全集》第 8 卷,北京:人民出版社,1961 年,第 217 页。

② [美]古德著,魏章玲译:《家庭》,北京:社会科学文献出版社,1986 年,第 157 页。

③ 调查表明,2004 年 65%的农民工依靠亲友介绍外出就业,而通过市场中介、用人单位直接招聘等形式实现就业的不多。参见国务院研究室课题组:《中国农民工调研报告》,北京:中国言实出版社,2006 年,第 72 页。

四、乡村伦理：现代冲击及其重建

中国传统乡村伦理在劳动力迁移过程中发挥了重要的伦理支撑作用，但随着改革开放 30 年来市场化、城市化、全球化进程的不断推进，传统乡村伦理受到全面冲击和瓦解，正在发生急剧变化。一方面，从维系乡村社会秩序的内部伦理来看，传统乡村生活的合理性和乡村伦理的价值越来越受到破坏和质疑。诸如，随着传统扩展家庭向核心家庭的转变，传统家庭养老伦理正在受到严重挑战，传统孝道开始衰落，养老危机不断出现；随着自然经济向市场经济的转变，传统自食其力、取之有道的财富观，正在被"笑贫不笑娼"的拜金主义所取代。由于村庄日常生活中伦理标准的缺失，乡村正在呈现伦理性危机。① 另一方面，从乡村社会向城市社会转型来看，实现这一结构转换的劳动力迁移群体正在发生代际转换。当前，20 世纪 80 年代之后出生的新生代农民工已占到 61.6%，在我国经济社会发展中日益发挥主力军的作用。相对于传统农民工，传统劳动伦理在他们身上正在发生变化。他们的忍耐力和吃苦精神远不及父辈，对农业、农村和土地的依恋基本丧失，对工资、工作环境和体面劳动的要求高于父辈，② 自我意识和市民化意识不断强化。

中国素有重视乡村伦理道德建设的传统。一直以来，统治者都不是依靠国家法律的强制力量，而是通过推行涵盖各个方面的村规民约的长期教化来维护家族和村落内部秩序。早在 20 世纪 20 年代，梁漱溟等学者就针对西方文化进入破坏中国传统习俗和道德规范，提出中国乡村社会的道德伦理重建问题，这对 20 世纪 30 年代中国乡村社会的道德建设运动产生过重要影响。中国共产党在革命时期就开始在根据地重建乡村秩序，并以重建乡村文化为先导。新中国建立后，中国共

---

① 申端锋：《农村生活伦理的异化与三农问题的转型》，《中国发展观察》，2007 年第 10 期。
② 全国总工会新生代农民工问题课题组：《关于新生代农民工问题的研究报告》，《工人日报》，2010 年 6 月 21 日。

产党将根据地获得的经验运用于全国,在很短时间内就在全国农村重新建立了秩序。一方面,重建乡村文化以国家力量的强大介入为依托,如举行各种会议、宣讲等。另一方面,在乡村社会中建立大量以村为基础的各种形式的文艺宣传队,参与新文化、新思想和新道德的广泛宣传。① 然而,当前这一传统正在持续弱化,传统乡村伦理因正在被不断抽空,而无法得到有效夯实和补充。

针对当前乡村伦理的冲击和瓦解,当务之急是伦理重建。当前乡村发展有两个方面,即以新农村建设为依托的乡村复兴和以劳动力迁移为特征的城市化进程,这二者均应将伦理重建贯穿其中。20 世纪 70 年代,韩国的新村运动树立了"勤劳、自助、合作"的伦理精神,通过开发农民的生活伦理精神,开展一场综合性农村治理运动。同样,中国的新农村运动不仅仅是修路、建楼等物质层面,还需要加强伦理重建。推进乡村伦理建设要加强国家权力和社会政策的直接介入,通过宏观制度设置和微观权力技术来规制和干预私人生活。诸如,在韩国新村运动实施过程中,每个村庄都建立村民会馆,通过讲课、讨论会和发宣传品等形式,向村民灌输正直诚实的价值观。在伦理重建的过程中,更重要的是,要将伦理重建与具体项目结合起来,避免灌输式说教,通过加强农民参与,在改善村容村貌、提高农民收入等见实效的具体项目中潜移默化地重塑乡村道德秩序。同时,要重建乡村社会的集体性文化社会生活,发挥乡村两级组织的作用,提高乡村社会的自组织性,避免乡村凋敝。

针对劳动力迁移过程中新生代农民工的伦理道德变化,一方面要进行适当的伦理调节,诸如在农民工的教育培训中适当引入道德教育,在提高文化和技能水平的同时,弘扬农民工的进取精神;另一方面,更重要的是顺应伦理道德的变化,进行社会政策的适应性调整,以实现社会政策与伦理道德、经济行为的相容。不断提高农民工工资水平,加强就业服务,改善就业市场环境,消除市场歧视,保护社会权益,特别是逐步放开农民工进城落户政策,加快城镇化进程。

---

① 扈海鹏:《变化社会中的乡村秩序与乡村文化》,《唯实》,2008 年第 12 期。

结　语

　　本文基于劳动伦理的视角,对中国农村劳动力迁移提供一个尝试性的理论解释框架,旨在提供一个新的视角,以弥补传统单纯经济分析范式的不足。同时,也从伦理道德与经济行为之间相互关系的一个维度——"伦理相关的行为动机观",论证了伦理与经济之间的紧密关联。而这正是当前主流经济分析中容易忽视,也极为匮乏的一个方面,但这并非经济学发展的一贯传统,重拾这些分析方法和视角是十分必要的,尤其是对于研究具有深厚传统伦理的中国问题尤为如此。

　　中国乡土社会中经商逐利、勤勉耐劳、艰苦奋斗、安分守己、服膺现世等内化于心的伦理精神,为中国改革开放30年来的劳动力迁移提供了强大的伦理支撑。而这正是中国经济发展的强大引擎,也造就了中国改革开放30年来的经济高速增长。由此可见,伦理因素对经济社会发展的强大能量不容忽视。相较于唯物史观的"经济决定论",韦伯的"精神气质论"在这里得到了验证。

　　当前,中国乡村伦理正在经受冲击、瓦解,伦理重建是当务之急。在新农村建设过程中,要开展综合性农村治理运动,将经济建设与道德伦理建设有机结合,通过加强国家权力和社会政策的直接介入,通过重建乡村社会的集体性文化社会生活,重塑乡村道德秩序。针对作为劳动力迁移和城市化进程主体的新生代农民工,既要进行适当的伦理调节,更要进行社会政策的适应性调整,通过提高工资水平、加强就业服务、改善市场环境、消除市场歧视、保护社会权益,特别是逐步放开农民工进城落户政策等途径,实现社会政策与伦理道德、经济行为的相容。在新的历史背景下,中国经济已经取得长足的发展,让更广大的社会群体共享发展成果,特别是改善农民工的生活状态和社会境遇,是社会发展的必然要求和最终归宿,是构建社会主义和谐社会的重要内容。

　　原载于《河南大学学报(社会科学版)》2011年第5期;《经济学文摘》2012年第1期转载

公共财政、民主财政与经济危机
——一个公共经济学视角的分析

宋丙涛①

自美国次贷危机以来,关于政府职能与监管问题的讨论再次成了经济学的热门话题。然而,在对危机原因的分析中,大多数的经济学家却都是从宏观经济理论的层面进行反思的,从公共经济学的角度对政策制定过程与程序进行的检讨却鲜有所闻。然而,上世纪30年代的大萧条不仅使宏观经济学成了经济学的重要组成部分,而且也使公共经济活动进入了经济学家的视野,甚至使很多学者认识到人类在经济活动方面的非交易型合作与由政府进行的集体性干预是一个必不可少的理性选择。② 正是由于学者们逐渐认识到公共经济或集体经济的存在是一种比市场经济更为普遍的现象,③因此财政学才逐渐成为一门独立的经济学分支。

然而,由于对政府本身的结构、特别是对发达国家的民主决策程序及其演变的研究很少进入主流经济学家们的视野,因此在宏观经济学蓬勃发展的同时,把公共经济活动纳入主流经济学分析体系中去的努力却一直没有取得太大的进展,以至于财政学家始终无法把公共经济学体系建立在自私的经济人假设的基础之上。于是,正如布坎南所表明的那样,财政学既无法在主流经济学中找到自己的位置,也无法在一

---

① 宋丙涛(1965—),男,河南辉县人,经济学博士,河南大学经济学院副教授。

② 几乎同时发表的科斯的经典论文《企业的性质》与凯恩斯的名著《就业、利息与货币通论》就是该认识的主要产物。

③ 正是认识到了这一点,康芒斯才开始关注集体经济行为与经济制度内涵,见《制度经济学》与《集体行为经济学》。

个新的基础上建立起自己独立的研究范式。① 因此尽管学者们都已认识到国家政府角色的不可或缺,②但究竟什么样的国家结构或政府体制才能缓解经济危机的爆发却并没有得到充分的研究。以至于在金融理论蓬勃发展之时,财政学与公共经济学却长期处于低迷的徘徊不前状态。

本文沿着发达国家财政体制变迁的历史轨迹,以公共产品需求结构的变迁对国家结构及财政体制的影响为主线,从公共经济学的角度对财政体制的演变、不同体制的追求目标及其相互冲突的利益关系进行探讨,并试图用公共经济理论对市场经济发展过程中反复发生的经济危机给出一个全新的解释,从而为公共经济学的发展尽一份微薄之力,为未来中国公共财政体制的选择提供一点帮助。

其实,早在上世纪 30 年代,作为对市场经济危机的反应,很多学者就已经注意到非市场经济行为在制度变迁中的作用,并强调非交易型合作是人类经济行为中的一个必不可少的理性选择,③甚至认为集体经济的存在是一种比市场经济更为普遍的现象。④ 并且,正是由于认识到公共经济活动的重要性并提出了适当的公共经济政策,凯恩斯革命才获得了巨大的成功。希克斯更是明确指出,市场经济体系不仅不是唯一的,而且也不是最早的经济体系,因此以收入最大化为基本行为目标的市场经济模型并不能解释所有的人类经济史现象。⑤ 他强调,作为非市场经济体制的典型,习俗经济与指令经济都曾在人类早期发挥过重大作用,并使专制主义表现为一种革命性的制度变迁,特别是他

---

① 布坎南曾经进行了尝试,但其努力并未获得成功。

② Acemoglu, Daron, James A. Robinson, "Persistence of Power, Elites, and Institutions", American Economic Review, 98(2008); Acemoglu, Daron, "Politics and Economics in Weak and Strong States", Journal of Monetary Economics, 52(2005).

③ 最典型的表现就是两篇经典文献的出现:《企业的性质》与《就业、利息与货币通论》。

④ Commons, John R., A Sociological View of Sovereignty, New York: Augustus M. Kelley Publishers, 1967, 57.

⑤ [英]约翰·希克斯著,厉以平译:《经济史理论》,北京:商务印书馆,1999年,第11—24页。

强调中国的官僚体制标志着古代文明达到了前所未有的顶峰。

当然,其他领域的学者也对公共经济体制演变的过程进行了持续的关注。① 他们的研究表明,在人类社会发展的过程中,作为公共经济制度的社会组织方式曾经决定着文明演进的方向,并提供了经济效率改进的主要来源。而布罗代尔更是对文明的公共经济特征已经有了清醒的认识,②米勒在批评亨廷顿过于狭窄的文明内涵时也认识到了这一点③。因此,尽管对公共经济制度的讨论长期隐含于哲学与政治学之中,但许多学者都承认,公共经济活动的出现远早于私人经济活动。④ 换句话说,以改进私人经济为目的的市场经济体制是从传统的公共经济体系中演化出来的,因此,对追赶型转型经济体来说,理解这个有利于市场经济发展的公共经济体制的变迁过程就是至关重要的。同样,对关心欠发达地区转型与发展的学者来说,不仅关注诺斯所强调的制度变迁目标——市场产权制度是重要的,而且关注这个制度变迁过程——市场经济体制如何能够在一个公共经济体系中被供给出来更为重要。中国政治体制改革的缓慢与公共财政体制建设的步履蹒跚很可能与这个制度变迁动力源泉的模糊有关。

然而,研究公共经济活动规律的公共经济制度变迁理论一直没有出现,于是市场经济制度是如何从非市场的经济体系中产生、现代文明

---

① 参见[德]罗曼·赫尔佐克著,赵蓉恒译:《古代的国家——起源和统治形式》,北京:北京大学出版社,1998年;赵林:《告别洪荒——人类文明的演变》,武汉:武汉大学出版社,2005年;陈淳:《文明与早期国家探源》,上海:上海世纪出版集团,2007年。

② [法]费尔南·布罗代尔著,肖昶等译:《文明史纲》,桂林:广西师范大学出版社,2003年,第26、54页。

③ [德]哈拉尔德·米勒著,郦红、那滨译:《文明的共存——对塞缪尔·亨廷顿"文明冲突论"的批判》,北京:新华出版社,2002年,第33—35页。

④ [德]罗曼·赫尔佐克著,赵蓉恒译:《古代的国家——起源和统治形式》,北京:北京大学出版社,1998年,第20—34页。

扩展如何获得发展的动力等问题就一直无法得到合理的经济学解释。①由于公共经济制度变迁理论的缺乏,关注公共经济活动的财政学与制度经济学既无法在主流经济学中找到自己的位置,也无法用自己独立的经济学理论体系来解释现实。于是,作为经济学分支的财政学不得不把自己关于国家经济活动的解释建立在政治学与社会学的基础之上,②关注制度变迁过程的制度经济学家不得不把意识形态作为国家制度更迭或者是强制性制度变迁的动力源泉,③从而使财政学与制度经济学的发展与主流经济学的发展分道扬镳。

幸运的是,康芒斯从集体经济的角度对市场制度起源的研究在奥尔森与爱泼斯坦的研究中出现了回归。④ 不仅康芒斯从主权的角度对国家与市场之间的关系进行的研究得到了拓展,而且康芒斯对公共经济制度的分析、对集体行动内在逻辑的分析以及对国家主权作用及结构的分析,⑤也在一个新的制度经济学与公共经济学的基础之上得到了复兴。在这些研究的影响下,已经有人尝试着用公共经济制度变迁理论来解释现代工业文明的诞生,⑥而本文则正是这些努力的一个扩展。

---

① 鉴于中国渐进式改革的成功经验以及大多数发展中国家民主化改革失败的教训,中国的政治精英比较容易接受以经济利益推动或拉动的制度变迁战略。因此,对中国的现代化改革与体制转型来说,政治制度变迁与公共财政制度变迁的经济学解释就更为重要。
② 参见刘清亮:《民主财政——我国公共财政改革的内在动力》,《财政研究》,2008年第1期;冯俏彬:《私人产权与公共财政》,北京:中国财经出版社,2005年。
③ [美]诺斯著,陈郁、罗华平等译:《经济史中的结构与变迁》,上海:上海三联书店、上海人民出版社,1994年,第51—64页。
④ 奥尔森《集体行动的逻辑》,上海:上海三联书店、上海人民出版社,1995年)与爱泼斯坦(《自由与增长》,北京:商务印书馆,2011年)分别研究了集体经济与国家经济的规律。
⑤ 见康芒斯的代表性著作:《制度经济学》与《集体行为经济学》。
⑥ 宋丙涛:《财政制度变迁与现代经济发展》,河南大学博士学位论文,2007年。

一、近代经济革命的公共财政本质

关于以英美为代表的近代经济革命的本质,迄今为止的研究大体上分为两类:传统的主流观点在古典学者的基础上,强调近代经济革命的资本积累特征与技术革命特征,并将之抽象为日益缜密的经济增长函数与经济发展模型(工业化模型);而以新制度经济学、新兴古典经济学与新政治经济学为代表的非主流经济学家,则日益强调近代经济革命的市场经济制度特征,并将市场制度的变迁与完善视为近代经济革命爆发的关键(市场化模型)。

然而传统的资本技术决定论的工业化模型,既无法解释人类历史上长期的技术停滞,也无法解释技术并不落后的法国何以在近代经济革命(工业化)的初期便被隔海相望的英国远远地抛在身后。[1] 市场制度变迁的市场化模型,虽然吸引了越来越多的追随者,但它却既无法解释以议会为基础的威尼斯共和国、荷兰共和国曾经的商业繁荣的失败,[2]也无法解释市场制度本身的变迁,[3]更无法解释华盛顿共识的破产与南美市场经济的停滞。因此,首先从一个全新的角度对近代经济革命与发展的本质进行探讨是非常必要的。

事实上,在讨论人类社会的发展时,历史学家一直是用国家的诞生来定义人类文明的第一次经济性、革命性变迁(诺斯的农业革命)的。尽管对近代产业革命的经济发展性质仍然有所争论,但已经有不少人认识到这次革命的本质实际上也是国家结构的变迁,甚至有人更进一

---

[1] Crafts, N. F. R., "Industrial Revolution in England and France: Some Thoughts on the Question 'Why was England First?'" Economic History Riview. New Series, 30(1977).

[2] Mokyr, J. "The Industrial Revolution and The Netherlands: Why Did It not Happen?", De Economist, 148(2000).

[3] [美]爱泼斯坦著,宋丙涛译:《自由与增长》,北京:商务印书馆,2011年,第9页。

步地认识到以英美为代表的近代经济革命的本质正是财政体制的创新。① 他们强调,英美经济在近代竞争中的胜利,既不是工业技术优势的结果,也不是市场经济发展成功的必然,而仅仅是国家军事实力在战争中取胜的产物,②因此,所谓近代经济革命的成功其实是体现在宪政结构中的公共财政体制的成功。③

确实,很多人已经认识到产业革命的财政制度变迁与政治体制革命的本质,认识到西方世界的兴起绝不仅仅是市场经济与自由竞争的产物,④而是以英国宪政议会为标志的公共财政制度最终确立的结果。换句话说,从经济学的角度来看,工业文明的基础是英国17世纪开始的预算革命及其建立的公共财政体制,而不是表现为蒸汽机的机器大工业。因此,所谓的现代化转型既不是技术变迁,也不是市场制度的变迁,而是财政制度的变迁。东方文明在近代与西方文明进行对比与"争辩"中的相对劣势,⑤本质上也只是表现为战争能力的公共经济效率的劣势,而不是工业技术与市场交易方面的劣势。正如市场机制带来的讨价还价导致了效率的提高与经济的增长一样,纳税人与政府的讨价还价带来了公共经济效率的提高,英国预算革命的意义正在于此。

近年来,已经有越来越多的研究表明,英国的预算革命带来的公共财政体制是导致英国近代经济革命爆发的根本原因,特别是英国不同于荷兰、从而能在商业繁荣衰落之前实现产业转移、并成为全球霸主的

---

① [美]卡尔·波兰尼著,冯钢、刘阳译:《大转型:我们时代的政治与经济起源》,杭州:浙江人民出版社,2007年,第119—120页;[美]斯科特·戈登著,应奇译:《控制国家:从古代雅典到今天的宪政史》,南京:江苏人民出版社,2005年,第293—295页。

② Deng, Kent, "State—Building, the Original Push for Institutional Changes in Modern China, 1840—1950", Working Paper, 2009.

③ 宋丙涛:《财政制度变迁与现代经济发展》,河南大学博士学位论文,2007年。

④ [美]卡尔·波兰尼著,冯钢、刘阳译:《大转型:我们时代的政治与经济起源》,杭州:浙江人民出版社,2007年,第119—120页;[美]爱泼斯坦著,宋丙涛译:《自由与增长》,北京:商务印书馆,2011年,第10、129页。

⑤ [德]哈拉尔德·米勒著,郦红、那滨译:《文明的共有——对塞缪尔·亨廷顿"文明冲突论"的批判》,北京:新华出版社,2002年,第36页。

最为根本的制度性原因。① 然而,为什么公共财政体制的变迁只是在英国才获得了成功?为什么不仅东方的四大文明古国没能率先实现公共财政体制的变迁,而且希腊、罗马文明的直接继承者意大利与法国也没能率先实现现代文明的成功?

经济学最基本的供求规律为我们提供了部分答案。供求规律强调,需求决定供给,需求结构的变化决定着供给结构的变迁。财政制度的变迁与发展同样如此。近代英国的财政制度变迁正是公共产品需求结构发展变化的结果,是地理环境与地缘政治导致的公共产品需求结构的变迁决定了英国公共财政体制的建立。

当然,对公共产品的需求早就存在了,更有效地满足这种公共需求也一直是人类尝试不同社会管理模式的目的。但只是到了近代,荷兰人、英国人将市场上购买私人产品的经验借鉴到公共产品的提供中来,②作为一种落后的原始部落传统的遗留,古老的军事民主议会制度,才发展成为公共财政这种迄今为止最为有效的公共产品供给方式与类似于市场的讨价还价决策机制。于是市场经济才因财政制度的变迁而得到迅猛而又持续的发展,并使以产业革命为标志的近代经济的发展成为一个不可逆转的潮流。然而,为何荷兰的尝试没有成功,而英国的尝试却能独辟蹊径呢?因为财政制度变迁的成功与否不仅仅在于制度本身的好坏,③更重要的还在于地缘政治结构带来的公共产品需求结构的性质。

自从人类有了文明以来,种群生存始终是最为重要的公共产品需求,甚至是唯一的公共产品需求。正是这种单一的公共产品需求结构,导致了四大文明古国无一例外地选择了集权专制与官僚体制相结合的

---

① 参见宋丙涛:《财政制度变迁与现代经济发展》,河南大学博士学位论文,2007年;张馨:《公共财政论纲》,北京:经济科学出版社,1999年。

② 然而,荷兰人却因完全照搬股份公司的做法使公共产品的外部性与搭便车问题没能得到很好的解决而在与英国人的竞争中落败。

③ 与新制度学派近来强调的认知主导论(North, Douglass C, *Understanding the Process of Economic Change*, Princeton and Oxford: Princeton University Press, 2005.)不同,我们认为即使知道什么是好的制度,如果没有相应的制度变迁条件或合作博弈均衡条件,也不能保证制度变迁的成功。

帝国财政体制。因为在不需要显示需求偏好的生存经济体系中,专制政体的执行效率在财政体制竞争中拥有无与伦比的优势,从而使专制政体在全世界得到了广泛地传播。① 虽然一直不太成功,但欧洲大陆上的各个民族却并没有置身于这个专制化发展的大趋势之外,从古老的罗马帝国,到中世纪的卡洛琳帝国与查理曼大帝,再到拿破仑皇帝与希特勒的第三帝国,所有的这些体制尝试都是为了专制帝国这个唯一的目标,而欧洲早期的学者在理论的探索中也从未放弃对专制君主制的证明与推崇。只是由于社会学家曼所强调的社会囚笼的缺乏,②才使得欧洲大陆的努力一直没能成功而已。

真正的例外只有偏于一隅、远离大陆的英国。由于岛国地缘政治的性质使然,早在11世纪就建立起来的为国防公共品服务的专制君主体制随着需求的衰微而日益衰落,传统的军事民主议会与宪政制度却逐渐占了上风。再加上和日益萎缩的国防公共产品相比,为市场经济服务的贸易保护主义诉求逐渐成了英国公共产品需求的主要内容。这样一种公共产品的需求结构的变迁,抑制了君主专制与官僚集权体制的发展,保留并发展了传统的宪政体制,从而为公共产品的交易提供了有效的供求沟通机制,为公共财政制度的出现奠定了基础。以传统的宪政机制为基础,新的公共财政预算体制很快显示了它在国际竞争中的优势。正是在这个高效的公共财政体制的保护下,英国的市场经济才获得了迅猛的发展,并最终引发了表现为技术进步的产业革命。

然而,英国产业革命过程中的财政体制是典型的公共财政体制,是典型的大纳税人决策体制,而不是人人都能参与决策的民主政体。对此,慕尼黑大学的 Claude Hillinger 曾正确地强调,公共财政的本质是宪

---

① Deng, Kent, "State—Building, the Original Push for Institution—Alchanges in Modern China, 1840—1950", Working Paper, 2009.

② Mann, Michael, The Sources of Social Power, Volume I, A history of Power from the beginning to A. D. 1760, Cambridge: Cambridge University Press, 1986, 74—80.

政，而不是民主，①早期的公共财政正是由于遵循了大纳税人投票权的原则，发达国家才获得了近代经济革命的成功。因此，他强调，不是民主财政，而是宪政预算促进了英美近代产业革命的成功。换句话说，英国的产业革命与近代经济发展完全是在它的非民主政治阶段获得成功的。那么，发达国家的当代民主财政又是如何产生并流行的呢？

二、现代民主浪潮的生存财政本质

现代国家对民主体制的推崇与强调同样有着深刻的公共产品需求结构的基础。沿着公共产品的需求结构决定着公共产品的决策体制的主线，我们可以很容易从公共产品需求结构变迁的轨迹中找到公共财政民主化转向的经济合理性。

确实，在英美两国近代产业革命的过程中，由于不可讨价还价的国防需求渐渐退出，市场经济发展的条件（包括海外殖民地与海洋安全）逐渐构成了公共产品需求结构的主要内容，因此财政体制采取典型的大纳税人参与决策的宪政机制（公共财政）或者叫"付费消费者主权机制"就成为一种经济学意义上的必然。在这个公共产品的交易过程中，所谓的公共财政（Public Finance）主要是指作为公共产品付费购买人的大纳税人决策机制。这样一种制度安排，由于符合了经济交易原则而提高了公共经济的效率，从而确保了英国在公共经济竞争中取胜，并推动了市场经济的发展与产业革命的成功。很显然，这是一个典型的产权保护原则与有偿交换原则相结合的机制，即纳税的人才拥有公共产品的产权，才能参与公共产品的决策。虽然因为技术的原因，公共产品的产权并不能清楚地得到界定，但没有出钱的人没有产权却是很清楚的。这种对产权给予无条件保护的原则构成了英美市场经济得以持续发展的制度基础。

然而，这种能确保近代经济革命爆发的宪政原则与公共财政体制

---

① 参见布坎南与马斯格雷夫慕尼黑论战中 Claude Hillinger 的提问（J. M. Buchanan, R. A. Musgrave, Public Finance and Public Choice: Two Contrasting Visions of the State, Cambridge: MIT Press, 1999）。

很显然无法满足所有公民、甚至是大多数公民的生存公共品需求。它在英国和美国的推行，在很大程度上依赖于特殊的地缘政治格局带来的国防需求萎缩与生存威胁减少。不过，国防需求的萎缩并不意味着所有的生存威胁都会消失，特别是对广大的下层人民来说，除了外部入侵带来的生命威胁之外，生存资料的匮乏同样是重要的生存威胁之一。只是在前现代社会中，由于自然资源的公共产权与教会产权等非正式公共经济制度的存在，为穷人提供生存保障的功能一直未能在正式的公共经济制度——政府的结构中得到体现；而诞生于市场经济竞争之中的现代国家政府又长期把提升国际竞争力视为自己主要的职能，从而忽视了弱势群体的生存公共品供给问题。于是，在产业革命的过程中，所有这些非正式的生存公共品供给机制都无法抵御正式的公共经济制度支持下的圈地运动与西部开发运动的进攻，从而先后失去了弱势群体生存保障的作用；正式的公共经济制度——新的公共财政决策机制却又没能及时注意到那些没有资格参与决策的穷人的生存公共品供给问题。因此，尽管圈地运动确实因为它界定了土地产权而使得产权保护的市场经济条件更加完善，但它也确实破坏了穷人生存公共品的传统供给机制。

总之，作为一种经济激励制度的安排，以自然资源产权界定为肇始的产权制度确实带来了经济活动效率的提高与市场经济的繁荣。但这样一种化公共经济为私人经济的制度性变革同时也摧毁了作为穷人最为重要的生存保障公共品供给的物质基础，从而产生了向现代化社会转型过程中的社会矛盾与公共产品供给领域的利益冲突。很显然，这些矛盾与冲突并不是市场经济体制本身运转中的问题，而是作为市场经济前提的公共财政体制制度变迁的自然结果。但由于新兴的公共财政体制不仅忽视了弱势群体的生存公共品的供给问题，而且在这个新型的公共财政体制中没有给这些穷人以显示偏好与参与决策的机会。因此，面临生存威胁的弱势群体通过各种各样的社会运动来反对这个有效的正式制度就成为一种生存经济的必然。于是，以穷人的生存公共品需求满足为目标的社会主义运动与社会民主运动就成为一场愈演愈烈的群众运动，并最终威胁到了近代经济发展的基础——公共财政体制与宪政预算机制。

18世纪以来,很多学者都认识到了穷人生存条件恶化的事实,也注意到了弱势群体反复抗争的事实,马克思主义经济学家甚至已经注意到私人产权制度本身所存在的问题,但很少有学者从公共经济学的角度来讨论合法的产权制度变迁过程的合理性。相反,部分资本主义的辩护者甚至把穷人的生存问题归结为生性懒惰的工人的不工作。于是,空想社会主义者试图通过简单地恢复公共产权的办法来解决这个问题。而部分内心愧疚的资本主义思想家则一方面试图通过收入再分配来改善穷人的生存条件,缓解穷人生存公共产品被忽视的问题;另一方面则试图在确保现存秩序的条件下逐步放宽参与公共经济决策的条件。正是在这个背景下,作为对这个以宪政为基础的大纳税人决策的公共财政体制的一种矫枉过正,公共产品决策的权力逐步通过民主运动的方式转移到了作为社会大多数的非纳税人或小纳税人的民众手中。于是发达国家的政府不仅先后接管了弱势群体的生存保障公共品的供给问题,而且使民主政治体制作为确保生存公共产品供给的最后保障机制而逐步被上层富人社会所广为接受。

确实,民主政治运动实际上是一个试图在原有的体制内解决这个穷人的生存公共品偏好显示、决策与供给问题的中庸式尝试。当然,作为民主政治发展的结果及对穷人生存公共品需求的一个反应,社会保障与充分就业就几乎成了罗斯福新政之后各个发达国家政府的主要任务。正因为如此,顺应了这个潮流的凯恩斯主义的宏观经济政策才受到了普遍的欢迎。然而,不理解民主政治运动发展背后的这些公共经济原因,大多数的财政学家都试图用政治学与社会学来解释公共财政民主化潮流的合理性,用福利经济学的集体主义来解释收入再分配的合理性,从而使对民主政治与收入分配公平的误解越来越深,以至于收入再分配的合理边界长期得不到说明,民主财政的无限扩张导致的经济危机长期得不到解释。

尽管发达国家的精英们普遍接受了民主决策的财政机制,但由于这两类公共产品(穷人生存保障与市场发展条件)需求之间的矛盾,分别有利于两类公共产品供给的民主政治与宪政体制不仅不能总是一致的,而且实际上经常是相互矛盾的。① 因此,强调宪政产权与经济发展的自由主义经济学才会再次获得发达国家社会精英们的普遍认可,并在 20 世纪末期导致了一场席卷全球的轰轰烈烈的私有化运动。财政学家布坎南长期致力于和凯恩斯主义者马斯格雷夫的争论,②正是这些经济学思潮在财政学领域中的折射,是财政学家力图消除民主运动对公共财政制度不利影响的尝试。但由于一个从公共经济学的角度对这个冲突及其带来的经济危机进行解释的理论一直没有出现,因此财政体制中的民主与宪政的冲突就一直得不到解决,经济危机不得不在金融政策的反复摇摆中一再重复过去的教训,盲目模仿与引进民主宪政制度的发展中国家才不得不在国家权威消失的过程中陷入内部秩序的混乱。

三、经济危机的民主渊源与民主扩张的冷战背景

作为对市场机制与民主政治盲目崇拜的结果,几乎所有的主流学者都既不愿承认发生在发达国家的经济危机是市场经济体系的危机,更不愿相信经济危机会是早已被奉为神圣的民主制度的产物。相反,大多数学者都宁愿相信,反复出现的经济危机只是一种人为的、暂时的政策失误与心理波动,而不是一种体制的必然。然而,面对危机反复出现的事实,这样一种表面的策略型解释很难令那些惯于追根求源的学者们信服。

事实上,由于民主政治体制的广泛传播,在发达国家的财政预算过程中,那些几乎不必承担成本负担的大众决策者几乎无一例外地都赞成③大规模的社会福利计划与收入再分配计划,从而使得以产权保护

---

① [美]斯科特·戈登著,应奇译:《控制国家:从古代雅典到今天的宪政史》,南京:江苏人民出版社,2005 年,第 298—299 页。

② J. M. Buchanan, R. A. Musgrave, *Public Finance and Public Choice: Two Contrasting Visions of the State*, Cambridge: MIT Press, 1999.

③ 这些人民大众的表现是符合经济学基本的理性经济人假设的。

为基础的公共财政体制逐渐滑向了自己的反面:合法的税收与财政制度逐渐否定了私人产权的神圣性,关注经济发展的公共财政逐渐演变为关注分配的民主财政。

正是这个新的民主财政体制严重阻碍了现代经济的发展,并导致了反复发作的经济危机的爆发。因为以富人的财富为再分配对象的社会福利计划削弱了生产创新的积极性,产品的更新换代速度逐渐落后于生产增长的速度,新增的可支配收入无法在市场上找到新产品的供给,缺乏创新的旧产品虽然源源不断地被送到市场上却并不能找到购买者,于是供过于求就开始出现了,结构矛盾逐渐累积为总量危机。同时,完全按照抽象的政治民主原则来决策公共产品的制度虽然很容易受到大多数人的欢迎,但非付费者对无代价公共产品的无限需求不可避免地将导致布坎南所称的"民主的赤字"的泛滥,①以及对市场经济发展条件投资的忽视,并彻底摧毁市场经济发展的交易基础,从而使国民经济陷入恶性循环的陷阱。于是,早已变成了现代宗教的民主政治难免遭遇现实中的尴尬:失去效率的发达国家的市场经济开始出现停滞,没能实现效率提升的发展中国家的转型出现反复与逆转,缺乏信用与交易基础的政府行为扰乱了市场机制的信号并导致经济危机的反复发作。

虽然布坎南没能完全理解这个公共产品民主决策机制的缺陷,也无法从理论上反驳民主决策多数原则的合理性,但布坎南本能地意识到了民主机制可能存在的缺陷,因此他不仅反复表达了自己对民主的厌恶,②而且还试图用传统的宪政体制来取代风光无限的民主。同样,戈登对民主财政决策带来的无效的分析也是非常精辟的。他曾指出:"一般来说,存在一种广为流传的观点,即国家(控制)的领域应当减少,但在具体问题上,公众永远要求更多的而不是更少的政府行为。"③因

---

① [美]布坎南,瓦格纳著,刘廷安、罗光译:《赤字中的民主》,北京:北京经济学院出版社,1988年。

② Vilfredo Pareto, *Manual of Political Economy*, NewYork: Augustus M. Kelley Publishers,1971,41.

③ [美]斯科特·戈登著,应奇译:《控制国家:从古代雅典到今天的宪政史》,南京:江苏人民出版社,2005年,第3—4页。

此,"立宪民主制的人民愿意接受国家在他们的生活中的这种巨大作用并没有什么神秘之处"。① 因为不管政治哲学家怎么说,从经济学的角度来看,国家就是一个功利主义的工具,即"把国家解释成一种实用性的设计,人们能够通过这种手段满足他们对于'集体性物品'的世俗需要"。② 如果在决策过程中可以不考虑成本,或者说自己不用支付成本,那么,政府规模的膨胀与世俗需要的扩张就是不可避免的。

确实,不用承担经济责任(负担或成本)的民主政治对公共产品交易关系的干预正是1920—1930年代经济大危机和两次世界大战的直接原因:受社会主义与工人运动影响上台的各国工党或工会影响下的社会民主党政府,在缺乏付费人同意的前提下,依赖民主政治的选举机制与决策机制的支持,纷纷推出了非付费决策人偏好的公共产品或社会福利政策,改进了广大弱势群体的生存条件,提高了静态的社会福利总水平。然而,所有这些福利项目都不可能是天上掉下的馅饼,福利项目的维持是需要税收收入来支撑的,而能够用于福利项目的转移性收入却往往并不是来自于投票支持这些福利项目的非纳税人或小纳税人;③真正的转移收入只能来自并不赞成这些转移支付福利项目的富人或大纳税人。于是,支付了大多数税收的这些更为优秀的劳动者与投资者,一方面受到转移支付财政政策的打击,另一方面又受制于提供市场经济发展条件的财政支出项目减少的约束,其经营投资的积极性必然降低。再加上对大多数低收入劳动者来说,与更为艰苦的工作努力相竞争的是丰厚的失业社会福利的负激励,其结果自然只能是参与

---

① [美]斯科特·戈登著,应奇译:《控制国家:从古代雅典到今天的宪政史》,南京:江苏人民出版社,2005年,第3—4页。
② [美]斯科特·戈登著,应奇译:《控制国家:从古代雅典到今天的宪政史》,南京:江苏人民出版社,2005年,第3—4页。
③ 近年来在发达国家进行的多项实证研究都表明,收入水平或富裕程度会严重影响人们对再分配性税收制度的态度,大多数低收入人群支持税收再分配,而高收入人群则相反。参见 Alesina, Alberto, Eliana La Ferrera, "Preferences for Redistribution in the Land of Opportunities." Journal of Public Economics 89(2005); Reed-Arthurs, Rebbecca, Steven M. Sheffrin, "Understanding the Public's Attitudes towards Redistribution through Taxation", SER conference, Singapore, 2009.

劳动的人数进一步萎缩,劳动力成本进一步提高,最后导致更多的人需要救济,经济形势持续恶化并形成恶性循环的经济萧条。

然而,由于公共经济理论的缺乏,不仅民主财政体制的经济缺陷长期得不到认识,用经济学工具来分析民主体制的研究也鲜有所闻;相反,借用政治理论来讨论本属于经济范畴的公共财政却成了一个普遍现象,并在福利经济学与马斯格雷夫的财政学体系中发挥到极致,从而使民主成为一个具有积极的经济意义的概念,长期活跃于公共经济学与公共政策分析领域。以至于许多学者在公共产品偏好显示机制或预算机制的设计上过于强调民主政治的特征,把公共财政等同于民主财政。① 其实,早期英国纳税人对政府主权的约束与制约的宪政机制与当代人们普遍追求的大众民主体制实际上有着本质的区别,因此用民主财政来概括公共财政的本质特征,②从根本上误解了公共财政所要解决的问题。

事实上,很多学者对民主财政的推崇,其实只是民主与宪政概念混淆的结果,他们对民主财政的主张,其实是在强调以纳税人主权为基础的宪政预算制度。因为他们一方面认为"公共财政的实质是民主财政",另一方面却又强调"公共财政的实质是纳税人主权基础上的宪政预算"。③

简单地把公共财政等同于民主财政,不仅完全误解了公共财政的性质,而且混淆了民主与宪政的经济含义。对此,政治史学家戈登教授的分析是一语中的的。戈登在最近出版的一本专著中一针见血地指

---

① 刘清亮:《民主财政——我国公共财政改革的内在动力》,《财政研究》,2008年第1期;井明:《民主财政——公共财政本质的深层思考》,《财政研究》,2003年第1期。

② 刘清亮:《民主财政——我国公共财政改革的内在动力》,《财政研究》,2008年第1期;井明:《民主财政——公共财政本质的深层思考》,《财政研究》,2003年第1期;冯俏彬:《私人产权与公共财政》,北京:中国财经出版社,2005年,第5页。

③ 冯俏彬:《私人产权与公共财政》,北京:中国财经出版社,2005年,第5、36—39页。

出,不仅民主与宪政并不一致,而且民主与立宪是完全对立的。① 首先,由于富人一般来讲往往是通过市场机制获得了更多的收入,而在私有产权受保护的宪政制度中,这些合理的收入是不能通过财政体制来进行再分配的。公共财政只是这些富人购买公共产品的一种机制。因此,产权制度的必然推论只能是公共财政应由付费的有效需求者来决策,这是宪政体制的经济理论基础。这样一种以宪政为基础的公共财政制度的意义当然在于保护公共产品购买过程中少数富人产权利益与决策权。

相反,对穷人、弱势群体,特别是失业者来说,虽然市场经济的交易过程是公平合理的,但市场经济却并不能为他们提供必要的生存保障,因此无论市场机制如何完善都不可能解决这个弱势群体的生存保障问题。事实上,当我们把视野扩展到私人产权的产生过程中时,就会发现在产权界定阶段,正是公共财政制度或富人、贵族决策的议会机制通过产权私有化法案把弱势群体生存依赖的自然资源给瓜分掉了,因此曾经依赖共有资源生存的穷人的生存公共产品的供给才出现了问题。换句话说,正是奠定了市场经济发展基础的产权制度的产生过程摧毁了传统的弱势群体的生存保障的。但市场经济带来的物质利益又使人们不忍心废除这些颇为有效的产权保护机制,于是建立在民主政治基础之上的现代财政决策机制就开始了修正公共财政体制的尝试。并且这样一种尝试很快在许多地区产生了立竿见影的效果,从而使得社会民主运动与社会主义运动成为一种普遍的潮流。然而,这样一种方案实际上却意味着对私人产权的部分侵犯,这种侵犯是与市场经济发展的前提完全背道而驰的。这样一种方案不仅遭到了富人们的坚决反对,而且削弱了市场经济发展的基础,引发了经济发展的停滞。

然而,由于产权制度产生背景中的非合理性因素的存在,从某种意义上讲,民主决策机制所推崇的收入再分配政策的经济合理性就建立在自然资源产权界定本身合理性不足的基础之上。因此尽管缺乏公共经济学道理与公共产品交易基础,但民主财政仍然获得了众多学者与

---

① [美]斯科特·戈登著,应奇译:《控制国家:从古代雅典到今天的宪政史》,南京:江苏人民出版社,2005年,第5、38页。

普通大众的青睐。不过,这样一种民主财政机制很显然是以富人的利益受损为代价的,是与保护私人财产的宪政结构与坚持公平交易的公共财政原则背道而驰的。不幸的是,这样一种民主浪潮对中国近代以来的几次革命运动及建国尝试都产生了巨大的影响,从而使得作为现代文明基础的最为有效的国家基础的公共财政体制的建设一直未能取得太大的进展。

总之,在财政制度领域中,宪政就意味着公共财政,即付费者决策公共品的购买事宜;而民主则意味着民主财政,即弱势群体决策收入再分配政策。很显然,不仅宪政与民主的决策的合理性、基础与机制完全不同,而且两者追求的公共产品也完全不同。并且不仅这两类公共品的供给必然构成直接的相互竞争关系,而且弱势群体的生存公共品需求的满足正是直接建立在对富人产权或利益的侵犯的基础之上。因此,立宪与民主之间的对立与冲突是显而易见的。但在很多学者的理论分析中,"立宪主义""这种政治制度(却)被普遍地称作'民主'",①并在这种误称中逐渐被人们所忘却,以至于能够促进近代经济发展的体制渐渐消失了,主要关注穷人生存保障品供给的民主决策机制逐渐成了发达国家财政体制的核心与主流。这样一种体制的异化不仅阻碍了发达国家经济进一步发展的进程,而且严重误导了发展中国家的体制改革与政策选择。

当然,这些盲目鼓吹民主政治的经济学家与试图退回政治学领域的财政学者对民主的推崇不仅是民主与宪政相混淆的结果,而且是上世纪中期以来长期对希腊、罗马古典"民主体制"误称、误解,②以及对英美现代民主体制盲目崇拜的意识形态对立的产物。很多近代学者,在引用英、美等发达国家的成功经验时,总是理所当然地把现代化转型过程中在英美等国建立的政治制度与财政制度称之为民主制度,并与古代希腊、罗马的民主政治传统相联系。但这样一种类比不仅是与历

---

① [美]斯科特·戈登著,应奇译:《控制国家:从古代雅典到今天的宪政史》,南京:江苏人民出版社,2005年,第298—299页。

② [美]斯科特·戈登著,应奇译:《控制国家:从古代雅典到今天的宪政史》,南京:江苏人民出版社,2005年,第5—39页。

史事实完全相悖的,而且也是与西方的学术思想史事实完全冲突的。

事实上,在20世纪以前,很少有严肃的西方学者赞美民主,并把英美的成功归功于它们的民主政体。相反,在"18世纪中叶以前,'民主'是一个具有否定意义的术语,并且人们通常引用古代雅典的实例来说明民主的缺陷"①。因此,波兰尼强调"在英国内外,从麦考利到米塞斯,从斯宾塞到萨姆纳,没有一个好斗的自由主义者不这样表达他的信念:大众民主对资本主义是种危险"②。在英国,很少有人把自己的宪政体制与古希腊的民主政体相联系,只是到了战后,作为一个意识形态对立与冷战的产物,民主财政才与民主政治一起成为了现代工业文明与公共财政的误称。此外,今天人们理解的人人都参与的民主与希腊哲学家描述的民主同样是有明显差别的。因为希腊时期的公民就像中国春秋时期的百姓一样是一个贵族全体的总称。换句话说,即使在古希腊的雅典也只有不生产的有闲阶级才有权参与民主政治生活,因此所谓的希腊民主其实只是少数人统治的宪政制度。只是由于经济学家对公共品消费者与付费者的混淆,才使民主政治与民主财政成为了一种有"经济学"基础的信仰,而这种信仰由于契合了美国战后的战略需要而得到了政府的支持,并随着美国的胜利而迅速传遍全球。

总之,成功的发达国家并不是因为建立了民主的政治或财政体制才获得了成功;相反,他们的经济发展成功恰恰是因为他们通过把整个公共产品的决策权交给了少数的富人或市场制度条件的需求者才得以实现的。当然,这样的体制必然会忽视,甚至是损害传统的弱势群体生存保障机制,于是作为一种矫枉过正的措施,民主政治体制与多数决策原则就成为一个普遍的尝试。但民主的财政体制使经济增长的动力受到了影响,使勤奋的劳动者与富人的积极性受到了抑制,于是,经济危机的反复出现就成为一种历史的必然,民主与衰退相伴就成为帕累多

---

① [美]斯科特·戈登著,应奇译:《控制国家:从古代雅典到今天的宪政史》,南京:江苏人民出版社,2005年,第106—107页。
② [美]卡尔·波兰尼著,冯钢、刘阳译:《大转型:我们时代的政治与经济起源》,杭州:浙江人民出版社,2007年,第190—192页。

早就预测到的一种政治经济学逻辑。①

原载于《河南大学学报(社会科学版)》2012 年第 3 期;《高等学校文科学术文摘》2012 年第 4 期、《财政与税务》2012 年第 7 期转载

---

① Vilfredo Pareto, The Trans for mation of Democracy, New Jersey: New Brunswick,1971,68—69.

论传统市场理论价格机制的局限性

赵儒煜[①]

传统的主流经济学一直以价格机制为市场原理的基本解释。但是,随着经济活动的深化,价格机制逐渐暴露出其局限性。一方面,价格不再发挥指示性的资源引导作用;另一方面,价格机制主张的"市场出清"也从未出现。因此,价格机制区分一般商品和吉芬商品的双重理论前提、双重机制解释的哲学弊病也暴露无遗,其对经济现实的指导意义也备受质疑。不仅如此,即便一般商品的传统价格机制解释中也存着巨大的理论逻辑漏洞,已经不再具有足以解释一般市场现象的作用,从而进一步暴露出以价格解释市场现象的局限性。那么,真正决定市场行为的力量是什么?如何全面解释市场运行的机制?经济活动实践亟待我们的理论创新。

一、价格机制与经济现实的背离

价格机制是主流经济学市场原理的理论内核。市场理论认为,在完全市场条件下一般商品的市场行为是价格上升则供给增加、需求减少,价格下降则需求增加、供给减少,由此配置市场资源并带来商品价格与其价值(自然价值)的一致,实现市场出清。而艺术品、邮票等供给有限的吉芬商品则存在价格上升带来需求扩大、价格下降导致需求减少的现象。

[①] 赵儒煜(1965—),男,吉林省吉林市人,经济学博士,吉林大学东北亚研究中心教授,博士生导师。

虽然一般商品市场价格机制的理论前提是完全市场经济，而主流经济学的发展往往故意模糊了这些理论前提，使得人们往往有意或者无意地将这一价格机制导入现实的经济活动中，并主张只要按照市场原理来运行就能够实现市场均衡。而在事实上，这样做的结果不仅出现了大量的"价格失灵"现象，而且市场也从未出清，市场并不能实现资源的最佳配置，而大量的资源浪费也就成为经济活动的常态。

第一，随着经济活动的深化，出现了大量价格机制不能解释的"价格失灵"现象。首先，大量商品开始具有"吉芬商品"的特征，出现了"泛吉芬商品化"的现象。供给受限制不大的股票、住房、土地，以及食盐、洗衣粉、卫生纸等甚至几乎没有供给限制的生活用品，都出现了价格上升则需求扩大的现象。虽然股票、住房、土地可以视为具有营利性的金融产品，人们往往在金融产品价格上升的时候，乐于投资这些产品以获利。但食盐、洗衣粉、卫生纸等生活用品，有充分的供给，也有足够的需求，非常接近价格机制的理论前提，却仍然经常出现商品价格上升则市场购买（需求）随之增加的现象。其次，在经济危机等情况下，出现了众多价格下降而需求不增反降的现象。20世纪90年代日本泡沫经济崩溃时期，由于市场萧条，电视、空调、洗衣机等许多耐用品价格下降但无人问津，甚至蔬菜等日用品价格下降也不能带来购买的增加。这种情形在20世纪30年代世界经济大危机时期、日本20世纪90年代的泡沫经济萧条时期、美国"次贷危机"爆发后也不乏案例。最后，在一些供给不足的经济里，出现了价格下降则需求扩大、价格上升而需求也扩大的价格失灵现象。这种现象，在中国改革开放之初也曾出现过。在长期的计划经济体制下，日常生活用品采用了凭票供应的制度，使得社会积累了大量的日用品需求。这一时期，简单的电器用品如洗衣机、电冰箱以及日用消费品如洗衣粉、食盐等日用品价格下降会引致需求的扩大；但是，当这些日用品价格有所提升之际，也会带来人们的大量购买。由此可见，价格上升则需求下降、价格下降则需求上升的一般商品价格机制，在现实中并不具有一般性。这充分说明，现有的价格机制正在失去其对现实的解释力，市场理论在面对上述现实市场行为时显现出了理论的苍白和无奈。

第二，从经济现实来看，市场出清从未出现。在资本主义大工业生产体制确立之前,以农业为主的供给不足情况长期存在;而资本主义大工业生产体制确立之后,则频繁出现生产过剩的世界经济危机。传统市场理论认为,价格作为市场的指向标,能够有效地调节市场供给和需求,并最终实现资源均衡配置,达到帕累托最优状态。但如上所述,价格是失灵的。而由于价格的背叛,使得市场遵循价格来实现的资源配置失败。人类经济活动一直没有实现过帕累托最优状态,没有市场出清,却频繁地出现供给相对过剩的经济危机。20世纪30年代的大危机、20世纪60年代末70年代初的"石油危机"、21世纪初美国"次贷危机"诱发的世界金融危机等等,都是生产过剩造成的恶果。

第三,在市场的价格机制引导下,市场不仅没有实现资源的有效配置,相反却大量出现了盲目竞争导致的资源过度浪费。首先,毋庸赘言,所有的供给过剩都是资源的过度使用,都是资源浪费。经济危机是其典型代表。其次,越是稀缺的资源,价格越是昂贵,因而越被过度使用。因为,从价格机制而言,人们深信资源越是昂贵就越是市场供不应求的反映,因此就越是投入更多的资金争夺这种资源来进行生产。其结果,这种仅考虑价格导向的思维方式引导了更多的供给,加之信息不对称以及区域异质性带来的需求对供给回应的差异性,必然导致供给的过剩即资源的过度使用。最后,应该看到,我们探讨的稀缺资源因价格昂贵而被过度使用的现象并非仅指物质资源。在某种特定人力资源或智力资源昂贵之际,也会出现过度投入以培育相关人力资源或智力资源但最终导致过剩的情形。

综上所述,价格机制以及以此为理论内核的市场原理在指导现实经济活动中存在着频繁的低效率甚至是无效率的"失灵"情况,这不仅说明了市场理论在解释现实上的无能,也说明了市场理论在指导现实上的无能。

二、价格机制的逻辑漏洞

(一) 市场原理与价格机制的基本内容

价格机制是市场原理的理论内核,探讨价格机制的基本逻辑也必须从整个市场原理出发。众所周知,市场理论包含针对一般商品和吉芬商品的两个部分。其中,吉芬商品作为市场现象的一种例外,已经被明确认定为供给不足市场条件下产生的现象。① 因此,我们在这里集中探讨关于一般商品的市场理论。

针对一般商品的市场原理,其理论前提是完全竞争市场,它包括如下几个方面:第一,关于主体,存在足够大数量的买者和卖者,个人的作用相对于总数可以被忽略,不存在合谋;第二,关于产品,产品是无差别的,同质的;第三,关于壁垒,资源是自由流动的;第四,关于信息,信息充分并完全对称,搜寻成本可以忽略。这一总结来自施蒂格勒,而其基础则是古诺和伯特兰的研究。②

市场原理的理论内核则是价格机制。关于价格机制的描述,最早来源于古典经济学的亚当·斯密。而一般经济学理论则沿用了这一理念,认为市场上的供求关系决定产品的市场价格。斯密认为,当一种商品的实际需求同市场上该种商品数量之间存在正差额时,可以导致市

---

① Ricardo D, *On the Principle of Political Economy and Taxation*. In *The Works and Correspondence of David Ricardo*, Vol. I. Sraffa P, Cambridge: Cambridge University Press, 1951, 12. 19 世纪的罗伯特·吉芬(Robert Giffen)发现土豆价格上涨时需求反而增加。后将艺术品、集邮的邮票等类似的商品称为吉芬商品。对此,大卫·李嘉图指出,商品的交换价值来自两个方面:一是稀缺性,一是为了获得它们所需要耗费的劳动量。而完全由稀缺性决定的,是绘画、稀有书籍、钱币等。1895 年,马歇尔首次将"吉芬商品"概念纳入经济学教科书(Marshall A, *Principles of Economics*, Cambridgeshire: Cambridge University Press, 1895, 78—96.)。

② Stigler G, "Perfect Competition, Historically Contemplated", Journal of Political Economy, 65 (1957); Cournot A, Recherchs sur les Princips Mathèmatiques de la Thèorie des Richesses, Paris: M. Rivière, 1838; Bertrand J, "Thèorie Mathèmatique de la Richesse Cociale", Journal des Savante, 48(1883).

场价格高于商品的自然价值;反之,则市场价格低于商品的自然价值。① 而完全市场条件下的自由竞争,则使商品的市场价格围绕自然价值波动,并不断趋向自然价值。这种竞争使得各经济部门得以形成统一的利润率。因为,供小于求时需求者的竞争会抬高价格,提高该种商品的利润率,而生产者则将资本投向该种产品,供求矛盾得以缓解;而供大于求时商品价格下落,也会使生产者的资本转向其他商品。这种竞争机制,导致资源在社会各经济部门自由流动,直至市场价格等于商品自然价值。②这意味着供求完全相等,市场出清,经济活动实现均衡。在此,均衡的含义是生产和消费相等、价格和成本相等。

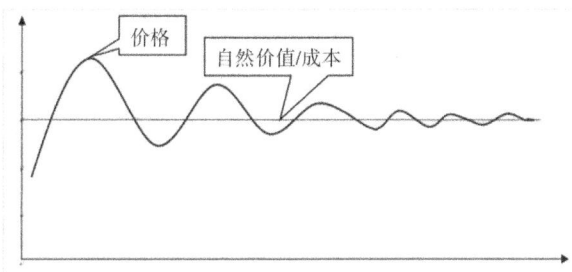

图1 亚当·斯密"一般商品"的价格机制示意图

对此,德布勒在对瓦尔拉斯一般均衡研究重大进展的基础上,对完全竞争做出了行为学定义。在给定的一系列消费者、企业和商品的前提下,使效用最大化的消费者可以按照特定的价格买或者卖无限的数量,而消费者的购买不影响其获得的利润;在企业可以买或者卖任意数量商品并不影响价格的情况下,每个企业都选择使其纯收益最大化的投入和产出;最终,均衡是一个价格向量和每个经济行为者按照这些价

---

① 《资本论》(第4卷),北京:人民出版社,2004年,第52页。对此,马克思在《资本论》中进一步指出,所谓商品的自然价值应该是以社会必要劳动时间确定的价值。

② Smith A, *An Inquiry into the Nature and Causes of the Wealth of Nations*, Oxford:Oxford University,1776,73—78.

格做出的选择,并使市场出清可以实现。①

(二) 价格机制的逻辑漏洞

价格机制之所以越来越显现出其在解释现实和指导现实上的无能,根本原因在于其理论范式存在致命的漏洞。这些漏洞包括显而易见的前提与结论的矛盾性、价格波动方式的特殊性以及以少数个案替代普遍现象的虚假性。

1. 前提与结论的矛盾

如前所述,价格机制的理论前提是完全市场经济,其机制是依据价格的资源配置,其结论是市场出清。但是,这里存在着巨大的逻辑悖反。

从前提来看,完全市场意味着足够充分的供给和需求,信息是完全对称的。这意味着,生产者知道消费者需要多少,消费者也知道生产者生产多少。那么,供求之间的差距何来?此其一。退一步讲,即便出现了初始的量差,但供给是充分的、无限的,随时可以无成本地进入市场的,需求缺少的量可以即时弥补;同理,需求也是充分的、无限的,随时可以无成本地进入市场的,供给超出的量也是可以随时被需求填补的。那么,价格与自然价值之间的差距何来?此其二。既然最初就不可能存在供求之间的量差,也不可能存在价格与自然价值的背离,那么,价格多次围绕自然价值的波动何来?此其三。进而,从结论上看,其价格围绕自然价值波动并最终实现市场均衡的机制,也是在逻辑上无法成立的。因此,不难看出,价格机制实质上就是以现实中根本不存在的"纯粹"经济形态——完全市场经济为前提,来解释现实中不完全市场前提下的"一般商品"现象,并得出"纯粹"经济形态的完全市场经济前提下的结论。

2. "一般商品"的基本特征

从亚当·斯密主张的"一般商品"价格波动机制而言,其所谓"一般

---

① Debreu G, The Theory of Value, New York:John Wiley & Sons,1959. 转引自约翰·伊特韦尔等编,陈岱孙主编译:《新帕尔格雷夫经济学大辞典》,北京:经济科学出版社,1996年,第897页。

商品"在现实中也不具有代表性意义,而只是极少数特定商品。

这是因为,从"一般商品"价格机制的现实条件来看,这种商品应该具有如下属性:第一,商品的自然价值长期保持相对稳定,即其生产函数在超过一个供求周期以上的多个周期里保持基本不变。唯有如此,价格波动才有追寻的目标。第二,这种商品市场容量巨大,仅供给与需求之间的量差就足以带来价格的巨大变动。第三,需求具有相对刚性。即,当供给过大时,需求不能随之扩大来填补差额;供给过小时,需求在选择替代品之余仍然强烈地需要供给给予足够的补充。换言之,即便价格上升,需求减少有限;价格下降而需求的扩大也有限。第四,供给具有一定刚性。即,当供给过剩时,过剩部分不能存储等待下一需求周期,只能全部交给市场;当供给不足时,不足部分不能及时补充——这意味着,其生产周期长,在一个需求周期内无法实现新的供给。第五,供求双方信息处于严重的不对称状态,特别是供给方相互之间的信息获取困难,生产过程或存在巨大的不确定性,或处于信息相对隔绝状态。第六,正因如此,供求双方需要在市场上经过多个周期的磨合,才能逐步获取相互的充分信息,使价格与自然价值趋于一致。

纵观上述条件则可以发现,斯密的"一般商品"并非一般商品,而是以粮食、水果、猪牛羊肉等为主要内容的农副产品等特定商品。这些商品的生产函数是长期相对稳定的,而且供给和需求的市场容量都极其巨大。需求有刚性,基本的粮食等生理需求有底限也有上限。供给则生产周期长,不能及时补充需求不足部分——粮食生产至少需要几个月甚至一年的生产周期,生猪等也有将近一年的生产周期;而且,粮食生产具有靠天吃饭的不确定性,也具有多个区域间供给信息的不对称性;过剩部分的产品大多数不能储存到下一周期,第二年新产出的粮食、生猪将占领市场,陈粮、冻猪肉将无处安身。所以,供给过剩才会以低于生产成本——亚当·斯密的均衡内涵包括价格与成本相等——的价格销售,这在某种程度上也是基于人们理性追求利益最大化或者损失最小化的结果。现实中,也不乏"多收了三五斗"的丰收反而导致"米贱伤农"的情形。而当供给不足时,人们会出于生活基本生理需求的需要来抢购这些商品,纵容价格的上涨。

综上所述,亚当·斯密的"一般商品"并非一般商品,而只是具有生产周期长、供给不确定性大的农副产品及具有同类特征的其他商品,但也不能简单地等同于全部农副产品。在此,我们将具有上述属性的特定商品,称为"阻尼商品",①以便进一步分析亚当·斯密价格机制理论的内在弊病。

3. "阻尼商品"的局限性

如前所述,亚当·斯密的"一般商品"只是一些具有特定属性的、以农产品为主的"阻尼商品"。这种"阻尼商品"的价格波动机制不同于一般工业品,也不同于泛吉芬商品,因此并不具有一般性的代表意义。

一般工业品价格的波动方式与"阻尼商品"完全不同。第一,一般工业品的生产函数是不断变化的。这是因为,一般工业品的价值本身不是维持长期不变的。通常,一般工业品的价格变化趋势是向下的曲线——这主要得益于工业品的成本下降:生产工艺创新、原材料渠道创新、销售渠道创新、分工与熟练带来生产效率的提高、质量管理带来残次品率下降、人工成本降低(减少人工或者机器替代人工)、规模经济带来成本下降(劳动力成本、原材料及销售产品的运输储存成本)等都会带来这一结果。第二,一般工业品的需求不具有相对刚性。由于一般工业品并非人的最低生理需要,而是随收入增加而逐步产生的需求。所以,当供给过大而价格下降时,需求能够随之扩大甚至全部得到满足;而当供给过小而价格上升时,需求可以选择替代品或在同类商品都超出需求支付能力时放弃需求。第三,供给具有较强的价格弹性。当供给过剩时,过剩部分不仅可以存储等待下一需求周期,而且可以随时停止生产而退出市场;当供给不足时,生产者可以及时扩大产能,提供新的供给。第四,供求双方信息虽然也处于不对称状态,但供给方相互之间的信息相对易于沟通,生产过程也不存在巨大的不确定性。第五,由于产品生命周期的存在,当一个工业品因消费结构升级换代而为其他工业品替代时,其价格会逐步降低到不能满足成本的要求,这时该工

---

① 在物理学中,阻尼是指任何振动系统在振动中由于外界作用或系统本身固有的原因引起的振动幅度逐渐下降的特性。我们借用物理学的阻尼概念,以阻尼商品来界定那些亚当·斯密价格机制理论中提出的、价格长期波动过程中振幅不断缩小并使价格趋于与自然价值一致的特定商品。

业品基本会永久退出市场;但粮食等大宗农产品的价格下降则是单周期的,不存在这种退出市场的情形。第六,在完全市场经济条件下,一般工业品也可以在理论上实现市场均衡。但从经济活动实践看,现实的不完全市场条件下,历史上多次出现生产过剩的经济危机,市场失衡成为常态。

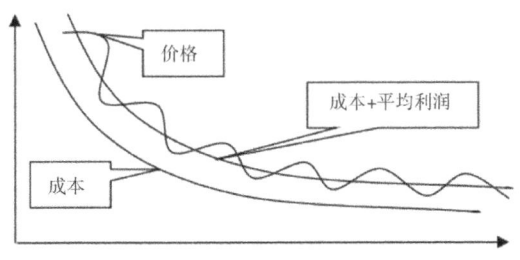

图 2　一般工业品价格波动示意图

由此可见,一般工业品的市场价格波动不是农产品那种围绕自然价值上下波动,而是基本保持平均利润前提下围绕成本与平均利润之和的厂商定价上下波动。即,通常是在成本之上波动。虽然存在特定工业品市场价格低于生产成本的个别情况,但那些产品往往是即将被替代的退市商品,而且这种价格降低也是厂商基本实现了利润目标而为获取最大收益或最大限度地减少损失、基于边际思维采取的市场策略。

因此,我们不难发现,由于亚当·斯密所处的时代是工业革命刚刚兴起的工业社会初期,其市场原理的价格机制只是参照了农产品价格的波动,而这些"阻尼商品"的案例对于工业社会占主导地位的一般工业品而言不具有代表性,当然也无法解释工业社会的市场机制。这是亚当·斯密的历史局限性,也是由此而来的市场原理价格机制的历史局限性。

(三) 市场原理在哲学上的不彻底性

亚当·斯密的市场原理不仅在价格机制上存在巨大的逻辑漏洞和历史局限性,而且在整个的理论体系上也存在着哲学上的不彻底性。这种哲学上的不彻底性为两个方面:其一,双重理论范式并存,没有形成统一的理论前提、理论内核和结论。其二,即便在同一理论范式内也存在不同前提的混杂乱用。

1. 理论范式的"双核"框架

如前所述,亚当·斯密的市场原理是以完全竞争市场为前提的、关于"一般商品"的价格波动机制和以不完全市场为前提的、针对供给有限的吉芬商品的价格变化解释。即,在亚当·斯密的市场原理整体的理论范式是两个理论范式并存的。第一,存在两个理论前提——"一般商品"的完全竞争市场和吉芬商品的不完全市场。第二,存在两个价格变动机制——"一般商品"是价格上升则需求缩小、供给扩大,价格下降而需求扩大、供给减少;吉芬商品则是价格上升则需求扩大,价格下降则需求减少。第三,存在两个市场运行结果——"一般商品"借助价格围绕价值波动,最终实现均衡市场;吉芬商品则无法实现市场均衡。

从哲学上看,一个事物的发展有其内在的规律性,这个规律性依靠科学的总结则可利用一个基本的理论范式总结。而传统的市场原理却靠两个理论范式并存的方式大行其道,不能不说是哲学上的不彻底性的体现。这种哲学上的不彻底性之所以被掩盖,是因为亚当·斯密将只能代表少数商品的"阻尼商品"称为具有普遍意义的"一般商品",因而使其关于"阻尼商品"的总结具有了一般规律的欺骗性。事实上,亚当·斯密的"一般商品"不过是一小部分具有特定性质的"阻尼商品",其关于市场规律的全部总结不过是对阻尼商品、吉芬商品两个特殊商品群组的总结,与真正全面概括市场现象相去甚远,也与真正具有代表意义的商品群组相去甚远。这说明,亚当·斯密的市场原理远未找到一个足以解释所有市场现象的基本要素,也不能归之于一个统一的理论前提。

2. 理论前提的混乱

即便在市场原理关于所谓"一般商品"分析的一个理论范式中,其理论前提也是混乱的,其科学性不堪一击。

如前所述,亚当·斯密关于"一般商品"价格机制的分析是以完全市场经济为前提的,但在具体分析"一般商品"价格波动过程的时候却首先提出了价格与自然价值的背离。而这种背离在完全市场经济条件下根本不可能出现,供大于求或供小于求的现象只能在不完全市场经济条件下才能产生。在此,亚当·斯密是将不完全市场前提拉进了分析框架之中。于是,由于不完全市场造成的供求失衡,在完全市场前提下供求双方借助价格调整社会资源配置,再因不完全市场的存在而不能一步到位地解决,而需要借助完全市场条件下的供给、需求自动调整,实现在不完全市场下价格的多次波动……

而从"一般商品"市场原理的结论来看,这种价格机制实现的市场均衡——即供给与需求相等、价格与成本相等,市场出清——也只能在完全市场条件下才能存在。因为,即便现实中存在供求相等的瞬间,但价格也绝对不会等于成本。商品的价格只包含成本的时代,是工业化社会之前的农业社会阶段,农产品、手工业者生产的生产工具及生活用品往往可以简单地视为基本原材料加上劳动报酬。而且,还必须将农产品价格中包含的地租部分视为土地成本,而忽略掉其中的剥削成分。但这种情形仅能勉强适用于农业社会。到了工业社会,资本主义生产方式占据了主导地位,市场中占绝大多数的工业品不再仅以成本追求出清,而是成本加上资本的收益(即剩余价值)。因此,亚当·斯密的市场原理的结论也是背离现实的,只能存在于完全市场经济条件下的农业社会。

由此可见,在传统市场经济理论关于"一般商品"价格机制的论述过程中,存在着理论前提与论述过程中完全市场经济、不完全市场经济两个理论前提的混用、交叉的随意安排。这种哲学上的不彻底性,不可避免地导致其结论的不科学性。而事实上,亚当·斯密的市场原理价格机制只是在局部区域市场的个别时间段有所反映,从未在整个市场体系中体现,也从未出现市场出清,而更多的是迫使经济学家们不得不探讨"市场失灵"的问题。

三、以不完全市场为前提的新解释

如前所述,传统的市场原理本身存在着多重的理论漏洞。从现实来看,价格失灵、市场失衡、资源浪费的现象大量存在,表明价格不应作为从理论上解释市场过程的切入点,也不具备全面解释市场过程的说服力,而市场原理本身必然存在巨大的理论漏洞。而进一步从理论范式上看，传统市场原理存在着前提的虚设性、理论范式"双核"框架的哲学不彻底性，而在其理论内核价格机制中则存在着前提与结论的矛盾，存在着理论逻辑中的前提混乱交叉，存在着以"阻尼商品"为"一般商品"的历史局限性。市场现象及其规律性亟待一个新的理论范式加以解释。

为此，笔者认为，市场在现实经济活动中是客观实在的。对市场机制的解释应回到经济现实中来，以不完全市场经济为理论前提，以一个理论逻辑从更深层去全面解释市场上的各种现象，探讨市场机制。

（一）以不完全市场为理论前提

在此，笔者基于经济现实市场不完全性的基本认识，将市场原理的理论前提设定为不完全市场。不完全竞争市场的界定包括：经济活动中不存在无限的供给和需求；消费者和生产者进入市场受到空间、政策、技术、成本等各种障碍制约，也是如此；产品是有差别的，虽然存在可替代性，但在本质上存在异质性；市场的信息并不充分且普遍存在不对称情形，信息搜寻成本是造成这一障碍的原因之一。与此同时，不完全竞争市场的前提还蕴含着这样的基本认识：无论消费者还是生产者，都是有限理性人。

关于市场特征的不完全性的界定，是对经济活动现实的忠实描述。这是因为，人类经济活动自产生以来，一直受到资源有限性和空间异质性的制约，根本不能实现无限的供给和需求。而传统的市场原理之所以缺乏解释力，就是因为其前提假设是根本不存在的完全竞争市场。提出这一原理的古典经济学为服务于最早实现工业革命的英国资本主义利益集团开拓市场的需要，而以学术的名义忽视了资源的有限性，忽视了空间的存在及其异质性。亚当·斯密、大卫·李嘉图主张各国发挥其绝对优势或相对优势进行国际分工，潜含着这种分工方式可以无限延伸而不必介意其需求和供给总量差异的含义。事实上，当时的英国主要出口纺织品等工业产品，其需求是可以随收入而扩展的，其供给因世界资源的引入而可以相对更多地扩张；而其他国家则主要在农产品上具有优势，比如经典理论中法国葡萄酒的案例，其需求有偏好和消费者个体食用能力的局限，供给则受区位空间异质性的限制。显而易见,这个理论的问世,是为英国资产阶级大工业经济服务的。

而当我们回到现实中来,就不难发现,完全市场并不存在,现实是残酷而真实的不完全市场。

第一,经济资源是有限的。我们所生存的地球虽然幅员广阔蕴藏丰富,但所拥有的空间终究是有极限的,经济资源也是有极限的,加之科学技术的局限性,人类不可能将地球上的全部资源都加以利用,也不可能将每一种资源都利用到极致。因此,在资源有限而且稀缺的前提下进行选择来生产商品以满足现在及未来社会需求,是经济学的出发点,也是经济学不得不面对的根本命题。对此,经济学者已经有充分的认识,并形成了以此为基点的共识。完全竞争市场前提中关于无限供给的假设,无论是产品的数量,还是产品的种类,都是不能成立的。在此,地球资源的有限性不仅是绝对量上的有限,也是相对于人类数量、相对于人类生活方式、相对于人类技术手段的相对性上的有限性。众所周知,人类数量在逐年增长,世界每秒出生4.3人,每年增长约8296万人,目前世界的总人口约74亿,到2050年世纪人口将达到90亿。而人类拙劣的产业技术、日益提高的生活水平正在快速地消耗着地球的资源,同时人类排出的污染物正在不断侵蚀着他们自己的生活空间。看到这些,几乎所有人都不会再相信供给是无限的。

而从需求来看,其中的欲望虽然是无限的,但作为现实条件的支付能力则是受劳动力生产和物质产品生产制约的,所以归根结底也是有限的。

第二,空间客观存在并有着异质性,这对市场的不完全性有着决定性的影响。首先,人类作为客观实在的经济人,只能依存于特定的地域空间,而特定的地域空间物产有限,这使得供给更受限制。其次,特定地域空间的气候、地理等要素决定了最早的产业生成与发展,草原森林河湖之地形成畜牧渔猎产业,平原近水近林地区则造成了农耕种植业。这种因空间异质性形成的产业差异,不仅进一步决定了供给在数量及品种上的有限性,也从根本上决定了需求在数量及品种上的有限性。再次,空间的存在客观上造成了消费者、供给者、生产资料以及信息进入市场的障碍。空间的介入不仅通过距离、山川等地形变化增加了进入市场的成本,而且形成了市场的天然分割,增加了信息搜索成本,带来了市场信息天然的不对称性。最后，空间的隔绝使得依附于空间的人们形成了不同的生产经验、不同的消费习惯，进而形成了不同的社会文明。这些文化的异质性带来人们对经济活动理解的差异，使得生产信息不仅是不对称的，而且是错位的，充满了误解与歧义。

第三，无论消费者还是生产者，都是有限理性人。虽然二者都在追求其利益的最大化，但作为个体的人在经济活动决策过程中都只能依赖于个人所获取的信息。而如前所述，信息具有不完全性、不对称性，人的生产及消费习惯、社会文化具有异质性，加之人们对自然世界、社会现象的认知能力限制，使得其对经济活动规律的认识具有局限性。这使得参与市场行为的各方，即便是在追求其利益最大化，也是有限的、出于个体自身认识的利益最大化。

近年来，人的有限理性也不断被学术研究证实。20世纪70年代末，行为经济学派从心理学角度分析经济现象中人的决策行为。Kahneman和Tversky认为，传统经济学中的"经济人"假定是指人具有无限意志力且追求效用最大化，然而在经济实践中，人们往往会为了回避风险而不选择最优解；每个人基于初始状况的不同，对风险会有不同的态度，因而选择也不同，这些选择并不一定都是理性的。① Thaler对传统经济假设中的消费意识提出质疑，认为人们的消费选择普遍具有禀赋效应，即人们倾向于赋予自身已经拥有的事物更多价值（高于其市场价值）。② Thaler提出了心理账户的概念，用以形容人们在做出消费选择时更注重内心满足或失落的心理，而非根据效用最大化的范式做出理性选择。③ Rabin认为，经济实践已经证明传统经济模型的缺陷。④ Mullainathan和Thaler将人在经济活动中的表现总结为有限理性、有限意

---

① Kahneman D, Tversky A, "Prospect Theory: An Analysis of Decision under Risk", Econometrica, 47(1979).

② Thaler R, "Toward a Positive Theory of Consumer Choices", Journal of Economic Behavior and Organization, 1(1980).

③ Thaler R, "Mental Accounting and Consumer Choice", Marketing Science, 4 (1985).

④ Rabin M, "Psychology and Economics", Journal of Economic Literature, 36 (1998).

志力和有限自利性三个方面,进一步证明了利用传统经济学范式解决现实问题的苍白无力。① Laibson 则通过建立基于心理暗示的消费模型,证明了消费者在不同情境下的心理暗示会对消费的边际效用产生显著影响。② 由此可见,行为经济学派认为,在环境的不确定性、信息的不完全性、人类认知能力的有限性等条件制约下,人的行为理性是有限的而非完全理性,人们做出选择和决策的标准是令人满意而非最优。这一点,从另一角度证实了我们提出的有限理性人前提更具现实性和科学性。

总之,市场的不完全性是现实的存在。背弃这一现实,刻意抽象出来的纯粹状态,当然也不能因此得出符合市场现实的理论。空中楼阁的理论前提下诞生的经济理论,只能是经济学的童话。

(二) 关于市场机制的新解释

1. 最终决定力量:需求

市场的产生是人类认识自然、改造自然活动达到一定历史阶段的产物。一般而言,具有经济学意义的市场的出现需要有物质产品出现超过日常生活所需的剩余可供交换。但是仅有剩余产品是不够的,更为重要的、对市场成立具有决定性意义的,是存在交换的需要。

第一,剩余产品的出现,只意味着存在这些剩余产品转化为供给的可能,同时存在着这些剩余产品成为交换支付手段的可能。也就是说,剩余产品的出现解决了市场成立所需的供给和支付能力问题。但是,仅有这些仍然不能使交换行为出现。这是因为,这并不能解决人们为什么交换的问题。交换行为的出现,以及由此而来的市场的成立,取决于人们是否有交换的必要。没有交换的必要,再丰富的供给、再充足的支付能力,都不会在有限理性前提下带来市场行为。这个交换的必要,也就是需要,才是市场上的需求——有支付能力的需要的基石。因此,

---

① Mullainathan S, Thaler R,"Behavioral Economics", NBER Working Paper No,76(2000).

② Laibson D,"A Cue—Theory of Consumption",The Quarterly Journal of Economics,116(2001).

在供给、支付能力、需要之间,对市场成立具有决定性作用的是需要。

第二,追本溯源地看,需要是一切经济活动的根源,是供给的根源。人类一切认识自然、改造自然的活动,都是为满足自身物质文化生活需要而进行的。马克思曾指出,人的需要即人的本性,是人类从事生产活动和形成社会关系的动因与依据。① 对人而言,"他需要的界限也就是他生产的界限"。② 换言之,人的需要是促使其参与劳动、投入生产的源动力。在交换出现之前,个体生产物品的数量和范围就是以自己的直接需要为标准,而不会超出直接需要。当产品出现剩余时,交换的需要随之产生,进而形成分工、合作等社会关系。③ 进一步地,当人的基本生活需要得到满足后,人们才能够"创造历史",一系列历史活动随之展开。④ 因此,需要既是形成社会关系的最初动力,也是构成历史活动的最初动力。需要是生产活动之源,而需求作为需要在市场上的代言人,也是市场成立的先决条件。

与此同时,需要对生产活动界限的界定,则是现代经济中不能忽视的基本准则。由于人类信息沟通的障碍,生产的总量和种类总会与需要有所出入。在资本主义大工业规模经济的生产体制下,由于经济活动无视需求,相信供给可以创造需求,使得供给脱离需求独自狂奔,造成大量生产过剩,进而造成经济危机。新一轮经济周期开始后,上一轮的产品积压部分得以消化,但大多是因为精神磨损(新产品出现产生替代效果)而被挤出市场。市场运行造成了资源的大量浪费,足以说明忽视需求的危害性。

第三,在市场经济形成之后的一般市场行为中,供给能否唤醒需求并最终带来交易行为,也是由需求决定的。经济活动中往往会发生供给唤醒需求的直观现象。一种新的产品譬如钢琴或者汽车(相对于马车)的出现,唤醒了关于这种产品的需求,形成新的消费市场,甚至成为新的消费习惯。于是,这种直观的认识使人们简单地认为,供给创造了

---

① 《马克思恩格斯全集》第3卷,北京:人民出版社,1960年,第514页。
② 《1844年经济学哲学手稿》,北京:人民出版社,2000年,第180页。
③ 《马克思恩格斯全集》第3卷,北京:人民出版社,1960年,第32—33页。
④ 《马克思恩格斯全集》第3卷,北京:人民出版社,1960年,第32页。

需求。甚至有经济学家认为,产品的生产会自己创造出与这部分产品同值的购买力:供给会创造出其自己的需求。① 尽管这一论述经过多次修补完善,但仍然无法解释资本主义世界频繁发生的经济危机。因而,受到西斯蒙第、马尔萨斯以及凯恩斯等经济学家的批判。这种供给创造需求的理论之所以失败,就是因为它不仅不能证明市场上的消费者一方拥有足够的支付能力,也没有说明这种总量的支付能力能否在有消费需要的人群间有适度的分配,更没有看到决定市场的是需求,而不是供给。而需求的根本决定力量不是人们是否拥有足够的支付能力,而是人们的需要,是人们是否真正需要这个商品。

第四,在市场经济活动过程中,供给所实现的产品数量、价值、甚至生产过程也是由需求决定的。即使供给符合人们的需要,但由于需要受人们支付能力的制约,因而表现在市场上的需求往往是小于供给的。而供给超过需求的部分就会滞留在市场上无法实现,长期积累并最终导致经济危机。对此,马克思指出,只有当全部产品是按必要的比例进行生产时,它们才能卖出去;社会劳动时间可分别用在各个特殊生产领域的份额的这个数量界限,不过是整个价值规律进一步发展的表现,显然必要劳动时间在这里包含着另一种意义;为了满足社会需要,只有这样多的劳动时间才是必要的。② 在此,超量的供给,作为超过需求的必要劳动时间的部分,被需求放弃;而只有社会需求可以实现的供给,才能真正在市场上得到实现。进而,需求也要求生产过程中生产工艺、技术等要素与消费者的需要一致,例如选择农产品的消费时,人们会拒绝农药残留过多的产品而愿意选择绿色产品。

总之,市场的成立需要有需求、供给双方同时存在。但最终决定交易行为成立并使市场真正成立的,不是供给,而是需求。而决定需求的,不是支付能力,而是需要。历史上之所以出现一种新产品譬如钢琴、汽车等的供给出现就能诱发其需求而促成交换行为,是因为钢琴、汽车等新产品的供给提供给人们一种选择,可以满足他们对新的美妙乐器、更有效率的代步工具的需要。而随着大众消费社会的成熟,一个

---

① Say J B, *Commerce Defended*, London: C. and R. Bladwin, ch. VI, 1992.
② 《资本论》第 3 卷,北京:人民出版社,1975 年,第 717 页。

新产品能否满足需求使市场成立,则取决于这个商品是否成功地填补了已有商品尚未满足人们需要的空白,或者能否成功替代已有产品来使消费者的需要得到更有价值的满足。因此,可以说,市场的成立是以需要为终极决定因素,以需求为前提,由需求唤起而形成的。

2. 看不见的手:心理预期

在关于市场机制的理论中,价格一直被视为"看不见的手"来发挥着资源配置的作用。但是,在现实的市场行为之中,价格已经失去了应有的指向功能。许多商品恰恰相反,价格下降,商品需求和供给都下降;价格上升,商品的需求和供给都上升。同时,社会资源的使用越来越出现枯竭化的倾向。越是稀缺的资源,价格越高,越被过多地使用;越是相对丰裕的资源,价格越低,越被忽视和闲置。市场活动的现实证明,把价格视为"看不见的手"是简单而肤浅的理论想象。

那么,真正决定市场行为的"看不见的手"是什么呢?

毋庸置疑,决定一般商品(包括越来越多的泛吉芬商品)和吉芬商品的市场供求关系的,应该是同一个要素在起着根本作用。由于市场成立是由需要决定的,这个要素必然是首先造成了需求的发生,进而诱发供给,促使市场交易行为发生。而通过客观追溯和观察市场行为过程,我们认为,决定市场运行的根本力量是需求、供给双方参与市场活动的心理预期。在此,心理预期是指市场行为中的需求、供给双方个体自然人以及由此汇集而形成的社会性市场行为主体在有限理性的前提下,对其次期市场行为——需求获得满足或供给得到实现——可实现收益的预先判断。其中,消费者的心理预期包括对次期消费效用满足度和效益获益性两个方面的预期;生产者的心理预期则主要是指其对次期供给的获利性的预期。①

心理预期决定市场运行的基本机制是,首先通过消费者的心理预期形成需求,进而通过生产者的心理预期带来供给。在此,消费者的心

---

① 关于心理预期的讨论,始于凯恩斯的理论,但凯恩斯只是看到了心理预期在微观层面上边际效用递减等表层现象,没有关注到心理预期对市场的决定作用;而后来的卡尼曼等人对心理预期的讨论则过度关注了赌博等个案中心理预期的不可测度特征。可以说,通过心理预期来分析市场问题的角度并未真正受到关注。

理预期是对更高消费收益的期待,可能是商品功能的提高,也可能是价格的低廉,总体上是宽泛而具有导向性的。因此,供给在这种心理预期的引导下,一方面看到需求带来利益的预期;另一方面则因供给者个体的不同而会出现具体的需求解决方案上的差异性,其结果就是带来一些功能、价格具有相似性但又存在差异性的替代产品群。而消费者则基于其心理预期,选择其中的某一产品或某几种产品的组合。于是,在消费者心理预期追求效益最大化和生产者心理预期追求利润最大化的交互作用下形成价格点,交易行为得以完成。心理预期的作用,在不同的市场条件下具体表现为不同的方向和形式。在此,笔者重申信息不对称性和市场参与者的有限理性是本文讨论的不完全市场的基本前提,以便下文集中讨论需求、供给各种情况下心理预期在市场上的作用方式。

第一,在信息和理性认识都认为某种商品的需求、供给相对均衡且存在充足的可替代供给、信息具有较好传导性的市场条件下,消费者的心理预期会因其价格下降而选择扩大其消费或放弃其原替代品消费而转向该商品,这样可以使其预期支出减少,提高其消费者剩余;反之,当价格上升时,消费者则因其预期支出不得不增加而在可能的范围内相应减少其消费或转向价格更低的替代品消费。这种情形在短期不会影响供给的变动,而当这种倾向长期持续下去之际,则会促使生产者产生其收益将因此有显著的减少或增加的心理预期,从而减少或增加产出。在这种情况下,价格看似起到了市场需求、供给调整的风向标的作用,进而使传统市场理论认为价格是"看不见的手",并简单地将这种特殊情形扩大为普遍原理。而事实上,这只是不完全市场条件下的一种特殊情形——商品的供给和需求都具有一定的刚性:商品虽然存在替代的选择束,但本身不存在自身产品生命周期的问题,即不是那种随时可以被新产品替代的产品(特别是工业品);价格上升不会引起外部商品流入而降价,价格下降不会在短期诱发供给的减少;需求相对稳定,没有减少或增加——其典型代表为特定空间范围内的农产品市场,即前文所述的阻尼商品,并不能代表市场经济的全部。同时,这种偶然的情形也是心理预期决定的结果,对商品价格趋势的判断,商品的收入效应、替代效应等无不基于消费者的心理预期。

第二,在某种商品的需求具有一定刚性而信息和理性认识都认为这种商品的供给相对不足且缺乏足够替代品的市场条件下,消费者的心理预期会因其价格上升而乐于采取提前购买的方式以实现支出的节省,于是造成了一些商品(泛吉芬商品)价格越高、购买越多的社会现象。这种情形多见于日用生活品的刚性需求产品,盐、卫生纸、洗衣粉、大蒜甚至一部分商品房等均出现过类似的情况。消费者的这种心理预期会进一步抬高价格,在长期上诱发生产者产生其收益增加预期,从而增加产出。其结果,这种情形往往可以通过增加供给改变价格上升态势,从而稳定需求。但住房的情况较为特殊,不仅有刚性需求的影响,也有住房金融资本化的影响。

第三,在信息和理性认识都认为某种商品包括其替代品供给过剩而需求相对不足的市场条件下(通常是在经济萧条的背景下),消费者预期收入下降,对就业前景的判断下降,故往往不会理睬非必需品的价格下降,消费者可能转向价格下降幅度更大的替代品,也可能选择中止该项消费以维系次期生活基本需求,从而出现即便商品价格下降也不会带来消费扩大的情形。例如在日本泡沫危机刚刚爆发的 20 世纪 90 年代初期——政府、企业、个人都有债务的严重时代,电视、录像机、照相机等非必需品的一般工业品的价格下降往往得不到市场消费扩大的响应。甚至一些日用消费品如蔬菜、水果等,也不能因降价带来需求扩大。

这种情况在长期上会导致生产者对该种商品营利能力的心理预期下降,从而缩小该商品生产或者转而开发新的、可以给消费者心理预期带来更大消费者剩余的产品。这也是经济危机往往在导致一大批中小企业倒闭的同时也推动少数有实力的大企业创新发展的原因。

第四,在古钱币、艺术品、旧版书籍等典型吉芬商品市场上,供给是既定的,商品因其稀缺性具有价格刚性,但不是生活必需品,因而只有当其价格上升较快时,需求方从中看到显著的获益预期才会决策购买,从而造成价格越高、需求越大的态势。而供给方则受此影响,提高其收益的心理预期,进一步抬高价格,直到需求方获益预期被抬高的价格完全抵消;反之,当收藏者对某商品失去兴趣、不认为其购买可以带来预期收益时,该商品则退出市场。而当吉芬商品成为消费者投资以求回报的准金融商品时,其替代效应则进一步反映出价格的失灵——价格上升越快的商品的需求越大,即预期收益高的替代预期收益低的商品。

第五,在股票、期货、房地产等具有金融性质的商品市场上,由于该类商品不是生活必需品,需求方以投资求回报方式进行市场行为,其预期主要参考投资成本与未来收益的差额。因此,无论供给是否显著不足或者已经过剩,当需求方预期认为这一商品存在升值倾向时,该商品的需求就会扩大,出现价格越高、需求越多的现象。这种现象会促使供给方产生收益扩大的预期,并扩大相关供给,如发行新股、提供新的期货商品或者建筑新住房。如此循环往复,直到利率提高、银根收紧等货币供给紧缩政策达到一定强度使得需求方投资成本提高、可预见的次期收益被抬高的价格抵消为零甚至为负数时,其价格上涨态势才能停止。当股票、期货、房地产价格出现下降时,市场买卖双方会因各自的有限理性(包括信息)认识不同而有不同的心理预期,有的股票、期货或房地产的拥有者会选择抛出手中的商品来止损,有的则选择低价吸入这些商品以待其价格再次上升时牟利,甚至有人会选择高价回购以重新拉起市场价格;而当买卖双方的心理预期一致认为股市、期货、房市的价格下降是不可挽救、价格回升不能预期的时候,会出现持有者大量抛售而无人入市购买、价格越来越低的态势,最终导致市场崩盘。20世纪30年代的世界金融危机、20世纪90年代日本泡沫经济崩溃、2007年以来肆虐世界的美国次贷危机等历史上的金融危机无不如是。

综上所述,建立在有限理性基础上的、对次期收益的心理预期,是不完全竞争市场各种特定条件下市场行为成立的决定性力量。这不仅体现在吉芬商品的买卖行为上,也体现在一般商品的买卖行为上。其中,需求方的心理预期是在市场行为发生的时间上率先、在作用上具有决定意义的要素;而供给方的心理预期则是在时间发生上滞后、在作用上居于从属地位的要素。

3. 市场运行:双羽模型

由心理预期这只真正的"看不见的手"决定的市场运行,可以抽象为整个经济社会内部需求方、供给方针对某种商品的心理预期与交易行为发生之间的关系。参见图3。

在这里,M为需求方或供给方对某种特定商品的心理预期量,Q为需求方或供给方对某种商品的需求或供给的数量，0点为心理预期值和商品数量两个轴的起点，$P_i(i=1,2\cdots\cdots)$为交易行为成立时的价格点。

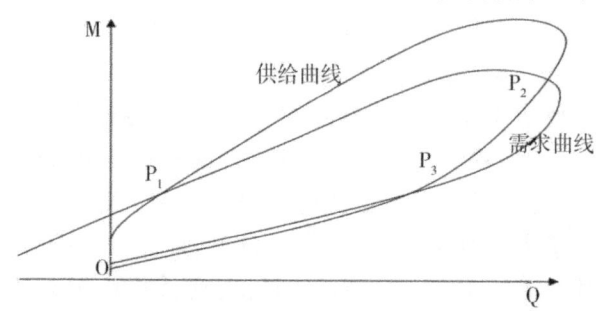

图3　心理预期决定市场交易行为的双羽模型

从需求曲线和供给曲线的动态趋势来看，需求方的心理预期早在某一商品问世前即存在心理，就像钢琴问世前消费者存在对更美妙乐器的需要、汽车问世前消费者对更好交通工具的需要一样。当这种需要积累到一定程度，被供给方注意到之后，满足需求方的心理预期将会带来更为丰厚的利润则成为供给方的心理预期，于是供给方生产出某种特定产品，以满足这种需求方的需要。这种情形表现为，需求方、供给方在进入市场之际，其心理预期都不是零起点的，而是已经达到了一定值。

当商品进入市场之后，会出现三个基本的变动阶段。

第一阶段，需求方的心理预期不断上升的阶段。新产品的问世满足了人们潜在的新增需要，新奇的消费方式或者消费习惯在社会上扩展而成为时尚，刺激需求方在社会层面上更大、更多的心理预期，诱发供给方利润扩大的心理预期，推动生产扩大，而在汽车等产品生产中还可出现因规模经济而导致单位产品价格下降但生产者总体利润提高的现象。这一阶段，新的消费模式通过示范效果在社会扩展，使得整个社会的需求方通过购买某种特定商品而获得满足的心理预期上升，需求量扩大。使得供给方通过生产某种特定商品而获利的心理预期上升，供给量扩大。点P_1就表示这种情形。而供给方的产品供给量快速超过需求方的需求量，是因为相对于需求方的散在状态而言，供给方基本上采取了集中的大批量生产方式。

第二阶段,需求方的心理预期开始出现转折的阶段。当某种特定商品经过一定时期,这个时期可能很短,有的产品会因更先进产品随之而来的开发、问世而转瞬即逝,的市场行为之后,该产品为需求方带来获益预期的能力下降,需求方产生了要求替代该产品的新的心理预期,而从社会层面上出现对该产品的心理预期总体下降的态势,这使得市场上该产品的需求下降,促使供给方对生产该产品的利润预期也随之下降,供给随之减少,商品生产开始从高峰期回落。在这一阶段,是需求方心理预期开始出现下降、供给方的心理预期也随之下降的转折期。需求曲线和供给曲线从上一阶段到这个阶段,构成了倒"U"曲线。① 于是,在需求方心理预期回落的转折阶段,在供给方对需求方心理预期追踪、分析的过程中,双方可能出现在心理预期此涨彼落的各种偶然条件下——不排除需求方个体、供给方个体仍然处于心理预期上升状态——的交易行为。P2 就是其中的一种情形。由于需求是第一性的,供给是从属性的,所以在这个转折期,需求曲线将率先转折,而后供给曲线才开始回落,但其大批量生产的特征会使其回落速度更快。

第三阶段,需求方的心理预期表现出稳定的下降倾向的阶段。当某种特定商品或者为新的替代产品冲击,或者不再显现其为消费者带来较大的消费者剩余的时候,需求方会持续降低对这种产品的心理预期,而增加对其他新产品或对同类更好替代品的心理预期。这种需求方心理预期的持续下降,通过市场消费的减少反馈给供给方,降低了供给方盈利的心理预期,供给随之快速减少。这一阶段,是需求方心理预期下降,需求量缩小;供给方的心理预期随之下降,供给量缩小。P3 是这一阶段交易发生的点。同样,由于供给方采取批量生产的方式,所以供给的下降速度也要快于需求的下降速度。

上述三个阶段构成了需求如何决定某一特定商品供给的产生与转折、结束的全过程。这一过程,在市场上体现为需求心理预期发挥终极作用下的供求关系变动。从需求方来看,这是需求心理预期由期待到

---

① 对此,有的理论解释为产品生命周期,有的理论解释为生态环境限制下的生产倒"U"模型,库兹涅茨倒"U"理论、产业集聚的先集聚后扩散的倒"U"现象都是其在某一领域的体现。

满足再到厌倦而期待新产品替代的过程;在供给来看则是有关理论描述的产品生命周期。而多个特定商品个体汇集为社会供给总量时,新产品开发彼此交错,直到多数产业缺少足够新产品来满足新需求、产业技术相对停滞的时候,这个过程就变成了中波周期(朱格拉周期);而当整个产业体系都缺乏足够的产品创新、技术创新来满足新需求时,这个过程就变成了长波周期(康德拉季耶夫周期)。

总之,心理预期对市场的基本作用机制就是需求方的心理预期提高,则需求量扩大,供给方心理预期随之提高,供给随之扩大;反之,需求方的心理预期下降,则需求量减少,供给方心理预期随之下降,供给随之减少。传统市场理论以为是价格发挥了"看不见的手"的作用,只是看到了市场中供求都较为充裕形态下的一种特殊情况。

4. 资源配置:预期的力量

配置资源是市场的基本功能。那么,市场是如何借助心理预期这只"看不见的手"来实现资源配置的呢?

如前所述,市场行为中需求是第一性的,供给是第二性的,需求方的心理预期唤起供给方的心理预期来实现市场行为。因此,在这一过程的背后,从资源配置的角度来看,市场也是通过需求方的心理预期影响供给方的心理预期的过程来实现的。也就是说,需求方通过市场反馈其心理预期信息,调动供给方使用相应资源来增加或减少供给总量以满足需求总量的扩大或减少,同时提升供给的品质、特性和科技含量来满足需求方个性化、高端化、便捷化等需求升级的要求,并撤出已不能适应需求方上述要求的供给。因此,市场的这种资源配置的终极目标,就是让供给在数量、结构、品质、功用等各个方面完全符合需求,最大限度地减少资源的浪费和过剩生产,实现需则有应,供则有用。

但是,在不完全市场条件下,市场通过心理预期进行的资源配置并不能实现需求和供给的完全耦合,而只能最大限度地接近需求方的充分满足且无过剩的最佳状态。这是因为:

第一,信息对称性决定了资源配置的准确程度。受大众消费社会的实现程度、信息技术的发达程度、区域异质性的大量存在等的制约,需求方的话语权很难在所有生产生活领域实现,需求方的心理预期也很难准确地传递到供给的所有领域。这必然导致靠主观臆测和习惯判断来构建其心理预期的供给行为。

第二,人类对自然、社会认识的有限理性决定了资源配置的选择方向。由于人的有限理性的存在,一方面使得需求方对自身到底有什么样的需求预期很难把握准确,冲动、片面、偏好等有限理性的影响以及对消费预期升级认识的迟缓,会导致其对供给预期的错误引导;另一方面,供给方因对自然认识不足而导致的产业技术的局限性既可能出现资源浪费,也会因社会制度(包括伦理和社会惯例)的制约而采取并非最佳的供给方式。例如,为满足取暖的需求预期,供给方曾采用燃烧木材、煤炭、石油等破坏环境并不可持续的资源,而至今太阳能这种清洁并可持续的能源也没有得到足够的应用。

第三,生产方式的存在方式决定了资源配置的数量差异。长期以来,供给过程受生产方式的制约。农业因生产周期长、信息不对称而常常出现米贱伤农等盲目生产带来的生产过剩;工业因机械化大生产的运行方式,也往往出现过度生产的现象。而随着大众消费社会的成熟,需求方的力量开始展现,加之信息技术的进步,需求方的心理预期越来越多、越来越快地实现其对市场的决定性作用,要求供给方采取柔性生产体制,实现更加精准的供给。

第四,心理预期传递的时滞决定了资源配置的效率高低。长期以来,由于信息不对称现象的存在、信息传递技术(包括信息对称平台)发展的制约以及空间异质性带来人们相互了解的困难,需求方的心理预期即便以完整而准确的内容传达给供给方,也存在着不可避免的时滞。这使得需求方的心理预期诱发供给方心理预期的周期拉长,带来符合需求方最新欲望的新供给迟缓,而这也同时意味着已经失去消费欲望的旧的供给的过剩。

总之,市场资源的配置是需求对供给的作用结果,而需求对供给的作用是需求方心理预期对供给方心理预期的作用结果。在此,心理预期发挥了关键的作用。

5. 运行状态:市场失衡

如前所述,传统市场理论所推断的市场出清从未出现;相反,却有频繁的生产过剩危机发生。对此,西方经济学者已有较多的讨论,理性预期不能完全实现是其公认的原因。但事实上,传统市场理论对"市场失灵"解释的苍白,是其理论前提的荒谬所致。

我们认为,市场失衡是不可避免的。因为现实中从未存在过完全竞争市场,需求方和供给方的理性预期在现实中是有限理性,并不能实现对市场的充分预测,使得信息的不对称性不能得到根本解决;同时,空间及其异质性的客观存在,也是市场失衡的重要原因。

第一,需求的心理预期是市场的决定性力量,但需求方的心理预期只能通过市场上需求的变动来把握,而需求在市场上的表现,受供给的制约。这是因为,需求只有通过购买才能成为需求,而需求的自我实现过程,同时也是供给的实现过程。二者之间的这种对立统一、相互成立的关系,使得需求必须借助供给实现,而供给则因有限理性而不能完全符合需求的心理预期,而只是尝试去满足它。因此,供给与生俱来地无法准确地把握需求真正想要什么。加之,相对于需求方是散在的个体的集合,供给方则是以专业分工为基础的、以批量生产为基本模式的集中供给方式。随着市场上产品的丰富,使得大量需求方的心理预期通过替代产品得到满足,需求方真正期待的需求往往被掩盖。这些都使得供给往往超越需求心理预期来扩大生产。

第二,经济人的有限理性,使得参与市场的需求方和供给方都受到各自有限的经济学认识、市场规律认识的影响。而在一定技术条件下,信息的不对称性加剧了有限理性对市场需求认识的局限性,特别是供给方,对需求方心理预期带来的市场动态认识的局限性,使得其生产规模既不能完全符合市场需求总量,也不能满足细分化市场的结构性变动的要求。同时,使得供给方对需求方心理预期的把握总是不可避免地存在时滞。加之,供给方的批量生产方式,使得供给总是以快于需求的速度增长。于是,在供给方心理预期的时滞和批量生产体制的双重作用下,生产过剩不可避免。而随着大众消费社会的形成和结构升级,科学技术日新月异,人们对物质文化生活的需求也越来越出现多样化、个性化、高端化倾向。生产过程更趋于大批量的自动化、精密化,这种供给超过需求的倾向更加显著。

第三,人类生产活动必然依存于特定地域空间,而空间的有限性、异质性决定了人类经济活动的方式必然存在异质性,这进一步导致市场失衡的发生。首先,从历史的发展进程来看,空间的异质性决定了人们的需求先由特定空间所拥有的经济要素来满足,从而使得特定空间下生存的人们的需求偏好不同,仅靠价格的指引则不能完全反映这种需求偏好对供给的限制。而空间距离的存在,强化了信息的不对称性,增加了信息搜索成本,使得需求方的心理预期更加难以把握。其次,由于空间的异质性和空间距离的存在,使得生产活动更乐于选择具有区位优势的特定空间进行,由此形成集聚经济优势,更有利于规模经济的形成和扩大。这种经济活动的基本特征,一方面推动规模经济的扩大,使得供给以快于需求的速度增长;另一方面,借助供给方追求利润最大化的心理预期,助长垄断的形成,而高额的垄断利润则阻碍了创新,使得陈旧的产品在需求方心理预期已经饱和之后仍然长期占据市场,加剧了生产过剩现象。最后,特定地域空间的相对独立特征,从历史上培育了建立在特定地域空间的独立行政体。而在市场经济条件下,这些行政体作为拥有行政主权的现代国家,为保护自身利益,往往设置各种关税与非关税壁垒,阻碍市场行为的自由发生,也阻碍了有效供给对区域外需求的满足,造成了结构性的生产过剩。

第四,需求总量不可能因供给的扩大而产生等量的增加并实现市场出清。这是因为,其一,从经济增长过程中体现出来的供给市场价值总量一直是大于需求总量的。在现代经济运行体制下,特定商品供给的市场价格总量为商品生产成本(包括物质成本和劳动时间成本)与资本的剩余价值(利润)的总和。其中,劳动时间成本即工资,作为劳动者(包括生产者和经营者)的报酬在劳动力商品得以实现后获取,并转变成为需求方的市场支付能力。因此,在市场价格总量中只占一部分的支付能力在总量上等于或者超过市场价格的情形不可能出现。其二,参与分配的工资和利润部分并不是平均分配到每个市场消费者手中的。资本的拥有者往往占绝大多数,经营管理者、脑力劳动者、一般劳动者所得则只占很少部分。加之,在特定产品市场上,这些支付能力也不会全部投入其中,这更使得市场中支付能力总量远远低于供给的价格总量。其三,基于区域异质性的需要异质性客观存在,这使得特定产品的供给并不必然在所有的区域市场都能得到足够的需求响应。换言之,需求所与生俱来的个性化特征往往被大批量生产出来的供给品忽略。特别是,在社会化大生产体制诞生以后相当长的历史时期内,需求的心理预期被需求方有限的支付能力压制,不能对抗现有技术水平下的供给,而不得不屈从于供给所提供的有限的消费来选择其消费的商品及其组合。这在表面上造成供给满足了需求的预期的假象,使得供给方坚信他们所提供的产品能够满足市场需要,相信供给能够创造需求。这样,结合上述规模经济、垄断经济等要素的影响,供给最终还会由于其盲目自信,而导致与需求的预期差距越来越大,造成供给自身独自膨胀而导致生产过剩。

因此,市场上供给必然出现结构性的生产过剩,决定了市场失衡①的必然出现。

四、市场管理的沿革与深化

从现实的不完全竞争市场理论前提出发,我们更加清楚地认识到了市场失衡的必然性。正因如此,对市场的管理也就有其客观存在的必然性。

在迄今为止的人类经济活动发展进程中,市场的管理经历了自给自足、自由放任、需求管理、供给管理四个大的阶段。事实上,即使在早期阶段,市场也并非完全真空的无管理状态。对个别特定商品市场的管理(资本主义前对粮食、食盐等的管制),对国际市场的管理(资本主义初期的贸易自由化、贸易壁垒等),都曾长期存在并影响着市场均衡。人类经济活动的实践证明,市场管理的核心在于供给管理,而非需求管理。

(一) 自给自足时期的市场管理

自给自足的历史阶段,是从早期市场形成直到资本主义机器大生

---

① 笔者之所以将这一基本判断称为市场失衡(Market Imbalance),而不是叫做"市场失灵"(Market Failure),是因为"市场失灵"是一个专用于表述市场调节失败的经济学词汇,其背景在于经济学理论确信市场本来是"灵"的,是可以实现出清的。而笔者的分析表明,市场本来就不可能"灵",也从来没有"灵"过。传统市场理论探讨"市场失灵",在方法论上仍然是基于其关于市场经济可以实现自我均衡的理论思维方式,是不科学的。

产方式出现前的这一历史时期。正如马克思所论,需要是经济活动的根本动力。生产技术在需要的推动下,一步步地艰难前行,一点点地满足人们的物质文化生活需要。受技术水平的影响,人们对消费的欲望虽然海阔天空,但其对市场上可能的供给的心理预期无法超越当时所能提供的产品太多。因此,这一时期的需求的心理预期基本上追求食、衣、住、行等基本生活用品的丰裕和简单生产工具的获取,并通过区域市场推动供给得到满足。这一历史阶段供给满足需求心理预期的基本方式是农业满足食物需求为主,手工业满足农业生产工具及日常生活所需,量小而类寡,生产周期长,生产过剩少,甚至由于生产技术低下多次出现粮食供给不足的情形。因此,这一时期的管理经济政策目标重点是扩大粮食供给,以维护封建统治的安定。

(二) 自由放任时期的市场管理

以珍妮机、蒸汽机为源技术[①]的第一次工业革命资本主义大工业生产方式得以确立之后,市场管理方式进入自由放任阶段。工业革命一方面实现了纺织品的大量供给,另一方面也带动了交通运输机械、煤炭、钢铁、机械制造等产业的快速发展及其生产资料的大量需求和供给。需求在消费领域受到的影响主要在纺织品领域,但纺织品是生活必需品,其心理预期仍然受传统意识束缚,工业化的供给迅速超越了对其数量和品质的预期,这使得纺织品生产无需考虑市场需要的预期。与此同时,大规模生产体制造就了大规模的供给,供给数量之大从最初就已超越了区域市场,必须以世界市场为前提,生产过剩已成必然。而关于生产资料的需求预期则快速膨胀,推动相关供给飞速增加。但当时直接生产消费资料的主要是以纺织业为中心,其他生产、运输部门都是为这一部门服务的。消费品市场的局限性,决定了包括生产资料供给部门在内所有供给必然出现生产过剩。在此背景下,这一时期提出的传统市场原理,张言市场可以通过自己的价格调整实现均衡,不仅是

---

① 源技术是指诱发产业革命的初始性重大创新技术。相关内容参见:赵儒煜:《产业革命论》,北京:科学出版社,2003年;赵儒煜:《从破坏到共生——东北产业技术体系变革道路研究》,长春:吉林大学出版社,2005年。

其对经济活动认识的局限性所致,也是其力求推进市场扩大、保障资本主义生产的意图所在。

而这一时期的市场管理,也主要采取政府放任的方式。对外,推行自由贸易政策,实际上是英国为实现自身市场出清而采取的一种市场管理方式,并不管其他国家能否真正实现市场出清。对内,则任由市场在繁荣期疯狂地扩大生产,然后在长期衰退中自然吸收过剩产品,直至新的经济复苏重新启动新一轮生产过剩的周期。因此,这一时期,无论在理论上,还是在政策上,都以主要供给者资产阶级的利益为核心,专注于供给的实现,而忽视了需求的决定性作用。

当然,如前所述,就供求的总体市场而言,市场出清从来不可能出现。以电力、内燃机、石油为源技术的第二次产业革命,汽车、电灯、电报等新的供给全面改变了日常生活用品的形态,带动了全面城市化的进程,大众消费社会开始形成。生活必需品的心理预期得到强大刺激,新的供给迅速在市场上得到实现,传统市场理论可以实现市场出清的说法看似得到了现实的印证。但是,如前所述,大规模的生产方式使得生产过剩仍然无法避免,世界市场的争夺逐渐积累矛盾,演化为第一次世界大战、第二次世界大战等战争形式。

(三)需求管理时期的市场管理

需求管理起于二战结束后。经过两次沉痛的战争,人们对经济活动及战争的反思催生了以凯恩斯主义为代表的管理经济思想。由于凯恩斯主义只是传统经济学的基本框架下的反思。这一理论没有意识到需要是具有决定意义的第一性力量而供给才是可管理的领域,因而认为经济危机的出现的原因在于有效需求不足,采取了管理需求的方法。

与此同时,以微电子等产业技术为源技术的第三次工业革命使市场供给进一步深入人们生活的各个角落,大众消费社会开始趋于成熟。在供给领域,收音机、洗衣机、冰箱、电视机、以电子计算机为基础的办公机械、产业机器人相继问世,不仅解决了人们日常生活中的传统消费品的替代,而且逐步实现着对人们日常劳动、生产劳动的替代。这些供给在种类、规模和品质上的增加,推动大众消费社会的成熟化。在需求领域,一方面,人们的支付能力伴随着经济增长而日益提高,虽然依旧不能解决需求总量低于供给价格总量的问题,但已经具备了在特定产业、特定产品领域进行结构性调整以主动引导供给的能力;另一方面,人们已经不再满足于统一样式与功能的大众化产品所能满足的需要,开始展示需要的异质性特征,选择体现消费个性、满足特定需要的产品。在上述背景下,二战后的市场经济是需求伴随经济增长而走向社会化并开始主动引导供给,供给全面提升并在需求刺激下逐步多样化、个性化、高端化。

这一时期政府的市场管理方式是以凯恩斯主义为主导、主要应用于经济危机阶段的需求管理。这里所谓的需求管理也不是全部有效需求的管理,更不是全部需求管理,只是发生在危机的特定时期、针对公共基础设施等政府可以调控的需求部分的管理。总体上看,通过政府主导的公共投资,刺激市场相关需求以期通过"乘数效应",来缓解危机打击。因此,危机期间的有效需求管理作为一种有效的危机对策而受到决策者的关注,并被延续下来。但事实上,自大众消费社会成熟之后,需求在整个周期里都在蓄积力量来推动供给的改变,而供给管理也在企业层面上借助企业的市场营销渠道来探索需求动向并越来越以市场需求为基准来进行调整和改善。

这种情形的发展,为20世纪90年代以后市场管理方式从需求管理向市场管理的过渡做出了有益的尝试和物质上的积累。

(四) 供给管理时期的市场管理

供给管理是市场管理的更高级阶段,是以满足人们物质精神需要为目的,以市场需求为导向的市场管理方式。长期以来,需求对经济活动的决定性作用,被为资本服务的传统市场经济理论压制,被有限的信息技术掩盖,市场机制被人为地描述成供给决定需求或者供求双方共同决定的过程。但随着生产力的进步和人们消费结构的升级,需求对经济活动的决定性作用在社会主义走向中高级阶段的过程中会逐步显现出来,成为社会主义按需生产的制度设计的物质基础。

供给管理与凯恩斯主义主要用于应对经济危机冲击的有效需求管

理不同。第一，可以广泛适用于经济活动的各个周期阶段。第二，这种精准的供给管理既体现在企业的生产、技术创新、市场营销等经营活动中，也反映在政府的管理职能的进步上。

供给管理的核心不是对生产体系的盲目改造，而是以需求为依据、根据需求的心理预期而进行的有预见、精准的生产体系创新、调整、升级。供给管理方式的产生，需要两个基本前提——社会需求强大到足以展示异质性、超前性的心理预期并迫使供给不得不关注这些需求倾向；信息技术的革命性发展足以支持需求方快速、具体、直接地反映其心理预期。在这两个前提下，直接对应需求、对应需要的供给管理首先在生产力领域引发以企业为主体的市场活动模式变革。

其一，社会需求成长到了超越大众消费阶段，整个社会需求的心理预期不再满足于大批量、等规格、同功能产品的供给，需要的心理预期所具有的个性化、异规格、多功能等异质性乃至其超越现有技术能力的超前特征都开始直接呈现出来。在这一阶段，伴随着经济增长，人们的需求能力也在增加，虽然需求的支付能力在总量上仍然不及市场供给要求的价格总量，不能实现整体上的市场出清，但是大众消费社会已经发展到一定程度，需求在发达和较发达地区市场上已经在特定供给领域蓄积了足够的实力，可以通过对市场供给的挑剔和选择，来体现个体消费者需求心理预期固有的异质性以及超前性。这一倾向在 20 世纪 80 年代末即已出现，但发展缓慢，以需求方的心理预期为直接指导进行的生产活动直到 21 世纪初大数据、互联网技术得以广泛运用之后才得以扩展。其中，服装、日用品、汽车等产业通过柔性生产体系的构建正在积极地向客户定制的智能制造迈进。

其二，现代信息技术的飞跃发展，充分保障和支持了需求方的心理预期可以通过充分有效的技术手段快捷、具体、直接传递到供给方，使之充分了解需求对特定产品从供给总量到产品性能、规格、样式等方面的心理预期，以促使供给方改变生产方案、改革生产技术甚至调整产业体系。自 20 世纪 90 年代以来，IT 革命使互联网迅速覆盖了世界上主要经济体，并不断扩展到全世界。信息技术的这种进步，首先使足够数量的消费者得以利用这一技术来传递、表达心理预期。其次，信息技术进步推动电子商务、物联网、信息服务等产业的发展,直接联系生产与消费双方的信息平台大批出现,便利了消费者对特定产品心理预期信息的传递。最后,供给方的生产体系借助 IT 技术,通过柔性生产体系的建设,得以实现了智能生产,具备了及时反映消费者心理预期调整供给方式的条件。

在上述背景下,需求方的心理预期借助 IT 技术对市场信息传递的便捷化、广泛化、具象化,逐步促成供给方自觉、自发地依据需求的心理预期来形成其自身对供给的心理预期,从而能够实现市场的按需生产。供给方个体根据需求的自主管理,是企业为主体的情况下的自觉行为,由企业个体行为逐步汇总为社会力量,并改变整个经济活动中的市场管理方式。

与此同时,大众消费社会的形成、信息技术的飞跃发展,在高度自觉的社会文明、社会制度下可以进一步形成由政府代行的、以满足社会需求为目标的、动态而精准的供给管理模式。于是,政府主导的市场管理也主动从简单的调动有效需求来应对经济危机转向更高阶段的供给管理——通过对需求心理预期的把握来主动调整供给体系——来管理经济全周期的运行。一方面,努力提高供给方对市场把握的精度,依据社会需求的总量和结构变化来调整社会供给的总量和结构。特别是,在当前大数据、云计算等现代信息技术突飞猛进的背景下,对需求的个性化、高端化、便捷化等结构升级的动态把握将更加便利和准确,使供给更容易适应需求的要求,进而推动供给朝着按需生产的方向发展。另一方面,积极跟进社会需求中对环境保护、资源可持续发展的群体需求,有意识地推动社会供给转向清洁生产、资源节省的方向,保障整个社会经济活动的可持续性。

五、结 论

总之,传统市场原理及其理论内核价格机制存在着严重的逻辑漏洞和历史局限性,已经失去了对经济现实的解释力。我们认为,在现实的不完全竞争市场前提下,市场交易行为的最终决定者是需求,真正决定市场行为、实现资源配置的"看不见的手"是心理预期。正是由于不完全竞争市场的客观存在,市场失衡不可避免,市场的管理也有其客观存在的必然性。当前,供给管理阶段是市场经济管理的高级阶段。

原载于《河南大学学报(社会科学版)》2018 年第 5 期

创业投资合约控制权和融资结构的研究

邢军峰 范从来①

引 言

我国的 GDP 总量达到世界第二后有必要对经济发展方向重新定位,以推动经济大国向经济强国转变,其基本要求是实现经济发展方式的根本性转变,内容之一便是实现科技进步路径的转型,即由引进创新转为自主创新,着力推进创新型经济。② 作为创新型经济的载体——(高)科技企业普遍存在无形资产价值高和创立时间短、创业前景不明朗等特征。创业投资(venture capital,VC)作为一个专业化的金融中介,专门向创业企业投入资金,并提供增值服务。由于不确定性和信息不对称,创业企业家(entrepreneur,EN)在获得资本后可能会追求私人利益而损害创业投资的利益。由于代理人的道德风险(或委托代理)问题在一定程度上阻碍了双方的交易。据王宇伟、范从来的研究,科技企业创业过程中最需要金融支持的中间阶段——种子期和初创期——获得融资比例偏低,各类金融资源更多进入已具备一定产业化规模的创新

---

① 邢军峰(1978—),男,河南平顶山人,南京大学商学院经济学博士生;范从来(1962—),男,江苏南通人,南京大学商学院教授,教育部长江学者特聘教授,博士生导师。
② 洪银兴:《科技创新与创新型经济》,《管理世界》,2011 年第 7 期;洪银兴:《成为世界经济大国后的经济发展方式转型》,《当代经济研究》,2010 年第 12 期。

产业发展后端。① 对处于中间阶段的创新型高科技企业，创业投资仍有很大的发展空间。要推动创业投资更多服务于这类中间阶段的创新型企业，一些必要的改革和创新则是当务之急。

一、文献综述

融资合约该如何设计以激励 EN 采取最优行动，采取何种工具以吸引 VC。围绕这一问题产生了大量的研究成果。早期的研究更多是通过现金流权（cashflow rights）进行激励约束。沿着 Modigliani 和 Miller、Alchian 和 Demsetz 与 Jensen 和 Mecking 这一传统，仅仅根据现金流权利定义一个企业的所有者——现金流的剩余索取者，也就是说通过最优的激励方案以解决代理人的激励问题。② 不同的融资结构对管理层有不同的激励作用，这是比较典型的信息不对称情况下的代理问题。近 20 年来出现了新的思路，即，融入控制权配置（control right sallocation）进行平衡。受 Wil— liamson 关系专用性投资研究的启发，Grossman 和 Hart、Hart 和 Moore 创立不完全合约（incompletecon— tract）理论，指出了所有权（控制权）的重要性。③所有权是用来防止未来被其他交易方套牢（hold—up）的一种保护措施，对于那些没有写入

---

① 王宇伟,范从来:《科技金融的实现方式选择》,《南京社会科学》,2012 年第 10 期；王宇伟,范从来:《南京建设区域金融中心的信息腹地战略》,《南京社会科学》,2011 年第 1 期。

② Modigliani F., Miller M. H., "The cost of capital, corporation finance, and the theory of investment", American Economic Review, 48(1958). Alchian, A. & Demsetz, H., "Production, Information Costs, and Economic Organization", American Economic Review, 62 (1972). Jensen, M. C. & Meckling, W. h., "Theory of the Firm: Managerial behavior, agency costs, and capital structure", Journal of Financial Economics, 3(1976)

③ Williamson, O. E., "Transaction—Cost Economics: The Governance Of Contractual Relations", Journal of Law And Economics, 22(1979). Grossman. S. and Hart. O., "The costs and benefits of ownership: a theory of vertical and lateral integration", Journal of Political Economy, 94(1986). Hart O., Moore J., "Property Rights and Nature of the Firm", Journal of Political Economy, 98(1990).

到初始不完全合约中的交易,在谈判时拥有讨价还价的筹码。之后,Hart 和 Moore、Tirole、Aghionetal、Hart 和 Holmstrom 等又作了进一步拓展,完善了控制权理论。其核心思想是:经营者与投资者之间或不同投资主体之间的关系是动态的。这一关系随着时间推移将出现一些不可测事件,而这在双方初始交易中是不能轻易预测并列入合约条款的,此时谁拥有控制权将至关重要。①

Aghion 和 Bolton 最先将控制权理论引入创业投资的研究(简称 AB 模型),并强调了控制权的重要性。②在 AB 模型中,EN 不仅关注货币收益,还关注私人收益,而 VC 则仅仅关注项目货币收益,因此,两者之间存在不可调和的冲突。为此,他们重点分析两个问题:一是能否通过初始合约安排满足缔约双方的利益诉求?如果可以,那么该如何实现这种融资合约安排?二是若初始合约无法实现投融资双方利益的完美一致,那么,控制权该如何配置以诱导有效率的投资决策?在两状态、两个行动的假设下,他们考察了 EN 控制、VC 控制和相机控制(contingent control)的适用情况。Vauhkonen 指出了 AB 模型中相机控制适用条件的一个缺陷,Bolton 和 Dewatripont 将这一改进加入 AB 模型;③Vauhkonen 把 AB 模型里状态、行动空间各加入一个"过渡"情形,扩展到三状态、三个行动的情境中。可是中间状态是很难衡量的,并且此时要联合控制(joint control)可能和控制权分配思想相悖。④ Gebhard 和

---

① Hart O. J. Moore. "Default and Renegotiation: A Dynamic Model of Debt", Quarterly Journal of Economics, 113(1998). Tirole Jean, "Corporate governance", Econometrica, 69(2001). Aghion P. , Bolton P. , Tirole J. . "Exit options in corporate finance: liquidity versus incentives", Review of Finance, 8(2004). Hart O. , Holmstrom B. , "A theory of firm scope", The Quarterly Journal of Economics, 125 (2010).

② Philippe Aghion and Patrick Bolton, "An Incomplete Contracts Approach to Financial Contracting", The Review of Economic Studies, 59(1992).

③ Vauhkonen Jukka, "An incomplete contracts approach to financial contracting: a comment", Economics Bulletin, 7(2002). Patrick Bolton and Mathias Dewatripont. Contract Theory, Cambridge, Massachusetts: MIT Press, 2005, 525.

④ Vauhkonen, "Financial contracts and contingent control rights". http://www. ssrn. com, 2003 年 5 月 28 日。

Schmidt将控制权配置与金融工具结合起来,探讨了债务、权益和可转换证券等不同类型融资合约下的企业控制权配置属性及其效率对比。模型表明依赖于可转换证券实现的控制权结构严格优于上述任何一种控制权结构。① 实证研究方面最具代表性的是Kaplan和Strömberg,他们利用14家创业投资基金的119家企业共213轮次投资的详尽资料,发现在合约中现金流的获取权与投票权或董事会权利是分离的,并且这些权利状态依赖于可观察的财务和非财务业绩。②

国内研究方面,安实等人最先研究创业投资合约中控制权分配问题。他们运用博弈论方法,建立了一个多目标决策分析模型,分析控制权在VC和EN之间分配的动态博弈过程,并求解了控制权分配的均衡解。③ 李金龙,费方域分析了影响企业控制权配置的重要因素(EN私人收益、创业成功概率和EN声誉等)以及这些因素对控制权分配的影响。④ 燕志雄、费方域在AB模型的基础上,进一步发现金融约束的程度大小决定了项目的均衡控制权安排。⑤ 王培宏,刘卓军分析了多阶段投资时,不同阶段控制权在EN与VC之间的转移范围,并对影响控制权转移区间的主要参数进行了讨论。⑥ 徐细雄等运用实验研究方法检验了企业控制权动态配置对EN的激励作用以及与企业价值之间的

---

① Gebhardt, Georg, Klaus M. Schmidt, Conditional allocation of control rights in venture capital firms, CEPR Discussion Paper, 5758(2006).

② Kaplan S. N., Strömberg P., "Financial contracting theory meets the real world: Evidence from venture capital contracts", Review of Economic Studies, 70 (2003).

③ 安实,王健,何琳:《风险企业控制权分配的博弈过程分析》,《系统工程理论与实践》,2002年第12期;安实,王健,何琳:《风险企业控制权分配模型研究》,《系统工程学报》,2004年第1期。

④ 李金龙,费方域:《风险投资中控制权分配及其影响因素的研究》,《财经研究》,2005年第12期;李金龙,费方域:《不完全合同、退出的激励平衡和控制权转移》,《财经研究》,2006年第7期。

⑤ 燕志雄,费方域:《企业融资中的控制权安排与企业家的激励》,《经济研究》,2007年第2期。

⑥ 王培宏、刘卓军:《多阶段风险投资过程中控制权转移范围研究》,《中国管理科学》,2008年第6期。

关系。① 郭文新,曾勇分析了创业企业的资本结构,认为仅在某个利润水平之上 EN 才能获得普通股,而 VC 持有可转换优先股。② 王声凑,曾勇揭示控制权在不同阶段的转移过程及其影响因素,研究结果表明,VC 在业绩较好和不确定下降时将向 EN 释放控制权。王声凑、曾勇还证明了可转换证券在缓解双方利益冲突方面的优势,并且解释了创业企业经常出现的现金流权和控制权不一致的现象。③ 殷林森通过引入私人收益,并通过控制私人收益来间接激励双方,以实现降低或减缓道德风险的目的。④ 李建军、费方域、郑忠良对比分析了债权、股权和可转换证券的控制效率,可转换优先股使得 VC 事后实施社会有效的控制强度。这表明在创业投资中,可转换优先股分配的现金索取权是 VC 事前取得控制权的有效实施机制。⑤ 吴斌等分析了控制权在双方相机转移情况下可转换证券的激励功能,并借此给出了提供激励的几种可能方法。⑥

由此可见,国内外的相关研究注意到创业投资合约中控制权的重要性。因为可转换证券等融资工具在现金流分配和控制权相机转移方面的优势,大量的文献集中关注可转换证券的激励作用和转换机制,可能忽视了有效的控制权分配其实内生决定了对应的融资结构,更容易忽视的是融资额的大小可能决定了控制权分配和融资结构。本文就

---

① 徐细雄等:《企业控制权动态配置的内在机理及其治理效应——实验的证据》,《经济科学》,2008 年第 4 期。
② 郭文新、曾勇:《双边道德风险与风险投资的资本结构》,《管理科学学报》,2009 年第 6 期。
③ 王声凑、曾勇:《风险企业中的控制权与可转换证券研究》,《系统工程学报》,2010 年第 4 期;王声凑、曾勇:《现金流权不一致、利益冲突与控制权阶段转移》,《管理科学学报》,2010 年第 9 期。
④ 殷林森:《双边道德风险、股权契约安排与相机谈判契约》,《管理评论》,2010 年第 8 期。
⑤ 李建军,费方域,郑忠良:《基于风险资本控制权实施的融资工具选择研究》,《管理科学学报》,2010 年第 2 期。
⑥ 吴斌等:《双边道德风险与风险投资企业可转换债券设计》,《管理科学学报》,2012 年第 1 期。

这些易忽视的方面做出探索性的解释。

二、相关假设

考虑一个简单的融资问题，一个身无分文的 EN 为发起事业需启动资金 K，向一个富裕的 VC 进行融资。为简单起见，我们假设有很多富有的 VC 寻找良好的投资机会，而良好的项目较少，所以，模型中的 EN 具有议价能力，可以发出一个接受或拒绝（take—it—or— leave—it）的要约。如果合约承诺 VC 的预期回报至少为 K，则 VC 愿意接受该合约，这定义了 VC 的个体理性约束。这个项目的技术特性描述在图 1 中。

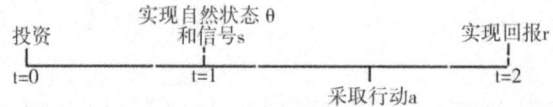

图 1　项目的时间路线

因此，该项目的回报是随机的，并依赖于实现的状态 θ——来源于可能的状态集合 Θ，及一个行动 a——来源于行动可行集 A。缔约双方在收入方面均是风险中性的，他们的效用函数定义为 $U_{EN}(r,a)$ 和 $U_{VC}(r,a)$，假设为如下简单形式：

UEN (r,a)＝r＋h(θ,a)　UVC (r,a)＝r VC 只关心该项目的货币回报，EN 不仅关心货币的回报，也关心其他无形的东西，如信誉、特定的人力资本、个人满足感等，这些非货币性的收益依赖于在自然状态下的行动选择，用 h(θ,a) 表示（h(θ,a) 可以是正的或负的），称其为 EN 的私人利益，私人利益是不可观察或由第三方可证实的。显然，缔约双方有关行动的选择可能产生潜在的利益冲突。可能出现如下情况，EN 有时采取没有最大化货币回报的行动。

因为大部分的投资项目相当的复杂，缔约各方指定事前的对应行动 a：$\Theta \to A$，是不可能的，①即使能够做到这样的对应 $a(\theta)$，可能也是事后难以执行的。因此，双方必须找到另外的方式——比如，未来行动的决策权部分或全部委托给一方或另一方，并附带货币激励计划，以实现最想要的行动计划 $a(\theta)$。也就是说谁拥有控制权——谁做出关键性决策——成为融资合约的一个重要维度。这里采用 Grossman 和 Hart、Aghion 和 Bolton、Bolton 和 Dewatripont 的假定②：合约双方能够完美识别何种状态 θ 发生，但合约不是直接依据状态 θ 而是依据公开的信号 s 而定，而信号 s 不完美（imperfectly）和状态 θ 相关。信号 s——可以有多种解释，比如短期绩效变量（利润），或者违约（不违约）——在时期 1 才能识别。最后，我们假设所有的货币回报是可证实的，EN 开始时财富为零，EN 的事后财富不能为负数。

为方便解释，简化假设如下：

(1) 自然只有两种状态：$\Theta = \{\theta_G, \theta_B\}$，$\theta_G$，$\theta_B$ 分别代表"好状态"和"坏状态"。"好状态"的事前概率为 $Prob(\theta = \theta_G) = q \in [0,1]$。

(2) 行动集中只有两个行动，即 $A = \{a_C, a_L\}$，a_C，a_L 分别代表继续（continuation）和清算（liquidation）。

(3) 时期结束，只有两种可能的回报：$r \in \{0,1\}$，同时定义 y^i 代表在状态 θ_i 采取行动 a 的期望收益：

$$y^i = E(r|\theta = \theta_i, a = a_j)$$
$$\equiv Prob(r=1|\theta=\theta_i, a=a_j)$$

同样用 h^i 代表在状态 θ_i 采取行动 a 的 EN 的私人收益。

(4) 时期 1 的信号仅有两种可能，$s \in \{s_G, s_B\}$，且：

$$p^G = Prob(s=s_G|\theta=\theta_G) > \frac{1}{2}$$

---

① 但也有例外，重要的行动比如合并、接管、分拆、清算或继续可以在合同中策略性地描述。

② Grossman. S., Hart. O., "The costs and benefits of ownership: a theory of vertical and lateral integration", Journal of Political Economy, 94(1986). PhilippeAghion and Patrick Bolton, "An Incomplete Contracts Approach to Financial Contracting", The Review of Economic Studies, 59(1992). Patrick Bolton, Mathias Dewatripont, Contract Theory, Cambridge, Massachusetts: MITPress, 2005, 543.

$$p^B = Prob(s=s_B|\theta=\theta_B) > \frac{1}{2}$$

事实上,距离 d = (|1−pG|+|1−pB|)可以度量事前合约的不完全程度。①

为使问题有实际意义,所采取的行动必须随着自然状态而改变。在好的状态,继续是更有效率的;在坏的状态,清算是更优的,所以有:

$$y_C^G + h_C^G > y_L^G + h_L^G$$
$$y_L^B + h_L^B > y_C^B + h_C^B$$

同时,该项目必须产生足够高的预期回报,保证 VC 愿意提供资金,于是有:

$$qy_C^G + (1-q)y_L^B > K$$

否则,最优行动将是不可行的。

事前合约还必须明确如下规则:

(1)VC 的补偿计划:

在未来的行动不可证实的情况下,由于合约依赖于信号——而不是状态,及第二期的回报,所以补偿计划为 $t(s,r)$,因为只有两种可能的回报 $r \in \{0,1\}$,及 EN 零财富约束的情况下,这里只考虑小于等于 r1 的线性偿付:$t(s,r)=tsr+ks \leq r$。

(2)控制权分配规则:

这里要区分单边控制权(unilateral control,指一方拥有完全控制权)分配和联合控制权分配。单边控制中最一般的情形是:$(\alpha B;\alpha G) \in [0,1]2$,其中 αs 表示在获悉信号 s 后,VC 获得行动决策权的概率。对应的$(1-\alpha s)$表示 EN 获得行动决策权的概率。联合所有权分配的情形是:$(\mu IB;\mu IG) \in [0,1]2$ 及$(\mu EB;\mu E G) \in [0,1]2$,其中对一些 $s \in$

---

① 在 Bolton 和 Dewatripont 的书中,采用 d=|1−pG|+|0−pB|这一形式,参见:Patrick Bolton & Mathias Dewatripont. Contract Theory, Cambridge, Massachusetts:MIT Press,2005,546.

$\{s_G, s_B\}$ 有 $\mu_S^I + \mu_S^E > 1$①。μ_S^I 和 μ_S^E 分别代表在获悉信号 s 下 VC 和 EN 获得行动决策权的概率。若缔约双方同时获得行动决策权,则将来的行动必须获得一致同意。如果双方出现分歧,则企业陷入停滞,双方均获得零收益。联合控制下,关于行动的谈判博弈如下:

我们假设,EN 向 VC 发出"接受"或"拒绝"的合约。如果 VC 接受 EN 的行动选择,则也是企业的行动选择。如果 VC 拒绝,企业陷入停滞,双方均获得零收益。这里的事后再谈判博弈近似 EN 机会主义的极端情况。

显然,一个典型的合约将明确一个控制权分配规则或行动计划,但二者不能同时确定。因为事前的行动计划覆盖控制权分配的目的:如果一切预定,控制将变得毫无意义。

当初始合约是不完全的,那么缔约双方在获悉真实状态后希望重新谈判的概率可能上升。我们假设一旦状态 θ 暴露给双方,EN 可以据此提供"接受"或"拒绝"的新合约给 VC。如果 VC 接受新合约,旧合约作废并执行新合约;如果 VC 拒绝新合约,旧合约得到执行。当然,VC 接受新的合约,当且仅当和旧合约相比,新合约不会让他变差。

三、最优控制权分配分析

本文不考虑行动可证实的情况,正因为行动不可证实,才出现了代理问题。在行动不可证实时,控制权分配大致有这么几种情况:单边控制、相机控制②和联合控制。下面,分别讨论每种形式的效率条件和可行性。

---

① 如果对所有 $s \in \{s_G, s_B\}$,均有 $\mu I s = 1 - \mu E S$,那么对将来行动的决策权将是排他的。换句话说,这等同于单边控制。共同所有——而不是指互补的可能性,缔约双方同时被授予未来行动的决策权,这样一种可能性要求:对一些 s,有:$\mu I s + \mu E s > 1$。

② 相机控制(contingent control)又分为状态依存(state-contingent)和信号依存(signal-contingent)两种控制权分配。后面会进一步论述。

(一) EN 控制

在 EN 控制下,被选择的行动最大化自身的收益:
$$a_E^i = \arg\max_{a^s}\{y_j^i(1-t_s)-k_s+h_j^i\}$$

其中 $i\in\{G,B\}$ 指自然状态 θi, $s\in\{G,B\}$ 指信号, $j\in\{C,L\}$ 指被选择的行动。

EN 在什么情况下,会采取事后有效率的行动呢?我们分几种情况进行讨论:当 $\theta=\theta_G$, $s=s_G$ 时,若:
$$y_C^G(1-t_G)-k_G+h_C^G \geqslant y_L^G(1-t_G)-k_G+h$$
即: $y_C^G(1-t_G)+h_C^G \geqslant y_L^G(1-t_G)+h_L^G$

此时 EN 会采取事后有效率的行动继续。同理,其他三种情况下,事后有效率的行动要求:

$\theta=\theta_G$, $s=s_B$ 时, $y_C^G(1-t_B)+h_C^G \geqslant y_L^G(1-tB)+h_L^G$,采取行动 a_C

$\theta=\theta_B$, $s=s_G$ 时, $y_L^B(1-t_G)+h_L^B \geqslant y_C^B(1-t_G)+h_C^B$,采取行动 a_L

$\theta=\theta_B$, $s=s_B$ 时, $y_L^B(1-t_B)+h_L^B \geqslant y_C^B(1-t_B)+h_C^B$,采取行动 a_L

满足以上四个不等式的充分条件是,EN 的私人收益 h_j^i 要和社会总收益 $(y_j^i+h_j^i)$ 保持同单调性,简单说就是要求: $h_C^G>h_L^G$ 和 $h_L^B>h_C^B$。① 因此,可以说,在同单调性满足时,EN 控制总是有效率的,初始合约能够得到执行并且 VC 利益也得到初始合约的保护。

同单调性不能满足时,比如 $h_C^G<h_L^G$,又怎样呢?比如当 $\theta=\theta_G$, $s=s_B$ 时,可能有 $y_C^G(1-t_B)+h_C^G \leqslant y_L^G(1-t_B)+h_L^G$,初始合约会诱使 EN 采取事后非效率的行动清算。这时,缔约双方将再谈判这份合约。EN 向 VC 提供一份新合约——采取行动继续:新增的转移支付 $y_C^G+h_C^G-(y_L^G+h_L^G)-y_L^G t_B$ 全部归 EN,VC 的收益等于在初始合约下选择行动清算的收益。VC 在交易中选择继续而不是清算。这份再谈判报价允许

---

① 在 $\theta=\theta_G$ 时,我们已有: $y_C^G+h_C^G>y_L^G+h_L^G$,即 $y_C^G-h_C^G+y_C^G-h_L^G>0$。若 $h_C^G>y_L^G$,则必有 $(y_C^G-y_L^G)(1-t_s)+h_C^G-h_L^G>0$,即: $y_C^G(1-t_s)+h_C^G \geqslant y_L^G(1-t_s)+h_L^G$。同理, $y_L^B(1-t_s)+h_L^B \geqslant y_C^B(1-t_s)+h_C^B$。

EN 获得再谈判的全部收益: $y_C^G + h_C^G - (y_L^G + h_L^G)$, 其收益得到严格改善: $y_C^G - y_L^G t_B + h_C^G > y_L^G (1 - t_B) + h_L^G$, 因为有 $y_C^G + h_C^G > y_L^G + h_L^G$。

由上面的分析可知,EN 控制总是能够实现有效率的结果(有可能在再谈判之后)。这里的前提是,VC 有无限的财富,他总能够"贿赂" EN 采取事后有效率的行动。EN 控制下的投资效率没有问题,但 VC 可能得不到充分的保护。其原因在于,即使 EN 采取有效率的行动,VC 也分享不到再谈判的收益。VC 何时得不到充分的保护呢？假定 $h_C^G > h_L^G$ 但 $h_L^B < h_C^B$:在 $\theta = \theta_G$ 时,EN 会采取有效率的行动继续;在 $\theta = \theta_B$ 时,EN 则选择无效率的行动继续,VC 受损。缔约双方有三种合约策略,诱使 EN 在 $\theta = \theta_B$ 时选择清算。

1. 事后再谈判合约

在这种情况下,一份向 VC 提供最高回报的合约是指 VC 获得所有的未来收益:$t_s = 1$ 和 $k_s = 0$(对于 $s = s_G, s_B$)的合约,这是一个基于信号发送的混同均衡。VC 的事前期望收益为:

$$\Pi_R = q[p_G y_C^G + (1 - p^G) y_C^G]$$
$$+ (1 - q)[p^B y_C^B + (1 - p^B) y_C^B]$$
$$= q y_C^G + (1 - q) y_C^B$$

由上式可知,VC 的收益不会多于 Π_R,因为在坏状态时的再谈判不会给他带来任何改善。对应地,EN 期望收益为:$\Pi_R = q h_C^G + (1 - q)(y_L^B - y_C^B + h_L^B)$。

2. 防止再谈判合约

这份防再谈判的合约使 EN 在坏状态时选择清算,并保持恰当的激励,同时,也给予 VC 最高的回报。可以预期,再谈判就发生在 $\theta = \theta_B$ 时,若此时清算弱优于继续,即:

$y_L^B (1 - t_s) - k_s + h_L^B \geqslant y_C^B (1 - t_s) - k_s + h_C^B$,则有:

$(1 - t_s)(y_L^B - y_C^B) \geqslant h_C^B - h_L^B$,即:

$$t_s \leqslant \frac{y_L^B + h_L^B - (y_C^B + h_C^B)}{y_L^B - y_C^B} = \frac{\Delta^B}{\Delta_y^B}$$

其中,$\Delta^B \equiv y_L^B + h_L^B - (y_C^B + h_C^B)$ 表示坏状态时清算和继续之间的总收益之差,$\Delta_y^B \equiv y_L^B - y_C^B$ 表示坏状态时清算和继续之间的货币收益之

差。则这份防再谈判合约为：

对于 $s=s_G,s_B,t_s=\dfrac{\Delta^B}{\Delta^B_y},k_s=0$。

这是一个基于信号发送的混同均衡。此时，VC 的事前期望收益为：

$$\prod\nolimits_{NR}=[qy_C^G+(1-q)y_L^B]t_s$$
$$=[qy_C^G+(1-q)y_L^B]\dfrac{\Delta^B}{\Delta^B_y}$$

对应地，EN 期望收益为：

$$\pi_{NR}=q[y_C^G(1-\dfrac{\Delta^B}{\Delta^B_y})+h_C^G]+(1-q)[y_L^B(1-\dfrac{\Delta^B}{\Delta^B_y})+h_L^B]$$

为了避免再谈判，VC 必须放弃一个非常大的货币收益，这样的让步在好状态时是不必要的。如果只在坏状态时放弃这样一个货币收益，VC 可以获得改善。也就是说，防再谈判合约并没有给予 VC 最好的保护。

3. 部分地防再谈判合约

接上面的分析，好状态时，不必让步，仅在坏状态时做出让步，防止再谈判。这样一份合约为：

$t_G=1,t_B=\dfrac{\Delta^B}{\Delta^B_y}$（对于 $s=s_G,s_B,k_s=0$）

这是一个基于信号发送的分离均衡。在这份合约下，VC 的事前期望收益为：

$$\prod\nolimits_{PR}=q[p^Gy_C^G+(1-p^G)y_C^G\dfrac{\Delta^B}{\Delta^B_y}]$$
$$+(1-q)[p^By_L^B\dfrac{\Delta^B}{\Delta^B_y}+(1-p^B)y_C^B]$$

对应地，EN 期望收益为：

$$\pi_{NR}=q\{p^Gh_C^G+(1-p^G)[y_C^G(1-\dfrac{\Delta^B}{\Delta^B_y})+h_C^G]\}$$
$$+(1-q)\{p^B[y_L^B(1-\dfrac{\Delta^B}{\Delta^B_y})+h_L^B]+(1-p^B)h_C^B\}$$

可以说，无论 EN 的私人利益与总收益是否同单调，EN 控制总能导致一个有效率的投资。不过,还要看是否可行:如果 $\max\{\Pi_R,\Pi_{NR},\Pi_{PR}\}>K$,即 K 较小时,EN 控制是可行的;如果 $\max\{\Pi_R,\Pi_{NR},\Pi_{PR}\}<K$,这样三份合约都没有给 VC 提供足够的保护,进一步说 EN 控制是不可行的。

(二) VC 控制

如果 VC 拥有控制权,那么这份合约能够保证选择货币回报最大化的行动,同时又无须贿赂 EN。控制权给予了 VC 更多的保护,并保证了他将进行创业投资。VC 的事后收益为 $(y_j^i t_s + k_s)$,因此,当且仅当 $t_s \geqslant 0$ 时,他将选择最大化 y_j^i 的行动。为使问题有意义,下面的分析只考虑 $t_s \geqslant 0$,VC 有激励选择最大期望收益 y_j^i 的行动。

VC 仅仅最大化货币回报而不是整个的回报,他未必总是选择一个事后有效率的行动。比如在好状态时,若 $y_C^G < y_L^G$,那么即使继续是事后有效率的,VC 也更可能选择清算,这种情况不是不可能的。现实中,不乏 EN 和经理抱怨 VC 的过度短视——他们没有给企业持续经营的潜力以正确的评价。如果初始合约诱使 VC 选择一个事后无效率的行动,那么 EN 能否贿赂 VC 通过再谈判诱使一个有效率的行动选择呢?很遗憾,EN 是零财富约束的。如果 $y_C^G(1-t_s) - k_s < t_s(y_L^G - y_C^G)$ 成立,EN 也没有足够的金融资源贿赂 VC 选择继续而非清算。不等式的左边表示好状态时在再谈判行动选择继续时 EN 可抵押的总财富,不等式右边表示 VC 从清算转换到选择继续所需要的最低贿赂。

于是,只有当:

$$y_C^G(1-t_s) - k_s \geqslant t_s(y_L^G - y_C^G),即:$$

$$t_s \leqslant \frac{y_C^G - k_s}{y_L^G}时,$$

VC 控制下的事后效率才有保证。取

$$t_s = \frac{y_C^G - k_s}{y_L^G}$$

VC 的事前期望收益(考虑到接受贿赂)为:

$$\prod_{VC} = q[p^G y_C^G + (1-p^G) y_C^G]$$

$$+(1-q)\{p^B[y_L^B\frac{y_C^G-k_B}{y_L^G}+k_B]$$

$$+(1-p^B)[y_L^B\frac{y_C^G-k_G}{y_L^G}+k_G]\}$$

如果在坏状态时的清算价值比在好状态时的更低,即 $y_L^B < y_L^G$,这一假定似乎是合理的。在这一假定下,VC 的事前期望收益对于 k_G,k_B 的一阶导数分别为:

$$(1-q)(1-p^B)\frac{y_L^G-y_L^B}{y_L^G}>0$$

$$p^B(1-q)\frac{y_L^G-y_L^B}{y_L^G}>0$$

因此,在 VC 控制下,事前期望收益对 k_G,k_B 是单调递增的。为保证事后的效率,最优的补偿计划将最大化 k_s,其约束条件为 $t_s \geqslant 0$ 和 $k_s \leqslant 0$,$k_s \leqslant 0$ 的约束是当 $r=0$ 时 EN 的事后财富约束。所以,在 $y_L^B \leqslant y_L^G$ 时,事后有效率的补偿合约要求:

$$t_s=\frac{y_C^G}{y_L^G},ks=0$$

这是一个基于信号发送的混同均衡。VC 的事前期望收益简化为:

$$\Pi_{VC}=qy_C^G+(1-q)y_L^B\frac{y_C^G}{y_L^G}$$

$$=[qy_L^G+(1-q)y_L^B]\frac{y_C^G}{y_L^G}$$

容易看出,在 VC 控制下最优的事后有效率的补偿合约是一份股份为 y_C^G/y_L^G 的股权合约。

然而,即便事后最有效率的合约也不可能提供给 VC 一个足够的回报,收回投资的成本 K,因为,Π_{VC} 未必大于 K。在这种情况下,合约双方可能被迫签订一份事后无效率的合约——在好状态时,若 $y_C^G < y_L^G$ 时,VC 选择清算而不是继续。如果一份合约 $t_s \leqslant y_C^G/y_L^G$,对于 $s=s_G$,s_B 的混同均衡是不可行的,那么,剩下的一份最好的合约是 $t_G=y_C^G/y_L^G$ 和 $t_B=1$。在好状态时,若信号 $s=s_G$ 实现,这份合约诱使一个事后有效率的行动;若信号 $s=s_B$ 实现时,该合约诱使一个无效率的行动。在

这份合约下 VC 的事前期望收益为：

$$\widetilde{\Pi}_{VC} = q[p^G y_C^G + (1-p^G) y_L^G]$$
$$+ (1-q)[p^B y_L^B + (1-p^B) y_L^B \frac{y_C^G}{y_L^G}]$$

对应的，EN 期望收益为：
$$\pi_{EN} = q[p^G h_C^G + (1-p^G) h_L^G]$$
$$+ (1-q)\{p^B h_L^B + (1-p^B)[y_L^B(1-\frac{y_C^G}{y_L^G}) + h_L^B]\}$$

将好状态的事后无效率最大化——好状态时一定清算，并取 $t_G = t_B = 1$，此时 VC 可以获得最高的期望收益：

$$\widetilde{\Pi}_{VC} = q y_L^G + (1-q) y_L^B$$

因为有：
$$\widetilde{\Pi}_{VC} = q y_L^G + (1-q) y_L^B >$$
$$q y_L^G + (1-q) y_L^B > K$$

尽管该合约是高度无效率的，但它总是可行的。

(三) 相机控制

由前面的分析可知，EN 控制总是有效率的，但可能是不可行的；而 VC 控制总是可行的，但可能是无效率的。状态依存的控制权配置又是不可行的。①现在我们考虑另一种控制权安排——信号依存控制：当 s_G 实现时，控制权分配给 EN；当 s_B 实现时，控制权分配给 VC。下面考虑这个信号依存控制（后面就用相机控制代替这一表述）。

不失一般性，假定 $t_s = 1, k_s = 0$ 对于 $s = s_G, s_B$。因此，在相机控制

---

① 将来的状态无法一一列举，合同很难依据未来的状态而订立。现在假定只有两种状态，状态依存的控制权分配是可行的。如果潜在的现金流和 EN 私人收益满足假定 $y_L^G > y_C^G$ 和 $h_L^B < h_C^B$，结果 EN 和 VC 在两种自然状态下有目标冲突：EN 总是赞成继续，而 VC 总是赞成清算。继续仅仅在好状态是有效率的，因此，一个有效率的状态依存控制权配置将是在好状态时给 EN 控制，而在坏状态时给 VC 控制。这样的控制权分配等价于债务融资合约的分配。

时,VC 和 EN 的期望收益分别为①:

$$\Pi_{SC} = q[p^G y_C^G + (1-p^G) y_L^G]$$
$$+ (1-q)[p^B y_L^B + (1-p^B) y_C^B]$$
$$\pi_{SC} = q[p^G h_C^G + (1-p^G) h_L^G]$$
$$+ (1-q)[p^B h_L^B + (1-p^B)$$
$$(y_L^B - y_C^B + h_L^B)]$$

比较相机控制和 VC 控制时,各方收益情况,在 VC 控制下($t_G = y_C^G/y_L^G, t_B = 1$),对比情况如表 1。

由此可得如下结论:若 $y_C^B/y_L^B < y_C^G/y_L^G$ 且在 VC 控制和相机控制可行时,相机控制是 EN 偏好的选择;若 $y_C^B/y_L^B > y_C^G/y_L^G$ 时,且 EN 控制和 VC 控制都是不可行的,相机控制是一个均衡结果。在相机控制配置下 K 值较大的投资是可行的,而在 VC 控制配置下($t_G = y_C^G/y_L^G, t_B = 1$)则是难以实现的。

表 1 VC 控制和相机控制的对比

条件	EN	VC
y_C^B/y_L^B $< y_C^G/y_L^G$	$\pi_{SC} > \tilde{\pi} EN$,偏好相机控制	$\Pi_{SC} < \tilde{\Pi} VC$,偏好 VC 控制
y_C^B/y_L^B $> y_C^G/y_L^G$	$\pi_{SC} < \tilde{\pi} EN$,偏好 VC 控制	$\Pi_{SC} > \Pi_{VC}$,偏好相机控制

比较相机控制和 EN 控制时,VC 和 EN 的收益状况。随着 $p^G \to 1$ 和 $p^B \to 1$,不完全合约逼近完全合约时,我们有表 2:

---

① 这里分别考虑四种情况下的期望收益:(θ_G, s_G)、(θ_G, s_B)、(θ_B, s_B) 和 (θ_B, s_G)。当 (θ_B, s_G) 实现时(概率为 $(1-p)(1-p^B)$),EN 拥有控制权,在不存在再谈判时,威胁选择一个无效率的行动继续,并获得一个再谈判租金 $(y_L^B - y_C^B)$。因此,VC 和 EN 的事后收益分别为 y_C^B 和 $(y_L^B - y_C^B + h_L^B)$。其他情况不再一一列举。

表 2　相机控制和 EN 控制

条件	EN	VC
$p^G \to 1$	$\pi_{SC} \to qh_C^G + (1-q)$ $h_L^B < \min\{\pi_R, \pi_{NR}, \pi_{PR}\}$	$\Pi_{SC} \to qy_C^G$ $+(1-q)y_L^B$ $> \max\{\Pi_R, \Pi_{NR}, \Pi_{PR}\}$
$p^B \to 1$	偏爱 EN 控制	偏爱相机控制

随着 $p^G \to 1$ 和 $p^B \to 1$，EN 更偏爱自己控制，但未必是可行的，前面已有分析；而 VC 则偏爱相机控制，若 K 满足：$\Pi_{SC} > K > \max\{\Pi_R, \Pi_{NR}, \Pi_{PR}\}$，则 K 值较大的投资是可行的。

（四）联合控制

单边控制及相机控制始终占优于联合控制。原因在于，联合控制加剧了事后套牢的程度，以至于双方可以随时威胁要否决任何行动选择，从而迫使该公司陷入停滞。因此联合控制下的事后再谈判租金通常比任何其他控制权分配情形下要大。鉴于前面的假设：EN 拥有议价能力，所有这些租金流向 EN，VC 的预期回报率是零。因此，完全的联合控制无论如何都是不可行的。至于 $(\mu_S^I; \mu_S^E) \in (0,1)$ 2 部分联合控制也（弱）劣于 EN 完全控制，因为在这些情形中，两个控制分配规则下均衡的行动是一样的，但后者的租金要小得多。

这里，联合控制低效的原因还在于双方的信息不对称：VC 出钱，而 EN 经营。在较对称的情形下，每个代理人的出资额接近，并且均参与企业经营，当然各自均获得私人收益，这时联合控制也许是最有效的。在这种情形下，每个代理人的议价能力及获益份额大体平等。这或许是合伙制安排在专业活动中流行的一个重要原因。

我们已经讨论了 EN 控制、VC 控制、相机控制和联合控制。总结以上讨论，有下面的结论：

当货币收益与 EN 的私人收益和社会价值均没有同单调性时：(1) EN 控制是有效率的，但仅仅在 K 较小时是可行的；(2) VC 控制总是可行的，但不是最有效率的；(3) 当 $y_C^B/y_L^B < y_C^G/y_L^G$ 时或当 $y_C^B/y_L^B > y_C^G/y_L^G$

和 $K > \bar{\Pi}_{VC}$ 时,缔约的结果是相机控制;(4)单边控制及相机控制始终占优于联合控制。

四、结论和不足之处

由于合约不完全和财富约束,并非所有潜在的缔约双方之间的利益冲突,都可以通过事前合约解决。因此,在事前合约中重要的是谁控制公司。有效的控制权分配或治理结构,随着不同的利益诉求而改变,还因状态的识别和发送的信号而改变。为此,有如下结论:

1.有效的治理结构和公司融资工具的选择是密切相关的。若 VC 完全控制是最佳时,该公司应向 VC 发行投票权的股票。由于 VC 付出整个项目的资金,得到了大部分或全部的股份,因而获得该公司的完全控制权。这等价于另一种安排:EN 成为 VC 的雇员。如果 EN 充分控制是最好的,公司应发行无投票权股份(优先股)。如果联合所有权是最有效的安排,缔约双方应该通过建立合伙或信托筹集必要的资金,通过一致同意的决定进行管理。如果依赖于信号 s 的相机控制是有效的,那么必须考虑其他金融工具,比如普通债务、可转换证券(可转换债券、认股权证、可转换优先股等)。

2.融资额 K 的大小,影响到融资工具的选择和治理结构。如果融资额 K 较小时,EN 控制,如果可行,它将是最好的,公司可通过发行无投票权的股权融资;如果融资额较大时,EN 控制不能充分保护 VC 的要求权,缔约双方转向相机控制,公司可发行一些可转换证券或发行债券融资;如果融资额 K 更大时,VC 则希望充分控制,公司可发行有投票权的股票筹集全部资金。由此,根据 K 由小到大的顺序得到如下融资顺序:首先尝试无投票权的股权;其次,尝试发行可转换证券或者债券;最后,发行有投票权的股票筹集全部资金。这一点与 Hellmann、郭文新,曾勇,吴斌等的发现一致。①

3. 实现相机控制的融资工具。债务融资是一种自然的实施相机控制的方式。EN 保留控制权的可能性以能否满足债务义务而定。如果第一期的信号代表违约(履约)事件,若 EN 履约则得到控制权;否则,VC 得到控制权。债务融资确有其良好性质,其价值源自它诱导的控制权分配。它允许 EN 收获一些私人利益,同时给 VC 提供足够的保护。当 $s=s_B$ 时 VC 获得控制权,债务合约可以限制 EN 通过再谈判提取租金的能力,而 $s=s_G$ 时,VC 并不能防止 EN 获得更大份额的私人利益。可转换证券也可以实现相机控制,不同于债券的是:如果第一期的收入为零,有效的控制分配给 EN,而在回报率高的时候分配给 VC。可转换证券是一种为创业企业筹集资金的流行方式,它既可以让 VC 分享公司的投资所产生的潜在高回报,又可能使 VC 接管企业,这一点已经得到了实证研究的支持。

理论上讲,促进 VC 向创业企业投资的合约和融资工具可以解决缔约双方的分歧,可是在中国当下的环境里适用性却大打折扣:根据《公司法》和《证券法》的相关规定,创业企业(中小企业)没有发行可转换证券的资格,他们只能靠债务筹集资金,这就限制了创业企业对创业投资的吸引力。这也许印证了王宇伟、范从来发现的事实。② 因此工具创新及相应制度创新就显得异常重要。

缺陷和不足:为方便表述融资结构和治理结构的充要条件,假定模型里只有两种状态、两个行动。这样的设置可能排除了其他潜在的可能高效的治理结构安排,比如,在一个更一般的情景,EN 在大部分行动下具有完全控制权限,而 VC 有选择(或排除)执行某些行动的选择。

---

① Hellmann T., Puri M.,"Venture capital and the professionalization of start-up firms: Empirical evidence", Journal of Finance,57(2002). 郭文新、曾勇:《双边道德风险与风险投资的资本结构》,《管理科学学报》,2009 年第 6 期,吴斌等:《双边道德风险与风险投资企业可转换债券设计》,《管理科学学报》,2012 年第 1 期。

② 王宇伟,范从来:《科技金融的实现方式选择》,《南京社会科学》,2012 年第 10 期;王宇伟,范从来:《南京建设区域金融中心的信息腹地战略》,《南京社会科学》,2011 年第 1 期。

文中对控制权的分配要么无要么有这种{0,1}分配,可能和现实有一定差距。另外,模型里没有引入双方的努力,在隐藏行动的情况下,双方都有可能搭便车,即双边道德风险。这些正是下一步研究的方向。

(中南财经政法大学金融学院专业程炎培参加了课题的部分研究工作)

原载于《河南大学学报(社会科学版)》2014年第6期

国际陆港联动发展研究

苟辰楠　丁　程①

经济全球化是生产要素的全球配置与重组,它以贸易、金融及生产趋向全球化为主要内容,其根本目的是谋求最佳的国际生产分工,出发点是使每个成员都能获得比单一生产时更大的利益。近年来,随着经济全球化的发展,关税壁垒不再成为国际贸易的主要障碍,其他非关税壁垒对国际贸易的作用日渐突出。其中,是否拥有完善的物流网络及高水平的现代物流服务以支持建造服务于跨国企业的现代物流平台,对于一个国家(地区),尤其是发展中国家,提高其经济运行效率和质量,改善投资环境,吸引外资将起到至关重要的推动作用。

跨国公司为了充分发挥竞争优势,必须在全球范围内配置及利用资源,如何在全球范围内将半成品、产成品从多个生产地点向再生产、消费地点以最低成本运输,是每一个企业,尤其是跨国企业极其关注的问题。高效率的现代国际综合物流服务是企业控制成本,成功实现全球经营的关键因素之一。我国中西部地区能源、资源丰富,具有较强的劳动力成本优势、科技优势、政策优势,同时,铁路、公路网等交通基础设施也日益完善,因此,中西部地区发展对外贸易既有利于跨国企业生产分工细化,实现资源的最优配置,也有利于提高我国在国际分工中的地位。然而,由于体制及地理位置的原因,我国中西部地区与沿海地区在援引外资与对外进出口等方面都存在着很大的差距。究其原因主要是由于内陆地区国际物流功能的缺失,集中表现为内陆地区企业在开

---

① 苟辰楠(1988—),女,陕西西安人,长安大学经济与管理学院博士生;丁程(1985—),男,陕西西安人,长安大学经济与管理学院博士生。

展外贸活动过程中,由于现代物流体系的不完善直接导致其运作成本居高不下。

国际陆港的出现在一定程度上解决了内陆地区发展外向型经济的瓶颈问题,使内陆地区与国际接轨,带动了内陆地区经济的发展。在我国中西部地区规划建立国际陆港,可加速东西部地区经济贸易合作一体化进程。在国际陆港的建设与运营过程中,如何选择合作海港,并实现二者的联动发展,为内陆地区提供低成本且高效便捷的外贸物流服务,既是国际陆港发展的关键环节,也是本文研究的重点问题。

一、研究综述

(一)研究现状

2001年,席平根据西安国际贸易的发展需要,提出"国际陆港"的概念:为适应国际贸易发展的需要,依照有关条约或法令在内陆地区设立对外开放的陆港,使其成为内陆交通运输直接通往国际港口的枢纽。① 基于此,他进一步分析了建设陆港的意义、作用、运作模式和发展战略,并提出在西安建设国际陆港的建议。光一认为,无水港大大缩短了内陆城市与国际市场的距离,提高了其对外开放的水平。在内陆地区建设无水港,将有力地拓展海港经济腹地,是沿海港口缓解货源困局的有效途径。② 冯学丽提出建设无水港有利于当地和周边地区经济的发展,同时也可为沿海港口提供稳定的货源,保证沿海港口所参与的供应链顺畅,促进沿海港口的良性发展。另外,无水港也是开展对外贸易的节点,其发展速度和规模及提供的服务质量,都将影响外贸业务的发展,并将进一步影响一个国家或地区的外贸发展。③ 王红卫从货主

---

① 席平:《建立中国西部国际港口——"西安陆港"的设想》,《唐都学刊》,2001年第4期。

② 光一:《合建"无水港":沿海港口争取腹地货源重要手段》,《中国储运》,2007年第12期。

③ 冯学丽:《建设无水港,促进对外贸易发展》,《经营与管理》,2008年,第11期。

的物流成本分析入手,利用离散选择理论建立了无水港选址模型。①杨睿运用数据包络分析法(DEA),构建了内陆干港选址模型,采用AHP-F隶属度合成综合评价法,对无水港备选地址进行排序,得出无水港的最佳建立地点。② 谭卡对广州港的无水港群合作城市选址布局进行分析,运用层次分析法建立了选址评价指标体系,得出广东省内初步的无水港建设实施方案。③ 张丽丽从国际航运中心与内陆港互动发展的机理出发,分析了二者互动发展能够带来的效益,建立了国际航运中心与内陆港互动发展关系评价指标体系,然后通过定量模型对二者的互动发展进行了实证研究。④ 管小青建立了海港综合竞争力评价体系,构造了海港对陆港的吸引力模型,同时分析了西南地区出口集装箱经由贵阳陆港选择海港的概率,为西南地区的出海通道建设和海港的营销提供了理论依据。⑤ 张兆民从动力学角度对内陆无水港形成的规律进行了探索,提出内陆无水港的形成和发展是需求性动力、适应性动力和推动性动力三股动力共同作用的结果。⑥ 姜伟香在传统的港口与腹地关系研究的基础上融入了内陆港这个要素,运用系统动力学建立了保税港区与内陆港互动发展机理模型。⑦ 蔡静提出了保税港与陆港互动发展可采取契约联盟、合资经营和虚拟互动三种模式,并深入研究了各种模式的内涵及优缺点,进而通过分析影响"两港"互动发展模式

---

① 王红卫:《"无水港"建设及离散选择理论在选址中的应用》,上海海事大学硕士学位论文,2004年。
② 杨睿:《内陆"干港"及其选址研究》,上海海事大学硕士学位论文,2006年。
③ 谭卡:《广州港的无水港群选址研究》,西南交通大学硕士学位论文,2009年。
④ 张丽丽:《国际航运中心与内陆港的互动机理研究》,大连海事大学硕士学位论文,2009年。
⑤ 管小青:《西南地区海港竞争力对贵州陆港的引力分析》,《重庆交通大学学报》(自然科学版),2009年第5期。
⑥ 张兆民:《我国无水港形成及发展动力机理分析》,《综合运输》,2010年第1期。
⑦ 姜伟香:《基于系统动力学的保税港区与内陆港互动发展机理模型研究》,大连海事大学硕士学位论文,2011年。

选择的多方面因素,建立了系统的互动发展模式选择的指标体系。①

(二)研究评价

目前,关于国际陆港的研究主要集中在其内涵、功能、发展模式及选址与布局等方面;在研究内容上,运用了大量实证分析与理论研究相结合的方法;在国际陆港的选址与布局研究中,多采用定性与定量分析相结合的方法,为今后对国际陆港及其相关问题的科学研究奠定了基础,提供了有益的启示和借鉴。然而,对该问题的研究还存在以下不足:一是对国际陆港的整体认识较为模糊,对国际陆港的特点把握不够深入,对其功能的认识不够全面。二是目前对国际陆港建设的研究偏重于必要性研究,即某地区需要建设国际陆港以促进对外贸易的发展,而对于某地是否具备建设国际陆港的条件等问题则缺乏深入研究。三是针对国际陆港与海港之间的联系的研究较少且仅停留在对其表面现象的研究,缺乏对二者之间关系的定量分析和研究。

二、国际陆港联动发展的实现机制

国际陆港的联动发展是实现其与各主体间长期战略协作的联动发展。联盟关系的构建与维持以信任机制为基础,以信息反馈机制为前提,以物流资源整合重组机制为手段,以利益协调机制为保证。

(一)信任机制

信任机制是为了保证联盟关系高效有序地运行,顺利处理合作主体间的关系,减少对正式契约和权利的依赖,增进合作的连续性,并最终实现共同目标的有效机制。信任是国际陆港联动发展的基础,各主体间信任关系的建立需要消耗大量时间和成本,而信任的脆弱性则使它可能在很短的时间内消失,且重建的成本巨大,因此,国际陆港联动发展主体必须下大力气对相互间的信任关系进行维护,必要时甚至需

---

① 蔡静:《保税港区与内陆港互动发展模式选择研究》,大连海事大学硕士学位论文,2012年。

要进行恰当的修复。联动发展合作中存在的大量不确定性会导致合作双方信息的不对称,增加机会主义行为。信任可以建立可靠的预期,减少不确定性和风险,抑制个别企业的机会主义行为,从而降低信息成本、谈判成本和监督成本等,使联动主体有效利用资源,提高运作效率,降低风险,获得竞争优势。一般信任关系的建立过程分为基于威慑的信任、基于认知的信任、基于共识的信任与敏捷信任四个阶段。联盟成员间的坦诚合作与沟通是建立信任机制的基本前提,应建立多样化的沟通渠道和完善的制度,以确保沟通的顺利进行。

(二)物流信息反馈机制

国际陆港联动发展的目标为通过物流资源整合与重组实现实体物流网络与虚拟信息网络的紧密结合,进而构建协同运作的物流网络体系。联盟中各相关主体的计划能否贯彻执行、冲突能否妥善解决等,都需要建立有效的信息反馈机制,通过信息反馈能快速、有效地调整联盟与环境间的动态平衡,并维护联盟内部的相对平衡。

国际陆港联动发展的信息反馈主要是依靠联盟内部各主体之间及其与系统整体之间所形成的多层级的、多向的、复杂的反馈环路来维系的。反馈形式通常分为正式反馈与非正式反馈。正式反馈是组织所设定的、常规化的信息反馈形式,是组织日常工作的一部分,具有规范性和约束性;非正式反馈是指非规范化、流程化的信息反馈形式,是正式反馈形式的有益补充。国际陆港的组织模式使物流体系具有网络化结构特征,因此,必须改变传统链式反馈机制下的点对点信息沟通方式,通过统一的信息平台,建立网络式信息反馈机制,为各主体提供一个高效的协同联动环境。

(三)物流资源整合重组机制

物流系统本身是一个开放的系统,特别是在全球经济一体化的带动下,国际陆港的业务已经逐渐向国际化的市场发展,因此,不断地整合优势物流资源,形成一个具有一定规模与市场风险抵御能力的物流系统成为国际陆港联动发展的重要内容和模式。资源整合重组作为国际陆港协同发展的重要手段,并不是将原有分散的资源进行简单地组合、叠加,而是根据需求,将各相对独立的资源进行融合、类聚和重组,形成一个效率更高的资源利用体系。从管理运作层面上讲,资源整合主要应通过组织与管理方式的变革实施业务流程重组,进而提高国际陆港物流联盟的协同性和敏捷性;从经营运作角度上讲,应通过业务流程无缝连接以提高物流运作效率;从信息支持角度上讲,应通过信息平台的建立与整合实现整个物流活动过程中信息流的快速集成;从文化角度上讲,应通过提高人员的知识水平和责任感,建立有利于团结协作的团队文化等。

(四)利益协调机制

在国际陆港联动发展过程中,不同的主体结成利益联盟,这个联盟的特征是对外追求整体利益的最大化,对内追求经济个体自身利益的最大化。联动系统能否平稳运行,取决于各主体之间的利益联结方式和联结的紧密程度,取决于是否真正具有"风险共担,利益共享"的利益协调机制。利益协调机制必须综合考虑整体利益与个体利益,眼前利益与长远利益,利益共享是协调机制的首要原则,统筹兼顾是利益协调的根本方法。首先,应建立利益协调管理机构,并赋予其相应的行政调控权;其次,要从整体利益出发,不断探索与调整利益协调方式,可采取各方共同参与协定或公约的形式,建立协调与管理制度;再次,应构建灵活多样的利益联结方式,建立合理、公平的利益补偿机制。

利益协调机制贯穿于整个联动发展的全过程,包括冲突前的控制、冲突发生后的调解和冲突调解后的处理,以有效消除企业成员之间的各种冲突,保证联盟的有效运作。发生冲突前,可通过对相关主体的协调加强彼此之间的沟通,建立信任关系,在这里,利益协调机制的完善是关键。利益冲突出现时,应选择恰当的协调方式进行及时、有效的调解,保障系统的正常运作。利益冲突解决后,为避免类似冲突的再次发生,应对冲突产生的原因进行分析和总结,并通过各种途径修复利益冲突所造成的损害,恢复主体间的沟通与信任。

三、国际陆港联动发展的路径

所谓联动是指一定范围内,各个主体打破原有界限,根据资源与功能的关联性,进行相关的联合与协作,并通过资源共享及整合优势共同参与竞争,进而增强整个系统的吸引力与竞争力,实现各主体的可持续协调发展和共赢。联动是一种理性竞争的体现,通过联动模式可使各主体凭借整体的力量整合,求得其在更大空间上的发展。事物之间的联系是互动的基础,互动是事物之间联系的反映。

国际陆港的建立与运营是一个综合性的系统工程,除了涉及海港、铁路、公路以外,还涉及海关、检验检疫、代理、信息管理等众多单位与部门,迫切需要建立联动发展模式以协调各主体间的关系。在国际陆港的联动发展中,国际陆港与海港的联动是关键,区内业务联动与构建信息平台是基础,带动物流业与制造业的联动发展是目标。

(一) 国际陆港与海港联动发展

在内陆企业开展对外贸易过程中,进出口货物不仅需要在所在地海关办理相关的进出口手续,而且还需要到沿海港口办理通关及国际货物运输手续,导致货物运输的时间增长,内陆地区的成本优势被较高的运输费用、发货延误及其他不利因素所抵消。国际陆港与海港的联动是根据二者的功能联系,通过建立协调机制,在一定程度上将各自独立的运营环节整合为步调一致、互促共生的功能共同体。国际陆港与海港的协调与联动是以海港为连接点与载体,充分实现海洋优势与内陆地区经济优势相组合,是国际陆港运营中最重要的环节。实现国际陆港与海港的联动发展是各方多赢之举,建立二者的紧密互动关系有着重要的作用和深远的意义。

1. 引力模型

引力模型源于牛顿的万有引力定律,现已被广泛应用于现代经济与管理的诸多研究领域中,由于经济体不同于一般物体,所以在这一研究过程中对万有引力公式进行了一定的修正,对一些变量进行了重新定义。

令 $p_i(i=1,2,\cdots,m)$ 表示沿海港口所在口岸一定时期内进出口总额,$q_j(j=1,2,\cdots,n)$ 表示内陆城市一定时期内进出口总额,d_{ij} 表示内陆城市与海港间的距离。这样,任何一个内陆城市与海港间外贸物流引力将被表示为进出口贸易总值的乘积与距离平方的比例,记为 F_{ij}:

$$F_{ij}=k_{ij}\frac{p_i q_j}{d_{ij}^2}(i=1,2,\cdots,m,j=1,2,\cdots,n), \tag{1}$$

其中,k 为调整参数。

对公式(1)进行修正。内陆城市进出口贸易总额占沿海港口所在口岸进出口总额的比例在很大程度上说明了内陆城市的货源对海港的重要性,因此,将其纳入内陆城市—海港间引力的研究范畴,记为 s_{ij},则:

$$s_{ij}=\frac{q_j}{p_i}(i=1,2,\cdots,m,j=1,2,\cdots,n) \tag{2}$$

此外,海港的对外贸易吞吐量对内陆城市与海港间外贸物流引力也有重要影响,纳入研究范畴,记为 t_i。s_{ij} 与 t_i 都与内陆城市—海港间引力成正比,对其进行指数化调整,较大的指数表示变量的变化对模型的重要性。通过对实际情况的大量调研,将参数 k 修正为 $k_{ij}=t_i \times s_{ij}^2$,使得整个模型对真实现象模拟符合程度增强。

本文选取《中国港口综合竞争力排行榜》中综合得分前 8 位的沿海港口及中国城市外贸竞争力前 20 强的内陆城市作为研究节点,内陆城市与海港城市间的最短铁路里程为海港与内陆城市间的距离,通过对

t_i 及 s_{ij} 进行修正,①由公式(1)计算出内陆城市—海港间引力如表 1 所示

表 1 内陆城市—海港引力表

	宁—舟港	上海港	青岛港	天津港	广州港	深圳港	大连港	连云港港
北京	357.207	769.972	330.414	18310.47	15.02	112.104	71.464	9.264
杭州	5407.497	5279.186	20.68	24.747	5.415	49.857	2.044	1.944
合肥	3.44	8.955	3.25	2.222	0.722	0.365	0.495	1.146
常州	25.633	353.424	11.77	14.238	1.336	2.287	0.945	1.357
绍兴	2007.059	460.858	9.057	10.602	2.485	8.484	0.961	0.845
武汉	0.232	0.636	0.893	0.7110	0.850	0.430	0.267	0.435
沈阳	0.032	0.056	0.269	0.850	0.020	0.010	2.203	0.060
济南	0.140	0.366	7.989	5.020	0.148	0.030	0.512	0.764
重庆	0.265	0.492	0.953	0.726	0.617	0.212	0.228	0.098
郑州	0.123	0.261	0.547	0.657	0.077	0.028	0.122	0.495
金华	15.947	17.875	2.054	1.389	1.378	0.506	0.348	0.268
长沙	0.172	0.226	0.275	0.176	0.752	0.164	0.092	0.140
包头	0.017	0.03	0.029	0.03	0.003	0.006	0.018	0.029
西安	0.115	0.188	0.895	0.713	0.165	0.035	0.162	0.223
南昌	0.242	0.309	0.114	0.071	0.097	0.093	0.036	0.133
淄博	0.135	0.289	15.496	2.552	0.124	0.028	0.440	0.520
哈尔滨	0.020	0.034	0.071	0.104	0.013	0.007	0.238	0.029
湖州	2.636	5.014	0.723	0.310	0.233	0.053	0.130	0.302
成都	1.000	1.943	1.861	2.930	0.899	1.031	0.381	0.151
徐州	0.149	0.497	0.535	0.329	0.027	0.028	0.078	3.347

资料来源:根据各省市统计年鉴有关数据整理。

2. 基于引力的国际陆港与海港的联动

目前,在国际陆港的发展建设过程中,大部分是以沿海港口为主导,国际陆港仅作为其拓宽市场吸引货源的一个后方集散地,没有充分发挥其作用。国际陆港建设发展的最终目标应当是形成海港与陆港互相辐射,以铁路运输为主,公路运输为辅,多点对多点的运输网络,即沿海港口可根据货种、货量和托运人的不同经由不同的国际陆港实现货

---

① 为了方便研究,以最大值上海港外贸吞吐量作为标准数,将各海港外贸吞吐量与其比值作为研究参数(作为 t_i 的取值)。当 $s_{ij}=0.1$ 时,即内陆城市进出口贸易总额占所在口岸进出口总额的 10% 时,视为内陆城市的货源对沿海港口的货源组织非常重要。为避免此参数对计算的结果造成较大的偏差,把计算结果中大于 0.1 的值修正为 0.1。

物的集疏运。同样,国际陆港根据托运人的要求,运输的要求和运输目的地等不同可经由不同的海港实现进出口,在科学合理的国际陆港—沿海港口运输网络中实现资源优化配置,促进我国对外贸易的发展。

国际陆港是否对货主有较大的吸引力,不但取决于自身条件,而且还取决于货主最终进出口海港的实力与竞争力,如果选择合适的海港进行合作,可大大降低进出口货物的物流成本。国际陆港应以内陆城市—海港的引力为依据,选择合适的海港合作伙伴,通过物流与信息流的连接,保证内陆地区进出口货物各流转环节的无缝对接。由表1可知,作为规划建立国际陆港的第一批城市,在北京、杭州、绍兴、常州、合肥、成都、武汉建立的国际陆港应考虑和多个海港建立合作关系,从而拓展其生存空间,提高其竞争力,如表2所示。

表 2　国际陆港与海港合作表(1)

编号	内陆城市	港口
1	北京	天津港、上海港、宁—舟港、青岛港、大连港
2	杭州	宁—舟港、上海港、深圳港、天津港、青岛港
3	绍兴	宁—舟港、上海港、天津港、青岛港、深圳港
4	合肥	上海港、宁—舟港、青岛港、连云港港、天津港
5	成都	天津港、上海港、青岛港、深圳港、宁—舟港
6	常州	上海港、宁—舟港、天津港、青岛港
7	武汉	青岛港、广州港、天津港、上海港

重庆、济南、金华、郑州、西安、淄博、湖州建立国际陆港可选择的合作海港范围较受局限,但都对应有引力明显较大的海港,应积极与相应海港建立合作关系,增强其自身优势,扩大货源范围,如表3所示。国际陆港与海港的合作进入稳定、良性循环的发展阶段以后,为了实现其规模经济效益,应组织固定的铁路、公路运营机构,根据船公司船期编制调度计划。

表3 国际陆港与海港合作表(2)

编号	内陆城市	港口
8	重庆	青岛港、天津港、广州港
9	济南	青岛港、天津港
10	金华	宁一舟港、上海港
11	郑州	天津港、青岛港
12	西安	青岛港、天津港
13	淄博	青岛港
14	湖州	上海港

国际陆港与海港相互紧密联系将形成具有较强空间吸引力的物流网络。它不仅能强化网络内部物流经济要素的集聚,而且能积极吸纳网络外部的物流经济要素及货源,最大限度地提升国际物流一体化服务水平。

3. 区域通关改革

区域通关改革是以跨关区快速通关为目标,利用信息化手段,整合海关管理资源,简化海关手续,提高通关效率,降低通关成本,提升海关通关监管工作的整体效能,这是实现国际陆港与海港联动的政策基础。

实施通关改革简化了通关环节,使通关流程更趋合理,资源配置更为科学,海关执法更趋规范,企业通关更为便捷,必将大大促进国际陆港与海港联动发展进程。

(1)区域通关改革的核心——"属地申报,口岸验放"。行政区划及海关关区设置给国际陆港与海港间的联动发展造成了障碍,区域通关改革打破了行政区划的局限,实行进出口货物跨关区"属地申报,口岸验放"模式,如图1、图2所示,这是国际陆港与海港联动的前提条件。

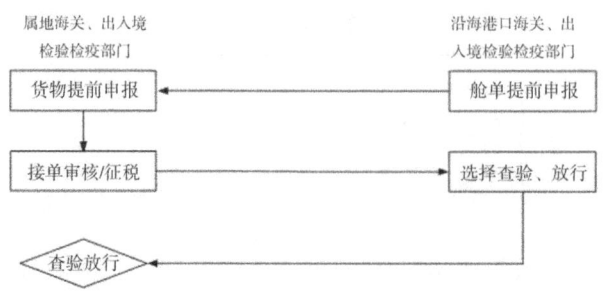

图1 "属地申报,口岸验放"模式(进口)

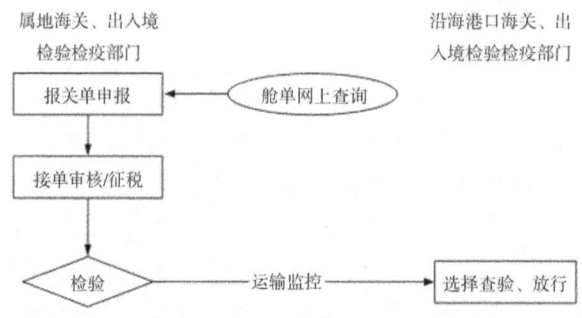

图2 "属地申报,口岸验放"模式(出口)

"属地"指进(出)口货物的收(发)货人或其代理人所在地;"属地海关"指进(出)口货物的收(发)货人或其代理人所在地的主管海关。"属地申报,口岸验放"是达到海关规定条件的守法企业在货物进出口时,可以选择向其属地海关申报纳税,在货物实际进出境地海关直接办理货物验放手续的通关方式。"属地申报,口岸验放"打破了行政区划和海关关区的限制,缓解了口岸的通关压力,从根本上解决了进出口货物的增长和快速通关验放之间的矛盾,为企业提供了更便利的通关条件。

内陆地区企业可以直接在属地海关申报进出口,沿海港口口岸海关对其进出口货物直接进行验放,真正实现了"一次申报、一次查验、一次放行",大大加快了内陆企业进出口货物的通关速度。

(2)区域通关改革的保障——各海关及其相关部门的合作。长期以来,各区域海关之间存在着管理条块分割、执法不统一、信息不共享、衔接不紧密等问题。实施区域通关改革以后,要加强各海关在通关、征税、缉私、统计、风险管理等方面的协作与配合，形成执法合力。各海关应进一步完善与兄弟海关的合作协调机制，在暂不改变现有管理体制的前提下，有效地整合审单作业、物流监控、风险管理等方面的信息，进一步推动并形成分工明确、职责明晰、协调顺畅的区域海关综合监管新模式，营造一个严密高效的通关环境，为通关改革的有效实施提供保障。

同时，区域通关改革是一个系统工程，需要检验检疫、税务、边防、海事、外汇管理等其他口岸管理部门的支持与配合。为此，各海关要理顺关系，明确权责，通过搭建统一的信息平台，实现自身与其他部门之间信息的互通与共享，加强行政互助，统一协调各管理部门的执法行为。

（3）区域通关改革的要求——完善对箱体和封志的海关监管方式。海关应完善相应的规章制度，明确进出境环节中各部门的责任，要求承运人、港务部门、仓储部门等在各自运作环节核对进出口货物的箱号、封志号与海关管理系统中的箱号、封志号逐一核查，确保其真实性与完整性，实现各环节跨部门的逐一解码与核对。

国际陆港与沿海港口有机结合将形成一个新的物流系统。在构建国际陆港与沿海港口联动的物流系统时，应充分考虑陆港与海港各种功能的结合方式与政治、经济等各个要素对系统的影响，尽量消除部分要素之间的相互制约和反向影响，形成互相协同的整体有机系统，这样形成的系统功能一定大于部分功能之和。

（二）国际陆港区内业务联动

国际陆港区内业务联动主要是从物流业务功能角度出发，考虑不同功能定位的物流企业间及其与区内海关监管特殊经济区域间在具体功能业务上的协调与合作，如仓储型物流企业、运输型物流企业、服务型物流企业等，要按照物流业务类型和运作流程实施协调与合作。国际陆港区内业务联动是实现国际陆港与海港联动的重要基础。

目前，我国内陆地区大部分物流企业的服务功能较为单一，不能满足日益发展的综合型物流业务的需求。这种联动不仅体现在具体物流业务的执行操作上，而且也体现在相关物流业务的管理决策层面上。

这种合作模式的目的是在满足客户的综合物流业务需求的基础上，提高运作效率，降低运作成本，最终实现共赢。

我国海关监管特殊经济区域主要有综合保税区、保税物流中心、保税物流园区等，由于其具有政策优势，在国际陆港内设立特殊经济区域将提高地区外贸经济集聚能力，引导沿海港口城市与内陆城市间的产业承接转移，进而促进地区外向型经济的发展。

目前，我国各大海港都在推进"区港联动"发展模式。"区港联动"是为了充分发挥保税区的政策优势和沿海港口企业的区位优势，形成"前港后区"格局的一种联系紧密的区域经济安排，就其实施举措和效果而言，可以说是"优势互补和政策叠加"。"区港联动"同时集中了保税区和港区的优势，实施海关统一监管，促进保税区和海港之间的功能结合、优势互补、共同发展。国际陆港作为海港在内陆地区的延伸，借鉴"区港联动"发展模式，引导与鼓励区内企业与特殊经济区域间建立多种合作关系，能够为内陆区域保税货物的物流业务提供便利。

（三）构建国际陆港信息平台

物流信息平台是将信息技术、网络技术、数据通信技术等先进技术应用于物流信息系统中，按照既定规则提取信息，对公用物流数据进行共享、处理、融合与挖掘，这样不仅能够达到整合物流信息资源之目的，而且还能够为使用者提供其所需的信息服务，提升物流效率，降低物流成本，推动物流业的发展。

国际陆港与海港联动需要解决信息共享问题。国际陆港信息平台是一个大型综合信息交换枢纽，其运作模式如图 3 所示。该信息平台首先应连接沿海港口、海关、进出口检验检疫、海事、税务等部门的信息系统，使其具有"一站式通关"功能，使内陆进出口企业实现在内地一次性即可办结通关手续，真正将沿海港口的功能延伸到内陆地区。同时，该平台还应连接银行、保险等金融部门，实现电子支付，给收（发）货人和承运人之间建立一个良好的工作和交流平台。为了保证多式联运的顺畅进行，该信息平台还应具有集装箱管理系统和管理功能，其主要作用是调配空箱的运输，降低运输成本。有了国际陆港，从海港发来的重货到达陆港后，空箱可直接回到还箱点而不用回到沿海港口。国际陆港信息平台应建立集中的数据库,其工作人员能根据自身权限有效地利用这些信息,以更好地管理客户信息,完成多种职能,并实施科学的经营战略和营销策略,满足不同层次、不同种类客户的需要。除此之外,国际陆港信息平台还应建立与其他业务参与主体、其他信息平台的连接,充分整合信息资源,实现信息共享。

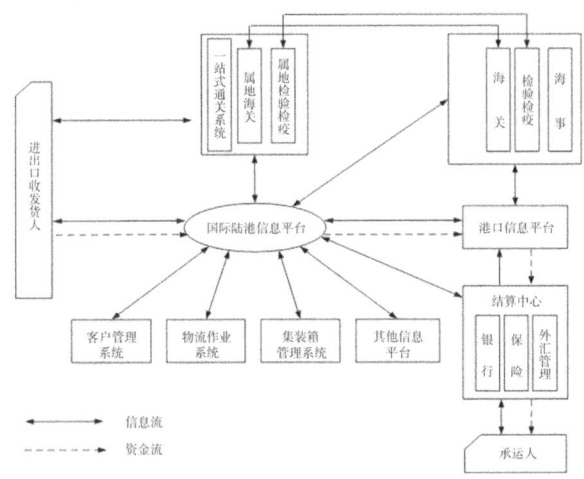

图 3　国际陆港信息平台运作模式

国际陆港信息平台的核心功能之一就是实现不同主体间的数据共享,由于各单位数据格式不同,实现数据共享只能通过数据格式转换或统一数据标准来实现。然而,进行大量的数据格式转换成本高昂,且随着业务量的增长,转换成本也将日益增加,因此,制定相关国际陆港数据标准,将大部分业务纳入这一标准体系之中是建立国际陆港信息平台的重要前提和保障。

(四) 物流业与制造业关联联动

产业联动是以产业联系为基础,以市场机制为主导,借助政府行政政策推动,产业间形成的以互利双赢为目的的良性互动的网络结构。[①]

---

① 刘钊,马军海:《产业联动网络及其形成演进机制研究》,《国家行政学院学报》,2008 年第 6 期。

产业联动是一种互利行为,其联动主体是企业,基础为产业关联,政府政策对产业联动有着重要的影响。

近年来,我国政府对制造业与物流业联动发展十分重视。《国务院关于加快服务业发展的若干意见》明确指出,要"大力发展面向生产的服务业,促进现代制造业与服务业有机融合、联动发展"。2009年,国家发改委发布了《物流业调整和振兴规划》,其在"重点工程"中明确指出,国家将加强指导和促进"制造业与物流业联动发展工程",国家将"制定鼓励制造业与物流业联动发展的相关政策,组织实施一批制造业与物流业联动发展的示范工程和重点项目,促进现代制造业与物流业有机融合、联动发展。"

产业的"互动论"认为,服务业和制造业表现为相互作用、相互依赖、共赢发展的互动关系。随着制造业的发展,其对物流业的需求将会迅速增加,专业化的物流供给与之契合能够使制造业专注于发展其核心竞争力;同时,物流业的发展也要依靠制造业中间投入的不断增加。物流业与制造业间的这种互动关系,决定了二者联动的必然性。

国际陆港与海港的良性互动将进一步促进物流产业集群的形成,并通过对区域物流系统资源的优化、整合,为制造业提供专业化的物流服务,实现区域产业物流一体化运作,发挥物流业的基础性支撑作用,促进区域产业集群的发展,优化区域产业结构。随着合作伙伴关系的建立,物流业与制造业彼此依赖的程度会不断增加,并最终形成物流业与制造业产业联动发展的良好发展态势。

物流业与制造业联动发展有着非常重要的作用和意义:

1.物流业与制造业联动发展可以促进经济结构优化,推动经济增长方式转变,增强经济竞争力。综观国内外发展经验,把制造业中的物流服务分离出来,可以较快地提高服务业的比重,拉长产业链,促进经济结构优化,推动经济增长方式转变,并能很好地与国际接轨。制造业与物流业相互渗透、融合,第二产业与第三产业联动发展,还有利于从整个产业供应链的角度整合上下游企业的物流活动。

2.物流业与制造业联动发展可以促进制造业优化内部分工、专注核心业务、降低物流费用、提高制造业的竞争力、增强制造业应对金融危机的能力。在物流企业与制造企业合作的过程中,如果二者能够建立战略合作伙伴关系,实现整个供应链的联动,无疑能够更好地提升制造业供应链的整合效率和快速响应能力。

3.物流业与制造业联动能够促进物流业优化整合资源,提升服务水平。在物流业与制造业联动发展过程中,应积极鼓励制造企业在企业物流管理流程规范化、核算精细化的基础上,积极推进物流管理的信息化进程,同时支持制造企业、物流企业建立面向上下游客户的信息服务平台,实现数据实时采集和对接,并建立物流信息共享机制,提升服务水平。

国际陆港应制定优惠政策吸引企业进入,并积极与区内外企业联动,促进物流业与制造业产业集群的形成与发展,进而促进区域产业结构升级,使整个服务业的平均成本下降,形成规模经济,并最终实现物流业与制造业的产业联动发展。

原载于《河南大学学报(社会科学版)》2015年第5期;《物流管理》2015年第12期转载

脱贫攻坚与乡村振兴

农村地区工业化与人力资本的作用
——以河南省回乡创业为例

村上直树①

引 言

人力资本的作用,对于农村地区的工业化和现代化至关重要。问题是所需要的人力资本从哪里来,如何积累这样的人力资本?笔者在本文中主要通过分析"回乡创业"这一现象,来研讨这个问题。近年来在中国"回乡创业"已经形成了一个潮流,可以说,这是继"民工潮"之后又一个新现象。从农村来到城市的农民工带着在城市工作中获得的资金、技术、知识和企业家精神等,回乡创建自己的企业。各地政府也都期待着从家乡出去的人为本地区的振兴做出贡献,纷纷推出鼓励回乡创业的政策。

本文特别关注中原地区,试图阐述中原地区"回乡创业"的现状与问题。虽然"中原地区"从广义上讲是泛指黄河中下游地区,但在文章中我们使用其狭义的概念,即特指河南省。改革开放 30 多年过去了,随着市场经济的进展,中国的整体经济发展令人吃惊,但一个不容忽视的现象是:地区间经济差异扩大尤其是中部地区相对落后。目前,缩小地区间经济差异,特别是中部地区与东部沿海地区的差异,对中国政府来说是最重要的课题之一。中原(河南省)属于中部地区,中国政府为了实现"中部崛起"期待着"中原崛起"率先实现。

"回乡创业"作为经济学的研究对象是很有意义的,因为通过这个

---

① 村上直树(1957—),男,日本大学综合科学研究科教授,博士生导师。

现象,我们同时可以分析三类资本——物质资本(资金)、人力资本和社会资本的作用。① 本文特别关注人力资本和社会资本的作用。具体说,我们将尽可能使用数量分析来回答有关问题——人力资本和社会资本对回乡者创办企业的业绩是否做出贡献以及分别做出哪些贡献? 在回乡创业过程中,人力资本和社会资本有什么关系?

在研究过程中,笔者在河南进行了两次一定规模的问卷调查。第一次是2007年秋天在河南省周口市的调查,第二次是2008年2月在河南省的其他几个市县的调查。这两次问卷调查都使用同一调查表,其主要内容是回乡创业者的个人特征、外出打工时的就业经验、回乡创业的经过、创办企业的业绩等(样本数最多是141个)。在本文中,笔者基于这两次问卷调查的结果做数量分析。②

一、有关回乡创业的文献综述

有关劳动力转移的问题一直是经济学的重要研究对象。以国际间或国内(即农村、城市之间)的劳动力转移为题目的论文,数量庞大,但是,大部分论文关心的是劳动力转移对目的地的影响,对源地(国内转移时一般来说就是农村地区)影响的研究出现的相对晚得多,论文数量也较少,并且,就关注对源地影响的论文来说,也主要是关心农民工对故乡带来的物质资本(资金)的作用,关于回乡农民工对故乡带来的人力资本的研究仍然有限。③ 以"回乡创业"为对象的主要是分析人力资本的作用的。中国的回乡或回乡创业现象,大概在上世纪90年代后期才开始受到学者们的关注。为了了解其真实情况,学者们实施了相关

---

① Ma, Zhongdong, "Urban labour—force experience as a determinant of rural occupation change: evidence from recent urban—rural return migration in China," Environment and Planning A, 33(2001).

② 在本研究中,实施问卷调查的前后,笔者在固始县、滑县、兰考县等地进行了实地调查。

③ Zhao, Yaohui, "Causes and Consequences of Return Migration: Recent Evidence from China", Journal of Comparative Economics, 30(2002).

的问卷调查,并分析了其结果。作为初期的相关论文,我们能够举出以安徽省的回乡创业者为对象的张善余、杨晓勇的研究,①接下来,出现了 Murphy、②林斐、③还有白南生等人④以及胡明文等人的研究等⑤。但是,这些研究主要是基于社会学或人口学方法,而不是基于经济学方法的。而且,其中还包括一些没有足够的分析就展开的政策性讨论的论文。按照这样的研究情况,Ma 和 Zhao,可以说是个例外,值得重视。为了明确回乡者带来的人力资本的作用,他们实施了基于经济学方法的数量分析。在本文中,笔者也借鉴了他们的研究方法。在相关的论文中,特别是作为以中原地区回乡现象为对象的研究中,我们能够举出 Hare 的研究。他的研究基于他在 1995 年秋天在河南省夏邑县实施的以 309 个家庭为样本的问卷调查,明确了回乡的决定因素。该研究否定了回乡潮流主要是由于在城市的失败等消极动机,是值得关注的研究,但是该研究没有直接分析"回乡创业"现象。⑥ 笔者已经发表过以中原地区的"回乡创业"现象为研究对象的一篇论文,该文中运用了一

---

① 张善余,杨晓勇:《"民工潮"将带来"回乡创业潮"——以安徽省阜阳地区为例》,《人口与经济》,1996 年第 1 期。

② Murphy,Rachel,"Return Migrant Entrepreneurs and Economic Diversification in Two Counties in South Jiangxi,China",Journal of International Development,11 (1999);Murphy,Rachel,*How Migrant Labor is Changing Rural China*,Cambridge:Cambridge University Press,2002.

③ 林斐:《对安徽省百名"打工"农民回乡创办企业的问卷调查及分析》,《中国农村经济》,2002 年第 3 期。

④ 白南生,宋洪远等:《回乡,还是进城? 中国农村外出劳动力回流研究》,北京:中国财政经济出版社,2002 年,第 56 页。

⑤ 胡明文,黄峰岩,谢文峰:《外出农民工回乡创业现状分析——以江西省万年县为例》,《江西农业大学学报》(社会科学版),2006 年第 1 期。

⑥ Hare Denise,"'Push' versus 'Pull' Factors in Migration Outflows and Returns:Determinants of Migration Status and Spell Duration among China's Rural Population",Journal of Development Studies,35(1999).

些有关数量分析的方法。① 该文介绍了本文也使用的以河南省周口市的回乡创业者为研究对象的问卷调查的一部分结果。②

二、问卷调查概要

在本文中,为了掌握中原(河南省)地区的回乡创业的情况,笔者进行了两次一定规模的问卷调查。第一次是2007年秋天在河南省周口市实施的(以下简称"周口调查")。周口调查的(本文使用的)样本数为53个。第二次是2008年2月在河南省的12个地级市实施的(以下简称"河南调查")。河南调查的样本数为8个。本文问卷调查的样本不是基于严密的随机抽出法被选择的,或者可以说,"不是'选择'出来的,而是'挖掘'出来的"。③ 还有,在本文中,为了确保样本数,笔者将两个问卷调查的结果合并实施数量分析,即使用同一调查表,合并使用两个实施时间和具体实施方法不同的问卷调查。当然,其结果也存在不少问题,笔者对这种局限有十分清醒的认识。以下概述笔者的问卷调查的结果。

在本文中,回乡创业者的定义是按照白南生、宋洪远的界定,即"对'回乡创业者'的界定是,回流后投资于和外出前从业部门不同的行业或者经营规模有明显的扩大者"。④ 因为本文关注通过外出打工积累的人力资本对回乡创业做出的贡献,所以我们从样本中排除了回乡10年及以上才创业的人。关于行业本文限定为制造业。

---

① Murakami, Naoki, "The Zhongyuan Economy and Returning Migrant Entrepreneurs," in Arthur Sweetman and Jun Zhang (eds.), *Economic Transitions with Chinese Characteristics: Social Change during Thirty Years of Reform*, Kingston: Mc Gill Queen's University Press, 2009.

② 时慧娜:《打工回流对农区经济发展影响的理论研究新视角》,《经济经纬》,2008年第6期。

③ 刘光明、宋洪远:《外出劳动力回乡创业:特征、动因及其影响——对安徽、四川两省四县71位回乡创业者的案例分析》,《中国农村经济》,2002年第3期。

④ 白南生、宋洪远等:《回乡,还是进城?中国农村外出劳动力回流研究》,北京:中国财政经济出版社,2002年,第56页。

首先,从被调查者的性别看,在有效回答的 141 人中,男性 127 人,占 90%以上。男性占大部分的结果和其他问卷调查的结果相同。① 表 1 表示回乡创业者的出生年分布,在 20 世纪 60 年代出生的人(即截至调查时大约 35 岁到 45 岁的人)占 60%左右。他们是在 20 世纪 70 年代末改革开放后劳动力转移的限制逐渐缓和的情况下,率先去城市打工的人。

表 1 回乡创业者的出生年分布

	1950—1959 年	1960—1969 年	1970—1979 年	1980—1989 年	合计
回答数	16	84	31	10	141
比例(%)	11.3	59.6	22	7.1	100

表 2 表示回乡创业者的学历分布。从表 2,我们可以看到到高中及以上学历者占 73.8%,大专及以上的学历者占 31.2%。其他问卷调查,比如,以安徽省的回乡创业者为对象的林雯的调查也得到了和笔者的调查一样的结果。在他们调查的结果中,高中及以上的学历者占 71.5%,大专及以上的学历者占 25.9%。② 另外,从整个河南省的行业间转移劳动者(其中,地区间的转移劳动者占 68.6%)的学历结构来看,高中及以上毕业者占 20.1%,大专及以上毕业者占仅 2.5%(2006 年,《河南统计年鉴 2007》第 277 页)。当然,不能直接比较这两种结果,但是,基本可以说,回乡创业者比一般的外出农民工学历高。

---

① 张善余,杨晓勇:《"民工潮"将带来"回乡创业潮"——以安徽省阜阳地区为例》,《人口与经济》,1996 年第 1 期;农民工回乡创业问题研究课题组:《农民工回乡创业现状的调查与政策建议》,《人民日报》,2009 年 2 月 5 日。
② 林斐:《对安徽省百名"打工"农民回乡创办企业的问卷调查及分析》,《中国农村经济》,2002 年第 3 期。

表2 回乡创业者的学历分布

	小学	初中	高中或中专	大专	本科及以上	合计
回答数	2	35	60	34	10	141
比例(%)	1.4	24.8	42.6	24.1	7.1	100

关于从农村到城市的劳动力转移问题,很多人担忧学历越高的人外出打工的倾向越强,即所谓的"人才外流"现象。但是,即使相对高学历的人离开家乡到城市打工,如果将来他们带来更多知识和经验回乡的话,与农村地区教育体制的充实和社会经济的发展并不矛盾。通过学校教育积累的人力资本的作用是本文第三节以后的主要内容之一。

回乡创业者在什么地方打工?这个问题的回答在见表3(可多选)。从表3,我们能了解到外出打工地区一半是东部沿海地区,特别是包括广州、深圳、东莞等城市在内的"珠三角"最多。另外,河南省内城市的比例也大,占40%多。其原因可能是河南省内城市与农村间的经济差异也较大。据《河南统计年鉴2007》的数据,在河南省的整个地区间转移劳动者中,省内转移者占30.5%(去东部地区的转移者占59.3%)。当然不能简单地比较,也许可以说,回乡创业者比一般的转移者留在河南省内的倾向更强一些。如果这种情况真实的话,其理由值得探究。

表3 外出打工的地区(可多选)

	河南省内城市	环渤海	珠三角	长三角	其他地区(国内)	国外	合计
回答数	69	15	46	26	13	2	171
比例(%)	40.4	8.8	26.9	15.2	7.6	1.2	100

回乡创业的模型是基于农民工外出打工期间积累的人力资本对回乡创业和创办企业的业绩做出贡献的假说。那么,回乡创业者在城市里工作了多长时间?据表4,占整体36.7%的51人在城市里工作不到5年后即回乡创业,即使作为例外的4个回乡者具有20年及以上的工作经验,但是大部分是15年以下的工作时间(平均为7.5年)。

笔者认为工作期间的长短,除了表示人力资本量的积累以外,还有其他意味。一个是,工作期间越长在其期间积累的物质资本(资金)越多,即工作期间的长短不仅是人力资本的指标而且是物质资本的指标。如果资本市场完善的话,谁都可以借贷必要资金,所以在外出打工期间积累的资金对创业关系不大。但是农村地区资本市场并不完善,所以城市工作期间打工者自己积累的资金也许会对回乡创业活动带来不小影响。另一个是,为了回乡者成功创业,除了本地政府提供的正式优惠政策以外,通过本地的人与人的关系才能取得非正式的方便,这也非常重要。这种非正式的方便被称为"社会资本"(Social Capital),特别是,在中国,"关系"(社会网络)非常重要。如果这样的"关系"是重要的话,那么在城市逗留期间越长,与老家的关系就会越疏远,在利用"关系"的方面也许是不利的。

表 4 外出打工的年数分布

	5 年以下	5 年以上 10 年以下	10 年以上 20 年以下	15 年以上 20 年以下	20 年以上	合计
回答数	1	39	33	12	4	139
比例(%)	36.7	28.1	23.7	8.6	2.9	100

因为外出打工期间的长短有不同的意味,我们必须更关注其内容或"质量"。于是,在调查中,我们询问了打工期间的具体职别。如表 5 所示,平均来看,普通工人期间仅占整个期间的 36.8%,近 60% 期间他们是作为技术人员或管理人员从事工作。从这个结果,我们可以了解到回乡创业者通过技术或管理工作获得了创办企业所需要的知识和经验。

表 5 职别与平均外出打工年数

参与企业经营		全期间	其中:普通工人	技术人员
平均年数	7.11	2.62	2.71	1.79
指数(全期间=100)	100	36.8	38.1	25.2

在本文中,除了回乡创业者的个人信息外,笔者还收集了回乡后他们创办企业的信息。表 6 表示企业的设立年份分布。从表 6,我们了解到回乡创业大概从上世纪 90 年代后开始活跃,以后继续增长。这个结果和其他的调查结果相似。

表 6 回乡创业时间分布

	1990 年及以前	1991—1995	1996—2000	2001—2005	合计
回答数	3	14	41	82	140
比例(%)	2.1	10	29.3	58.6	100

最后,表 7 表示调查年的职工人数分布。调查年"河南调查"是 2007 年,"周口调查"是 2006 年。表 7 表明一半的企业是 20 人及 20 人以上到 100 人以下的规模;另外,40 家企业拥有 100 人及 100 人以上的职工规模(28.8%)。在这次问卷调查中,我们不能直接询问雇佣形式,但是从同时实施的采访调查的结果来看,在全部职工中,应该有很多打工者。另外,从行业来看,大部分的企业是属于在农村地区具有相对优势的劳动密集型的轻工业。由于这个原因,职工人数规模比想象的要大一些。

表 7 创办企业的职工人数分布(调查时间)

	20 人以下	20 人以上 50 人以下	50 人以上 100 人以下	100 人以上	合计
回答数	26	42	31	40	139
比例(%)	18.7	30.2	22.3	28.8	100

注:"河南调查"是 2007 年,"周口调查"是 2006 年。

三、回乡创业与社会资本

近年来,在经济学中,除了物质资本和人力资本以外,对"社会资本"的关心越来越高。初始的资本概念与利益的产出有关,比如,活人被看做产出利益的存在时,就被称为"人力资本"。同样,"社会资本"这个概念,最初是把社会中的人与人的关系(社会网络)看做产出利益存在时的概念。社会资本和其他资本一样,通过"花费"(即投资活动)增加。"关系"(Guanxi)是重要的社会资本之一。这个概念已经成为一个英语单词。

Ma 以中国的回乡创业为对象分析了社会资本(关系)的作用。在该文中,作者基于1997年在中国9个省的13县119个村实施的以回乡创业者为对象的问卷调查,进行了计量经济学分析(样本数最多是2180)。①该文的主要目的是明确什么特征的回乡创业者有积极地利用"关系"的倾向。为了达到其目的,该文对回乡创业者询问其回乡创业的过程中是否使用"关系",估计了以其结果为被说明变量的logit模型。据该文的结果,在外出打工中取得的本事或技术,对回乡后他们自身地位向上的提升作用明显,因此,他们可以更容易地使用"关系"。另外,关于学校教育的作用,高中毕业的回乡创业者比小学及以下毕业的回乡创业者利用"关系"的倾向明显。②

在本文中,我们首先关注学历和"关系"的利用的关系,实施一个数量分析。关于这个方面,有两个相反的主张:一个是,如 Ma 所述,学历越高利用"关系"的倾向越大;另一个是学历越高节约"关系"利用的倾向越大。在本文中,为了确认哪个主张符合现实,在问卷调查中,笔者设计了"在回乡创业过程中,您认为'关系'重要吗?"这一问题,要求回答者从5个选择项目——(1)非常重要(2)重要(3)一般(4)不重要(5)一点都不重要中选择一个。于是,笔者作成了回答(1)非常重要或(2)重要的样本取值为1,回答其他项目的样本取值为0的虚拟变量(称为"关系重要虚拟"),作为logit模型的被解释变量。

另外,关于学历,根据第二节的表2已经介绍的学历分布,笔者把回答"大专"或"本科及以上"的样本取值为1,其他回答的样本取值为0的虚拟变量(称为"学历虚拟"),作为logit模型的主要说明变量。关于学历和"关系"之间的关系,本文的假说如下:因为取得高学历,成本也较高,而且,为了构筑和维持"关系"也需要成本,所以高学历者应该愿

---

① Ma, Zhongdong, "Social capital mobilization and income returns to entrepreneurship: the case of return migration in rural China", Environment and Planning A, (34)2002.

② Knight and Yueh(2008)是关于在中国的劳动市场的"关系"的作用实施了实证分析。Knight, John and Linda Yueh, "The role of social capital in the labour market in China," Economics of Transition, Vol.16, No.3 2008, pp.389—414.

意抑制"关系"的利用。① 如果这个假说成立的话,"关系重要虚拟"和"学历虚拟"之间应该存在负的关系。

这两个变量的回归分析存在一个众所周知的问题,即如果该回归方程中不含对"关系重要虚拟"(被说明变量)和"学历虚拟"(说明变量)同时影响的变量(因素)的话,"关系重要虚拟"和"学历虚拟"之间就出现了虚构的相关关系。这样的共通因素是与回乡创业者的属性有关的,而且一般来说不可观察。本文中,为了缓和这种虚构的相关关系,作为回乡创业者(不可观察的)属性的代理变量,笔者设计了对"外出打工的最主要动机或目的"这个问题的回答,设定了4个选择项目:(1)学技术、本事(2)见世面(3)挣钱(4)其他。特别是,把选择回答(1)"学技术、本事"的回乡创业者看做有旺盛的学习热情、学历志向很大的回乡者(虽然原则上单选,不过也有一部分的多选回答)。另外,虽然学技术、本事对于回乡创业很重要,但却不是充分条件,所以,具有技术或本事的回乡者可能会积极地使用本地的"关系"。② 在这样的假说之下,笔者作成了选择回答(1)学技术、本事的样本取值为1,选择其他回答的样本取值为0的虚拟变量(称为"外出动机虚拟"),在回归方程中作为一个解释变量。

作为其他解释变量笔者采用了打工年数的对数值。虽然这个变量在回乡创业的研究中很重要,但是,如第二节表5部分所示,这个变量含有不同的意味,即事先预想打工年数与"关系"之间存在特定的关系很难。作为另一个解释变量,笔者使用了该企业所在地级市的GDP(称为"所在市GDP",该GDP是企业设立年的数据,但是因为不能取得1993年及以前的GDP数据,所以,关于1993年及以前创办的企业,不

---

① Glaeser,Laibson and Sacerdote(2002)作为个人的最适决策问题理解"社会资本"的积累,实施了理论分析。Glaeser, Edward L. David Laibson and Bruce Sacerdote," An Economic Approach to Social Capital", Economic Journal, Vol. 112(November)2002,F437—F458.

② 在本问卷调查中,询问创业过程中,具体的哪个方面用到"关系"时,能够取得(1)资金贷款(33.6%)(2)市场信息(32.1%)(3)技术(23.9%)(4)场地(9.7%)(5)其他(0.7%)的回答(可多选)。从这个结果,我们了解到认为通过"关系"取得技术的人相对少。

得不一律使用 1994 年的 GDP 数据）。"所在市 GDP"这个变量是为了确认地区经济的发展程度和"关系"的利用程度之间的关系。事先预定了地区经济越发展，"关系"的利用越少。最后，为了调整"河南调查"和"周口调查"之间的区别，笔者作成了"河南调查"的样本取值为 1，"周口调查"的样本取值为 0 的虚拟变量（称为"河南调查虚拟"），作为解释变量在回归方程中使用。

表 8 表示各个变量的平均值和标准差。特别是（7）"关系重要虚拟"的平均值为 0.759，占整体 75.9% 的回乡创业者认为，创建企业时，"关系"很重要。另外，（8）"外出动机虚拟"的平均值为 0.386，38.6%（54 人）的回乡创业者回答外出打工的主要动机是"学技术、本事"（其中 15 个样本同时回答其他动机）。

表 8　变量的定义和基本统计量

名称	定义	平均值（标准差）
（1）销售收入增长率	从设立时间到调查时间（河南调查 207 年、周口调查 206 年）为止的销售收入年平均增长率（%）。	2.1(21.0)
（2）打工年数	外出打工年数。	7.50(4.97)
（3）普通工期间比率	外出打工全部期间中，作为普通工就业期间的比率（%）。	39.4(29.2)
（4）行业同种虚拟	外出打工的行业和回乡创业的行业一样时＝1，不一样时＝0。	0.579
（5）外出中创业虚拟	打工期间已经有创业经验＝1，没有＝0。	0.174
（6）学历虚拟	大专及以上的学历＝1，其以下＝0。	0.312
（7）关系重要虚拟	对"在回乡创业过程中，您认为'关系'重要吗?"的问题回答，"非常重要"或"重要"＝1，其他回答＝0。	0.759
（8）外出动机虚拟	对"外出打工的最主要动机或目的"的问题回答，"学技术、本事"＝1，其他回答＝0。	0.386
（9）食品工业虚拟	创办企业属于食品工业＝1，属于食品以外的轻工业或重工业＝0。	0.333

续表

名称	定义	平均值(标准差)
(10)重工业虚拟	创办企业属于重工业=1,属于食品工业或食品以外的轻工业=0。	0.404
(11)所在市GDP	创业企业设立年份所在市(地级市)的名义GDP总额(亿元)。	390.0(220.8)
(12)县GDP增长率	创办企业的所在县(县级市、市区)的从设立时间到调查时间(河南调查2007年、周口调查2006年)为止的名义GDP年平均增长率(%)。	15.6(4.80)
(13)河南调查虚拟	河南调查的对象样本=1,其他(周口调查的对象样本)=0。	0.624

logit 模型的估计结果如表9所示(odds 比表示)。首先我们看不包括"外出动机虚拟"的模型(1)的结果,"学历虚拟"的 odds 比小于1,但是,包括"学历虚拟"在内的所有参数估计值都不显著。接下来,我们看包括"外出动机虚拟"的模型(2),"学历虚拟"的 odds 比显著小于1(10%显著水平)。大专及以上毕业的高学历者和高中或中专毕业者相比,前者重视"关系"的倾向小 52.9%。这个估计结果表明学校教育和"关系"之间存在代替的关系,高学历者具有节约使用"关系"的倾向。另外,"外出动机虚拟"的 odds 比显著大于1(10%显著水平)。以"学技术、本事"为动机外出打工的回乡创业者和有其他外出打工动机(主要是"挣钱")的回乡创业者相比,前者重视"关系"的可能性大 13%。

最后,模型(3),我们看"学历虚拟"和"外出动机虚拟"之间的关系,如本文的预想,两者之间有显著的正相关关系(10%显著水平)。以"学技术、本事"为动机而外出打工的回乡创业者和有其他外出打工动机的回乡创业者相比,前者取得高学历的可能性大 92.3%。值得关注的是,模型(1)和模型(2)"学历虚拟"的 odds 比相比较,模型(2)小 0.06。其原因可能是"外出动机虚拟"与"关系重要虚拟"之间有相关关系。并且,根据模型(3),我们了解到"外出动机虚拟"和"学历虚拟"之间有正的相关关系。另外,模型(1)的解释变量中不含有"外出动机虚拟"。于是,在模型(1)中,"学历虚拟"的结果含有"外出动机虚拟"的结果,我们过高地估计了对"关系"利用"学历虚拟"的结果。

表9 "关系"与人力资本(logit模型)①

	(1)关系重要虚拟	(2)关系重要虚拟	(3)学历虚拟
ln(打工年数)	0.972 (−0.10)	0.992 (−0.03)	—
学历虚拟	0.537 (−1.48)	0.471* (−1.74)	—
外出动机虚拟	—	2.329* (1.84)	1.923* (1.73)
ln(所在市GDP)	0.823 (−0.50)	0.797 (−0.57)	0.726 (−0.89)
河南调查虚拟	1.159 (0.34)	1.285 (0.57)	0.58 (−1.40)
样本数	139	138	140
对数尤度	−74.855	−72.841	−84.039

注①：是odds比；括号内的数字为z—值；*表示在10%水平上显著地和1不一样。关于变量的定义，请参考表8。

其他解释变量的odds比都不显著。第一，就"打工年数"（对数值）的结果而言，在外出打工期间积累的人力资本可能促进利用"关系"；另一方面，打工年数越长，与老家的关系越疏远，在"关系"的利用方面就越不利。因此，由于"打工年数"反映相反的效果，所以，其估计值（odds比）也许不显著。第二，就表示本地经济发展情况的"所在市GDP"而言，odds比小于1，这表明经济越发展，"关系"的重要性越小。

四、创办企业的业绩与人力资本

那么，如"回乡创业"模型所述，回乡农民工是用在城市的就业经验中积累的人力资本创办企业吗？在过去的研究中，Ma、Zhao运用实证分析曾经研讨这个问题。这些研究利用的样本由原务农的回乡者、职业改变到农业以外的回乡者（这里包括回乡创业者在内）和原来没外出打工的农民构成。作者运用这些样本的logit模型明确了外出打工经验、学历、地区特性等因素对回乡创业或职业改变带来的影响。

笔者认为按照回乡创业者积累的人力资本的数量和质量,他们创办的企业业绩之间应该有产出差异。过去的研究以影响创业或转业的决定因素为分析对象,但本文着重考虑的是该企业是否成功。具体来说,作为企业业绩的指标我们使用从企业设立时间到调查时间("河南调查"2007年、"周口调查"2006年)为止的销售收入的年平均增长率(称为"销售收入增长率")。

作为解释变量,笔者首先使用有关外出打工中积累的人力资本等4个指标。其中,关于"打工年数"(对数值),笔者认为外出打工期间越久,积累的人力资本就越多,结果,该回乡者创建的企业发展越快,笔者事先预想该变量的参数估计结果取正号。另外,如上述,虽然打工期间的长短重要,但是在此期间积累的人力资本的内容或质量更重要。于是,作为第二个解释变量,笔者加上在普通工人期间占整个外出打工期间的比例(称为"普通工期间比率",%)。如第二节表5所述,在本文的问卷调查中,整个外出打工期间分为普通工人期间、技术人员期间和参与企业经营期间。所以,如果"普通工期间比率"小的话,技术人员或参与企业经营期间比率就会大。通过作为技术人员或参与企业经营的经验,外出打工者也许能够积累质量较高的人力资本,这样的人力资本会对回乡后他们创办的企业的成长(销售收入增长)做出贡献。所以,笔者预想"普通工期间比率"的参数估计值的符号为负。

另外,回乡创业者在外出打工时做什么工作?特别是,打工的行业和回乡以后自己创办的企业的行业是否一致?为了考虑这样的特征,我们使用"行业同种虚拟"作为解释变量。对这个虚拟变量而言,外出打工的行业和回乡创办的企业的行业同一时,取值为1,不同时,取值为0。如果行业同一的话,打工经验对自己企业的成功应该更有帮助。因此,笔者预想"行业同种虚拟"的参数估计值的符号为正。

另外,有的回乡创业者在外出打工期间已经创办了自己的企业。这样的创业经验一定对回乡创业也有帮助。因此,作为第四个解释变量,笔者使用该回乡者在外出打工期间已经有创业的经验时,取值为1,没有创业经验,取值为0的虚拟变量(称为"外出中创业虚拟")。笔者预想这个虚拟变量的参数估计值取正号。

除了有关外出打工的解释变量以外,笔者利用"学历虚拟"。这个变量和上节所用的"学历虚拟"定义一样,大专及以上的学历者取值为1,其他取值为0。笔者认为通过学校教育积累的人力资本也会对企业成长做出一定贡献,所以预想这个变量的参数估计值取正号。同样,在本节的分析中,笔者以上节已经使用的"关系重要虚拟"为一个解释变量。"关系"对企业成长有何作用是很有趣的题目。但是,需要注意的是,在本文的问卷调查中,笔者只询问在回乡创业过程中"关系"的作用,不询问对创办后的企业成长中"关系"的作用。[①]

作为其他解释变量,笔者考虑行业虚拟。在本问卷调查中,笔者询问创办的企业的主要产品,基于其回答把企业的所属行业划分为三个类型:"食品工业""食品以外的轻工业"和"重工业"。于是,笔者作成了两个行业虚拟变量。第一,该企业属于"食品工业"时取值为1,属于其他行业取值为0的虚拟变量(称为"食品工业虚拟")。第二,该企业属于"重工业"时取值为1,属于其他行业取值为0的虚拟变量(称为"重工业虚拟")。另外,和上节的分析一样,笔者考虑本文的两个问卷调查中区别,在解释变量中加上"河南调查虚拟"。

在本节的分析中,还有一些问题。首先,笔者认为创业者的个人经历是在农村地区创建的企业的销售收入增长的最重要因素。如上述(请参考第二节表7部分),从调查时企业职工人数规模来看,雇佣10人及以上的规模比较大的企业在全样本中占不到30%。但是,大部分职工只是打工者,而且,农村企业一般属于技术比较简单的劳动密集型行业。因此,别看规模大,实际上组织比较单纯,创业者的个人影响力很大。另一方面,调查时企业的平均开工年数为6.6年,从企业组织的成长来看,样本企业还在创业者的影响力很大的阶段(在所有样本企业中,创业者和现在的经营者是同一人)。

为了检验对企业成长带来的创业者个人经历以外的因素,在本节的估计方程中,作为解释变量笔者采用了"县GDP增长率"。问卷调查

---

① 关于"关系"对企业经营带来的作用,请参见 Standifird and Marshall Standifird,Stephen S. and R. Scott Marshall," The Transaction Cost Advantage of Guanx-i Based Business Practices," Journal o f World Business,35(2000).

的样本企业的所在地分散在河南省内的 40 个县（包括县级市、地级市市区在内）。为了作成解释变量"县 GDP 增长率"，笔者计算了该样本企业的所在县从设立时间到调查时间（"河南调查"是 2007 年，"周口调查"是 2006 年）为止的名义 GDP 年平均增长率（但是因为不能取得 1993 年及以前的 GDP 数据，所以，关于 1993 年及以前设立的企业，不得不把 1994 年的 GDP 数据一律看做设立年份的 GDP）。

另外，本节分析还含有"内生性"问题。在本文中，笔者关注企业设立以前的回乡者的个人经历等因素对设立以后的企业成长带来的作用，所以，没有从被解释变量到解释变量的逆向的因果关系。但是，根据上节的分析，我们已经了解到"关系重要虚拟"这个变量被"学历虚拟"等因素说明（即不能看作外生变量），所以，在本节的分析中，除了普通最小二乘模型（OLS）以外，笔者还把"关系重要虚拟"作为一个内生变量的两步最小二乘模型（2SLS）进行估计。操作变量是所有外生变量和"外出动机虚拟"。

表 10 表示估计结果。模型（1）是用普通最小二乘法（OLS）估计的结果，模型（2）是用两步最小二乘法（2SLS）估计的结果。另外，模型（3）是从解释变量中去掉了"关系重要虚拟"的诱导方程的结果。从模型（1）和模型（2）的比较来看，"关系重要虚拟"的参数估计值模型（2）的结果比模型（1）的结果大得多（但是，在通常的容许水平，不显著）。因此，以下笔者专门阐述模型（2）的结果。

首先，表示外出打工期间积累的人力资本量的"打工年数"（对数值）的参数估计值不显著。这个结果表明打工期间的长短（人力资本的数量）并不重要，符合预想。另外，"普通工期间比率"的参数估计值，正如我们所预想的那样，为显著的负值（10% 水平）。即使外出打工期间长短一样，但是作为普通工人期间越短（即技术人员或参与企业经营期间越长）回乡者创办企业的业绩就越好。这个结果表明外出打工期间的就业经验带来的技术或知识对回乡后创办的企业的经营贡献明显。

其次，"行业同种虚拟"的参数估计值是显著的负值（10% 水平）。正如事先所预想的那样，外出打工的行业和回乡创业的企业所属的行业一样时，回乡创办的企业的成长快 10% 多。这个结果也表明在城市的打工经验对企业经营作用明显。"外出中创业虚拟"的参数估计值，出乎意料的是,为负值。这个结果表示在外地逗留中的创业经验对回乡以后创办企业的成长带来不利影响,但是因为估计值在通常的容许水平上不显著,所以,从统计分析的方法来看,这样的因果关系很弱。

表 10 销售收入增长率的决定因素

	(1)OLS	(2)2SLS	(3)OLS
常数项	10.66 (0.97)	5.19 0.26	13.74 1.34
ln(打工年数)	0.43 (0.15)	0.25 (0.08)	0.54 (0.18)
普通工期间比率	−0.13* (1.78)	−0.14* (1.72)	−0.12* (1.71)
行业同种虚拟	8.70* (1.91)	9.69* (1.75)	8.14* (1.81)
外出中创业虚拟	−6.49 (1.13)	−7.24 (1.16)	−6.07 (1.06)
学历虚拟	8.49** (2.02)	9.19* (1.93)	8.10* (1.95)
关系重要虚拟	3.67 (0.82)	10.20 (0.49)	—
食品工业虚拟	−15.95*** (3.1)	−16.05*** (3.09)	−15.89*** (3.1)
重工业虚拟	−7.76 (1.56)	−7.4 (1.45)	−7.95 (1.60)
县GDP增长率	0.94** (2.06)	0.97** (2.05)	0.91** (2.02)
河南调查虚拟	−2.48 (0.60)	−2.46 (0.59)	−2.50 (0.60)
样本数	107	107	107
决定系数	0.178	0.160	0.172

注:括号内的数字为 t—值的绝对值。***、**、*分别表示在1%、5%、10%水平上显著。

被解释变量是"销售收入增长率",关于变量的定义,请参考表8。

"关系重要虚拟"看作内生变量。操作变量是全部外生变量和"外出动机虚拟"。

再次,"学历虚拟"的参数估计值,如所预想的那样,显著为正。除了外出打工中积累的人力资本以外,通过学校教育获得的人力资本也对企业经营带来很有利的影响。"关系重要虚拟"的参数估计值不显著。但是,如上所述,在本文的问卷调查中,笔者只询问在回乡创业过程中"关系"的作用,不询问在创办后企业的成长中"关系"的作用。所以,关于对企业成长中"关系"的作用,在这里笔者想保留判断。

关于其他因素的解释变量的估计结果,"食品工业虚拟"的参数估计值表示在很高水平上显著为负,另外,"重工业虚拟"的参数估计值,即使在通常容许水平上不显著,也为负值。这些估计结果表示在农村地区"食品以外的轻工业"比"食品工业"或"重工业"有利。"县GDP增长率"的参数估计值,如所预想的那样,也是显著为正(5%水平)。最后,"河南调查虚拟"的参数估计值不显著,因此我们了解到河南调查和周口调查之间没有显著区别。

在本节的最后,笔者对本研究的结果和过去的有关研究的结果进行比较。Zhao使用19年在6个实施的以1547个农民为对象的问卷调查的结果,分析了是什么原因使得创业者在农业和非农业之间做出选择。分析方法是logit模型的统计的估计。在该论文中,因为非农业选择内含有创业活动,所以,可以与本文比较。据该论文的结果,学校教育对非农业的选择有正的结果(高中或中专毕业者比不识字者的优势),本文的结果与之一致。

在该论文的结果中需要注意的地方是,除调查性别、年龄、学历等个人特征以外,回乡者或外出打工者和他们是否选择非农业之间几乎没有什么关系。即该论文对外出打工经验能够积累有益的人力资本持怀疑态度,这和我们的结论有矛盾。但是作者认为在他们的回归方程中不含有其他重要的解释变量,他们的样本不区别普通的农民和富于企业家精神的农民可能是造成他们结论的原因,但也提出了需要更深研讨的问题。

另外,Ma通过估计logit模型分析回乡者是否从务农转换到非农业活动。据该论文的结论,学历的高低对这样的职业转换带来正的结果(初中或高中毕业者对小学毕业者的优势)。在该论文的结论中,值得关注的是,即将回乡之前的职业是不是需要技术的职业,对"外出打工对您最有帮助的是什么"这样的问题,回答不是"积累资金"而是"学到技术"等因素,提高了回乡者进入非农业选择的可能性。这些结果表明,在外出打工中的经验、学校教育等对包括创业活动在内的非农业选择做出了一些贡献,和我们的结果是一致的。

Ma 用同一数据说明回乡者自身的收入水平。该论文的估计结果也表明高中毕业者比小学毕业者收入水平高一些,通过在外出打工中积累的管理经验、本事等人力资本增加了回乡者自身的收入水平。但是直接的比较还是很困难,因为成长快的企业创业者(经营者)的收入也应该高,所以我们的结果基本上和 Ma 的结果一致。

五、结论与未来的课题

基于在河南省的 13 个市(地级市)实施的问卷调查,本文阐述了在中原农村地区的回乡创业的现状与问题。首先,通过概观调查结果,我们了解到回乡创业者在农村社会学历相对较高,他们在打工期间作为技术人员或管理人员积累工作经验,回乡以后用通过这些经验获得的人力资本创建自己的企业。

其次,虽然"关系"(社会网络)在回乡创业过程中被重视,但是,我们的统计分析结果表明,从学历水平来看,相对高学历的回乡者在创业过程中利用"关系"的倾向要弱一些。当然,"关系"含有各种各样的内容,我们解释这个结果时,需多加注意,但是,至少可以说,关于"关系"的作用,有的部分与学校教育有替代关系。

本来,本文的中心是用统计方法了解回乡创业者在外出打工中积累的人力资本给回乡创业带来的贡献。但是,很遗憾,在本文中笔者能够利用的数据只是有关回乡创业者的信息。但是,笔者想确认人力资本是否对企业的发展有作用。分析结果表明,对企业发展有作用的不是外出打工全期间长短而是其中作为技术人员或管理人员工作的期间长短,外出打工期间的行业与回乡创建的企业所属的行业相同时,打工期间积累的工作经验是很重要的,通过学校教育获得的人力资本也起着一定作用。①

自2009年秋天以来,由金融海啸引发的出口大幅度减少,中国东部沿海地区的很多出口外向型企业停产或倒闭。因此,失业农民工的回乡潮流越来越明显,农村地区如何解决好回乡农民工的就业问题成为燃眉之急。从各种统计数字来看,虽然中国经济率先恢复了,但是,在对外出口方面困境依然会持续下去。本文调查,是在发生这样的经济方面的急剧变化之前进行的,但是,现在对回乡创业的期待越来越高了。以河南省为例,2008年12月8日,河南劳动和社会保障厅下发了《关于切实做好返乡农民工就业工作的通知》。该通知推出了鼓励支持农民工回乡创业的相关政策措施。

笔者的研究还远远不够,存在很多问题,所以,还无法提出具体政策建议。但是,最后,笔者想基于本文的结果叙述一下对有关政策和未来课题的想法。统计分析的结果表明回乡者带来的人力资本能够对在农村地区的创业活动做出重要贡献。为了农村地区的工业化和现代化,鼓励支持回乡创业是适当的政策选择。如果在城市里的成功通过回乡创业能够促进本地的发展,本地政府不担心人才流失,则可以积极谋求发展本地教育(包括职业培训)。研究结果显示社会网络"关系"也很重要,所以,为了设计合适的政策,具体探求在哪些方面什么"关系"重要也是必须的。由于经济环境的差别,各个地区的优势行业也不尽相同(在笔者的研究对象地区,食品以外的轻工业具有优势),促进回乡创业时,这个问题需加以考虑。

谢　词

本文的完成得到了耿明斋院长、孙建国教授、张军峰教授、蔡胜勋老师(河南大学经济学院)、赵雷先生(中国社会科学院研究生院)、宝剑久俊先生(日本亚州经济研究所)及王宇燕副市长(当时)等周口市人民政府的各位领导的大力协助和指教,在此一并表示感谢。此外,本文还

---

① 二战后,20世纪50—60年代的经济高速增长时期,日本也曾出现了大量的国内(即从农村地区到城市地区的)劳动力转移现象。

得到了日本大学人口研究所日本国文部科学省学术新开拓推进事业(206—2010年度)的资助。

原载于《河南大学学报(社会科学版)》2011年第2期

工商资本进入农村土地市场的
机制和问题研究
——安徽省大岗村土地流转模式的调查

任晓娜　孟庆国①

根据农业部统计,截至 2014 年底,全国承包耕地流转面积 3.47 亿亩,流转比例达到 28%,比 2008 年年底提高了 19.1%,经营面积超过 50 亩以上的大户超过 290 万户,家庭农场超过 87 万个。土地流转加快的背后是工商资本下乡加速。相关数据显示:近 3 年来,流入企业的承包地面积年均增速超过 20%。至 2014 年底,流入企业的承包地面积达到 3882.5 万亩,约占全国农户承包地流转总面积的 10%。②

工商资本之所以大量进入农业,是因为农业现代化和多功能化概念的拓展,农业有可能成为一个潜在投资回报比较丰厚的领域,而利润是资本一直追逐的目标。③ 十八届三中全会《决定》提出:"鼓励和引导工商资本到农村发展适合企业化经营的现代种养业,向农业输入现代生产要素和经营模式。"农业的发展和政策的激励使得工商资本进入农业的步伐加快,增加了传统农业升级的资金来源。

但是工商资本为什么能进入农村土地市场?具体通过什么机制和模式进入农村土地市场?尤其在微观操作层面工商资本是如何顺利进入农村土地市场的?进入后产生什么问题?安徽省大岗村在工商资本

---

① 任晓娜(1977—),女,河南平顶山人,农业经济管理学博士,清华大学博士后;孟庆国(1969—),男,江苏徐州人,清华大学公共管理学院教授,博士生导师。
② 人民网:《政策解读:工商资本抢滩农业 防止非粮化非农化》,http://finance.people.com.cn/n/2015/0607/c1004-27114922.html,2015 年 6 月 7 日。
③ 贾晋,艾进,王钰:《工商业资本进入农业的路径选择:一个分析框架》,《经济问题探索》,2009 年第 12 期。

进入农业土地市场方面进行了大胆尝试并取得了一定成绩。本文就大岗村的实践作为研究案例深入分析。①

一、文献回顾

工商资本是一个历史范畴的概念,在不同历史时期有不同含义。在封建社会"士农工商"的"工"和"商"是最早工商资本的雏形。近代以来,由于产业分工不断细化,工商资本涉及的领域和范围也随之扩大。新中国成立初期工商资本分别经过公私合营、赎买等社会主义制度建设阶段;改革开放阶段,工商资本经过以多种所有制形式并存的民营经济快速发展的社会主义市场经济体制建设阶段,其范畴和含义更加广泛。目前,我们常说的工商资本,泛指第二、三产业范围内的生产经营资本,主要包括制造业、建筑业、采矿业、商贸流通、房地产、金融等领域内的资金;从来源上,也可分为城市工商资本和农村自有工商资本积累。②

工商资本进入农业和农村土地市场,主要原因是克服了"卢卡斯悖论"和资本的利益最大化本性。③ 首先,现代农业将产业链条延伸之后形成全新的产业链条,农业属性发生了变化和报酬率提升。其次,政策改善和扶持力度的加大,改善了劳动—土地要素的关系。再次,对于地方各级政府,在传统"招商引资"思想的引导下,政府有极强吸引投资的冲动。④ 总之,产业的发展和政策利好等降低了资本进入农业的风险,

---

① 大岗村工商资本流转土地是大胆尝试,取得成绩的同时也存在一些问题,在操作过程中涉及方面较多且问题复杂,故文中涉及的村名和公司名称均采用了化名。
② 山东省发展和改革委员会农经处:《关于工商资本进入农业领域问题研究》,http://www.sdfgw.gov.cn/art/2015/2/27/art_78_126687.html,2015 年 3 月 15 日。
③ 吕亚荣,王春超:《工商业资本进入农业与农地流转问题研究》,《华中师范大学学报》,2012 年第 7 期。
④ 涂圣伟:《工商资本下乡的适宜领域及其困境摆脱》,《改革》,2014 年第 9 期。

农业里面又有土地资源要素,当资本需要土地而农业也需要资本时候,农业和资本的合作就达成了。

关于工商资本进入农业的方式,一般认为有两种。第一种是以土地经营者的角色直接从农民手中或者采取反租倒包的形式从村集体组织中承包土地,然后再配置劳动力等生产要素,直接投资进行规模化种植或养殖活动。第二种是间接进入农业生产环节:公司＋农户、中介组织＋农户、农产品交易所＋农户。这些方式以技术推广、资金融通、销售保障等为主要特点。① 本文更多关注第一种方式,即工商资本如何直接获得土地经营权进行生产。

工商资本进入农业不但带来了资金、技术和管理,对"三农"发展起到了促进作用,而且随之也产生了风险和问题。在研究风险和问题方面,研究者们一般是从农业和农民的角度出发,认为资本进入农村土地市场有盲目性;政府或村集体主导,在招商引资过程中重"招商"轻引导和服务;在土地流转过程中忽视农民话语权,弱势农民可持续生计受到挑战,农地流转伴随矛盾和冲突;农地流转后改变农地用途,"非农化""非粮化"趋势明显。② 然而,事实上资本进入土地市场后,也遇到了水土不服等发展困境。所以,对于工商资本进入农村土地市场,除了要强调农民利益,更要注重"引"和"导"。③

关于土地流转的机制和模式,有学者从价格机制、纠纷解决机制等

---

① 涂圣伟:《工商资本下乡的适宜领域及其困境摆脱》,《改革》,2014 年第 9 期;张帅尊:《工商资本投资农业的风险及其防范》,《现代经济探讨》,2013 年第 8 期。

② 吕亚荣,王春超:《工商业资本进入农业与农村的土地流转问题研究》,《华中师范大学学报》,2012 年第 7 期;涂圣伟:《工商资本下乡的适宜领域及其困境摆脱》,《改革》,2014 年第 9 期;蒋云贵:《基于渠道权力平衡的工商资本下乡路径研究》,《江汉论坛》,2013 年第 7 期;张帅尊:《工商资本投资农业的风险及其防范》,《现代经济探讨》,2013 年第 8 期。

③ 贺军伟,王忠海,张锦林:《工商资本进入农业要"引"更要"导"》,《农村经营管理》,2013 年第 7 期;宋茂华:《工商资本主导下农民土地承包经营权流转利益分配研究》,《荆楚学刊》,2013 年第 2 期。

方面进行了研究。① 但是,对工商资本进入农村土地市场的微观机制还没有详细地分析。因此,为了进一步了解和研究工商资本进入农地市场的机制,以及这种机制对工商资本发展的后续影响,笔者于2014年7月至11月对安徽大岗村的土地流转情况进行了调研,调研发现,工商资本进入农村土地市场后部分掉进陷阱,进退维谷。本文试图分析大岗村资本进入农地市场的机制和操作模式,并且对这些机制模式存在的问题开展深层分析。

二、工商资本在大岗

(一) 工商资本在大岗的基本情况

大岗村拥有可耕地1.45万亩。截至2014年,企业流转土地7987.6亩。② 超过50亩以上的11户种植大户流转土地超过1200亩,还有农户间代种等流转的土地800多亩,土地流转面积占村总可耕地面积的68.9%。③ 大岗土地流转面积的绝对量和相对量就当地和全国平均水平来说都是很高的,这其中工商资本在大岗土地流转中的作用至关重要,无可替代,是推高大岗土地流转规模的重要原因。

和大多数农村一样,大岗最早的土地流转经常发生在常年外出打工的农户和他们的亲朋好友之间。这种流转方式是目前我国农村主要存在的自发性土地流转。这主要因为劳动力的劳动时间和家庭成员产生分割,主要劳动力利用闲暇的时间从事季节性外出打工或进入城镇务工,老人和孩子则留在农村家里。④ 这种亲朋好友代耕代种方式更加方便灵活,方便外出打工农民需要自种时随时调整,但是流转比较零

---

① 翟研宁:《农村土地承包经营权流转机制研究》,中国农业科学院研究生院博士学位论文,2013年,第42页。
② 作者根据大岗村提供材料计算。
③ 作者根据材料计算。大岗村提供的数据是58%,即便是58%,也是很高的数据。
④ 唐茂华、陈丹:《农地规模经营的历史进程和时机选择》,《长白学刊》,2009年第4期。

散,规模小。

大岗较大规模的土地流转始于2001年,村集体以每年500元/亩的价格租赁村民80亩地(2006年扩大到300亩),再将土地流转给葡萄园主,土地使用期限到2028年二轮承包结束。这种方式就是我们通常所说的"反租倒包"。

2008年以后,随着政策调整和当地政府的努力,大量工商资本进入大岗,土地流转进入高峰期。这些公司携带大量工商资本进入农业,使得大岗土地流转的速度和数量远远高于其他村庄。除之前提到的葡萄种植园外,其他项目主要集中在2008年以后(见表1)。

表1 大岗村土地流转情况统计

公司	总部所在地	进入时间	进入途径	进入原因	原主要经营项目	流转土地(亩)
葡萄种植园	大岗村	2001	自主成立	带动致富	葡萄种植	80
绿玉公司	合肥	2006 2008	两委	果木经济	种植梨树	220.54 885.2
葱郁菜叶	广州	2009	招商引资	发展现代农业	大棚蔬菜	107.71
高邮粮油	浙江	2009	招商引资	粮油加工	种植传统农作物	47.876
ABA	加拿大	2009	招商引资	带动致富、解决就业	甜叶菊加工	500
普特	深圳	2010	招商引资	现代农业观光	现代农业观光	743.23
宝川公司	天津	2010	招商引资	带动致富	种猪繁育	600
创奇公司	大岗村	2012	政府、两委	打造高标准农田	大岗村农业投融资	4300
大华公司	本镇	2012	两委	种植业	粮油加工	500

资料来源:大岗调研。

(二)工商资本进入大岗的动力

1. 市场供求

大岗村土地流转市场何以在短时间内迅速形成？亚当·斯密和马克思都曾经论述需求形成市场的问题。亚当·斯密在讨论分工和交换的问题时,说分工起因于人的才能各不相同。分工又产生交换倾向,交换的结果产生了市场。马克思认为生产工具的变革和分工产生不断重复的交换,最终形成市场。安徽因为距离江苏等发达省份很近,所以和其他普通村庄无异,大岗村大部分青壮年劳动力都外出打工。相对外出打工,家中不多的土地产出微不足道,年轻人尤其不愿意经营土地。在国家正式出台土地流转政策之前,已经有不少外出打工的农民将自己的土地交由亲戚朋友代种,而那些因为孩子上学等家庭原因留在村里的农民,由于机械化等耕作技术改善的原因有能力也愿意耕种更多土地。① 还有一些青壮年村民因外出务工积累了一些资金,并愿意回乡创业,开展经济作物的种植。工商资本下乡淘金也成为土地市场重要的需求方。②

2. 制度力量

推动土地流转市场形成的一个重要制度力量来自政府。从 2001 年中央 18 号文件提出农村土地流转规则,到 2014 年中央 1 号文件"落实农村土地集体所有权的基础上,稳定农户承包权、放活土地经营权",首次从政策上承认农村承包地所有权、承包权、经营权"三权分立",一系列文件和法律法规为农村土地流转提供了政策和制度支持。中央以"跳出农业解决农业"的思路,践行"以工促农,以城带乡"的政策,试图通过工商资本投资农业带动农业、农村发展。③

对政府政绩的考核和土地价值增值是地方政府积极推动土地流转的内生动力。大岗村所在县 2008 年成立了安徽省首家挂牌的农村土地流转交易中心,探索推进土地承包经营权流转,以实现最佳资源配置,希望通过企业流转土地达到增加就业、农民增收、土地规模经营等目的。大岗村土地流转由县、镇级别的政府和村委会共同推动,充分体现了地方政府的干预和顺势而为。大岗在土地流转市场上先行一步,成为地方土地流转市场的"翘楚"。

---

① 在调查的过程中,这部分被访村民表示种植 10 亩与 40 亩甚至更多农田,在田间劳动的时间差别不是很大,如果能种更多的土地而增加收入(村民之间流转土地通常地租较低,在 300 元/亩/年以内),通常都愿意流入。

② 涂圣伟:《工商资本下乡的适宜领域及其困境摆脱》,《改革》,2014 年第 9 期;吕亚荣、王春超:《工商业资本进入农业与农村的土地流转问题研究》,《华中师范大学学报》,2012 年第 7 期。

③ 张帅尊:《工商资本投资农业的风险及其防范》,《现代经济探讨》,2013 年第 8 期。

3. 收益驱动

西方经济学"经济人"的假设,认为"产品或者要素有收益才会被交易"。马克思也认为土地有收益(地租)时才会有人耕种,也才能够出租,最终形成土地流转市场。

最近几年我国工商业竞争日趋激烈,利润空间不断缩小。在逐利的本性下,大量资本有意投资门槛较低的农业,希望找到新的利润点。从土地收益上说,种植粮食的收益要低于其他经济作物。所以,资本流入土地之后多经营种植收益较高的作物或者更多综合经营。大岗村土地流转后主要经营包含林木、果木、蔬菜水果等经济作物,有的发展生态农业观光和体验等,以实现土地经营最大收益。

三、工商资本进入农地市场的机制和模式

一般来说,农民通过转让、转包、互换、出租和入股等形式进行土地流转。以上流转方式中转让、转包、互换等方式对流出和流入方的集体成员权有要求,所以工商资本一般和农民以出租形式进行土地流转。[①]

《现代汉语词典》对"机制"的解释是:泛指在一个系统中,各元素之间相互作用的过程和功能。本文土地流转的机制指在资本下乡过程中流入方(资本)、流出方(农民)和直接的中间推动力量(基层政府,尤其指村级政府)之间的相互作用和过程,并重点研究政府如何推动资本和土地项目结合到一起。土地流转过程中,最能体现各方力量和利益的是流转合同。所以本文以下分析,主要依据土地流转协议的双方当事人及其签约过程对流转模式进行分类。

(一) 企业直接与农户签订土地流转协议:出租

在大岗村,工商资本进入农村土地市场的第一种形式是作为资本的代表企业和农户之间直接签订土地流转协议,根据协议在租期内付

---

① 《中共中央关于推进农村改革发展若干重大问题的决定》,《农村经营管理》,2008年第12期;《农村土地承包经营权流转管理办法》,《山西农业》,2005年第10期。

给农户土地租金(如图1)。

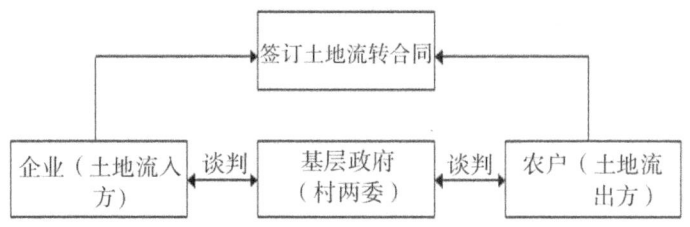

图 1　企业和农户直接签订协议

1. 背景介绍

在大岗村,这种协议和流转方式主要发生在工商资本进入的早期。和其他村庄一样,大岗村80%以上的青壮年劳动力为了增加收入选择外出务工,这其中一部分人的土地要进行流转。和农户之间相互转包、代种等小机械化作业不同,资本为了追求效率和利润的最大化,就要求土地能够连方成片进行大机械耕作。但是,在农村实施家庭承包土地后地块过于"细碎化"的情况下,意味着只要被资本看中的土地范围内,无论农户本身是否有意愿进行流转,都要进行流转。陌生的资本如果和有着千差万别需求的分散农户分别谈判,将是不能完成的任务。因此,村两委工作人员必然成为企业和农户之间谈判的重要代表。

2. 操作过程

在具体流转工作中,涉及农户数量比较多,就意味着面临的合作方情况比较复杂。比如,不同农户因为自身家庭原因,流转意愿不能统一,或者对流转价格的要求和期待不同,或者对流转年限等也有不同要求。如果企业和诸多陌生的情况复杂的农户进行谈判,工作必然难度大,且最终可能难以达成交易。这时候,村两委就成为非常重要的角色。

村委成员对本村情况和农户情况都非常熟悉,村委工作人员会利用和村民们比较熟悉这种优势去和各家各户沟通,并最终完成土地规模流转。

3. 效果和案例

基层政府或者村委开始积极作为,成为事实上的土地流转中心,为土地流出方和流入方提供信息、充当中间力量参与谈判。这有力地促进了土地和资本的结合,推动了农村土地市场的发育、发展。企业和农户直接签订流转协议显然面对的分散农户多,沟通压力大,基层政府作为第三方可以尽最大可能保证双方的权益不受到损失,使农村土地市场建设更加完备。一旦合同签订,双方就都是合法的土地经营权流转主体,农户从土地中解放出来,可在几乎没有或者很少减少土地收入情况下进行其他工作,增加收入;企业获得土地后直接经营,种什么、怎么种自主决定,可以实现规模化、集约化经营,提高农业效率和保证产品数量质量。存在的负面后果是,一旦不能合理评估农民流转意愿或者企业的经营能力,合同履行中出现问题,基层政府将压力重重。

一个案例:2009年,总部设在加拿大的ABA集团因为浓厚的农业情怀入驻大岗,流转500亩土地,要在3至5年内投资15亿打造发展优质甜叶菊种苗繁育和民用甜菊糖等食品深加工项目。当时有的村民不同意流转,村干部就挨家挨户去做工作。对于非常难做工作的农户,就反复去,直到农户同意为止。① 通过村委会的工作,ABA最终直接和农户之间签订土地流转协议,固定地租,一年一付。

但是,ABA公司没有解决好产品销售和市场定位问题,几年过去后,当初曾经的燕麦产品、银杏滴丸和零卡饮料3条生产线只剩下1条。其为生产这些饮料进行的甜叶菊生产自然也不能进行下去。于是,其流转的土地成为包袱并一度被撂荒,后由部分村民和大岗面业种植粮食,并且还要继续承受地租。

(二) 企业直接和村委签订土地流转合同:反租倒包

这种模式是村委会作为中介一方面以流入方身份和村民签约,一方面以流出方身份与公司签约(见图2)。

---

① 采访过程中,农户认为村领导干部到家里去反复劝说,以至于感觉不同意流转土地会影响到全村致富。另外,都是熟人熟面,都那么多次了哪里还好意思,再说了,大部分都同意了,自己也就算了。

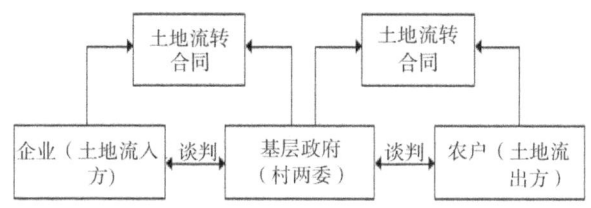

图 2　企业和村委直接签订协议

1. 背景介绍

随着地方政府发展经济致富农村以及政绩观念等驱动,大岗村委希望能够进一步实行土地流转。但是,显然在本村劳动力转移速度远低于土地流转速度时,农民的流转意愿越来越低。即便大部分青壮年劳动力依然选择外出打工,但是,因为其稳定性和"融城"等问题,愿意流转的农户首选还是短期内由亲戚朋友代种,而不是将土地长期流转给企业。而企业显然也意识到土地流转的难度。在这种情况下,村委等基层政府为了能够继续扩大流转规模,就要解决农户和企业双方面临的难题。

2. 操作过程

村委会采取的措施是直接介入流转过程中。一方面,作为基层代表的村委会继续利用对本村比较熟悉的优势,在"熟人社会"中和农户直接谈判,并且直接作为土地流入方和农户签订流转合同。这种以租赁形式将原来承包给农户经营的土地再集中到集体组织的方式就是通常所谓的"反租倒包"的"反租",另一方面,作为流出方和企业签订土地流转合同,将承包地出租给企业,即"倒包"。

3. 效果和案例

村委以其最基层政府的公信力作为合同一方分别和农户、企业签订土地流转合同从一定程度上降低了企业和分散农户之间的谈判成本和风险,增强了农户对于流转土地收益未来预期的信任。但是这种情形在理论上存在着风险和争论。这种实际上的"反租倒包"模型在农地承包经营权流转之初受到了各地的欢迎,但是,在 2007 年国务院明令禁止"反租倒包"试点。虽然 2008 年十七届三中全会通过的《中共中央关于推进农村改革发展若干重大问题的决定》中未就"反租倒包"形式给予明令禁止,并且这种形式在东南沿海发达地区很常见,但村委能否作为合同主体直接和企业签订合同在理论上仍有很大疑问和争论。

此时,基层政府的深层参与使其不仅仅停留在中介的位置上提供信息、参与谈判,它已经成为一个市场主体参与到市场中来。如果说之前政府是第三方,保障大户和农户双方的利益不受损失,使市场更加完备,此时,政府可能已经模糊市场和政府的边界。同时,村委作为合同一方赢得企业和农户双方的信任,但也将自己推到了风险的最前面,一旦企业经营失败或者跑路,村委将面临前所未有的经济压力和舆论压力。

一个案例:2009年大岗启动普特现代农业示范园。该项目通过与村集体打包交易得到土地。项目于2011年推进,原计划主攻休闲农业。但是普特公司最后由于准备工作不充分、定位不准确,企业在市场中找不到赢利点和合作伙伴,租金700斤原粮太高等多种原因,导致资金链出现严重断裂,企业老板失联。① 为了稳定村民,流转出的743亩土地年租金成为村两委的一大负担。据村民讲,租给普特公司的土地除了第一年之外,其他年份租金均推迟支付。

(三) 村委成立公司,公司和农户签订土地流转协议:变形的反租倒包

这种方式是村委通过注册成立公司,作为合同主体和经营主体一边从农户流入土地,一边和企业签订流出合同(见图3)。

---

① 在和大岗村有关人员座谈中,我们希望进一步和企业老板联系了解企业经营的具体情况,但被告知他们也联系不到老板。在调研中,有村民认为企业老板纯粹是因为要政府财政补贴才进行流转,并没有真正想要发展农业,所以失败也是必然的。

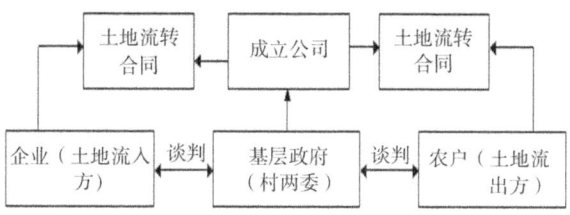

图 3　村委成立公司,再和农户、企业签订协议

1. 背景介绍

在大岗村,村委是否有资格作为合同主体一边和农户签订流转协议,一边和企业签订流转协议,在理论和舆论上受到质疑和争论。由于增加就业、农民增收、发展现代农业和政绩的双重驱动,村委要进一步扩大土地流转规模。为了规避实际上"反租倒包"模式,并且要将大规模集体农用地的承包经营权流转给非集体成员的工商资本,村委通过成立公司这种集体经济性质的经营实体作为合同一方,分别和农户、工商企业进行土地流转。

2. 操作过程

首先村委根据《公司法》成立乡镇企业,企业作为集体经济的成员以"转包"形式从本村农户获取土地经营权。这种方式的第一步实际是"委托转包",即承包者将承包土地先委托给以村委为代表的集体经济组织,再由集体经济组织将土地转包给其他成员,这里指村企业。转包的接包方仍然为集体成员,在短于承包经营合同的期限内进行经营。和村民代耕代种不同的是这种形式更为正式和规范,要有书面合同等,然后,村企业再作为流出方将土地出租给工商企业进行经营,形成实际上的"反租倒包"。

3. 效果和案例

这种形式规避了村委是否可以作为合同当事人直接和企业签订集体土地流转合同的问题,同时,也可以让企业打消和农户直接谈判带来更高成本和风险的顾虑。至此,村委已经完全从形式上的市场主体发展到实际上的市场主体并主导土地流转,成功由政府角色转变为市场角色,同时充当裁判员和运动员。其结果是可能因其强有力的公信力推动土地快速流转,但是易形成"大跃进"。为了让农民流出土地,要么给农民的价格过高,不容易找到下家接盘;要不然给农民的价格太低,没有充分考虑到农民未来利益和就业、转移,挤压了农民的农业就业机会;急于找到的下家可能因为农业生产特点和土地经营管理能力有限反而使土地生产率降低。在大岗,为了进一步流转土地形式规模农业,提高农业效率,村委成立了村企业创奇发展有限公司,以高于本地土地流转1倍的价格流转土地(当地当时土地价格年租金每亩500元,创奇公司的价格为700斤原粮,按照2014年调研时粮食价格计算接近每亩1000元)。流转之后土地进行平整,初步具备了规模经营的条件,同时,农民的土地收入并不比自己耕作时减少。

一个案例:2012年6月,大岗村委成立了大岗村创奇发展有限公司(本文简称"创奇公司")作为投融资平台。该公司直接与村民签订土地流转协议,再打包将土地流转给下家。当时大岗村党委书记认为:"这一流转模式的好处是避免招商来的企业与农户直接打交道,省去了投资者诸多不便。同时,农户的利益得到了充分的保证。"村两委成立专门公司后,一次流转土地4300亩,集中进行平整,着手打造现代农业种植示范园。具体是村民与创奇公司签订流转协议,将土地交由创奇公司,创奇公司按每亩每年700斤原粮的标准对农户进行补偿,租期到承包期结束,即到2027年。但是,遗憾的是目前仍然没有找到企业接手,①只好由村委代为经营种植粮食。但是,因为土地初经平整肥力不足,粮食产量要低于往年,且仍然要按期每年给予农民土地流转租金,压力很大。

---

① 访问村民的时候,当问及为什么会租不出去,村民回答,当然租不出去。如果只允许种植粮食的话,700斤原粮不过是一户农民的纯收入,现在整个收入都给了农民了,谁还挣钱!但是当问到是否还愿意将平整之后的土地重新分回去时,有农民表示不同意,原因是现在的收入挺好,而且家里的农机具全部卖了,即便再买新的,已搬到了新农村规划的楼房和小院子里,哪里有地方存放这些东西。

四、工商资本进入农村土地市场后的问题

(一)企业资金和经营问题

企业进入农村土地市场后,面临的首要问题是资金问题。农业生产周期长,且前期需要巨大的经济投入。生产的季节性和时令性,资金在短期内不到位很可能错过播种季节,甚至造成跨年度耕地资源的浪费。企业普遍流转的土地规模较大,承担的土地成本较高,这也给企业带来一定的资金压力。资本进入土地流转过程中,村民的抵触情绪增加了土地流转中的阻碍,加之一系列因租金、土地丈量、原农田基础设施赔偿等问题而引发的冲突,土地流入方损耗大量的人力物力,导致其经营成本攀升,对企业的资金运作构成压力。人工成本上涨压力加大。因为青壮年劳动力在城市和农村之间的平行流动,造成城市工资和农村工资的直接对比。农业劳动因为其自身特点限制要比城市的一些工作更辛苦而且有技术要求,劳动力对工资的高期待也就非常正常。

另外,企业到农村也出现了水土不服的现象。农业生产不像看起来那么简单,所以很多企业面对市场出现经营不善的问题。当然,企业是否只想在农业领域圈地套取政策支持还是经营不善的深层原因不得而知,但无论如何,一旦经营失败资金链断裂,留给农民和当地政府的压力则不能小视。

(二)农民利益保障问题

在上述任何一种模式中,当地政府更加注重招商引资,对于土地流转后的利益分配并没有一个合理的制度设计。正因为如此,在土地流转过程中屡屡出现农民不愿意进行流转的情况。一般来说,农民不愿意流转土地有以下原因:土地情结,这些土地是好不容易才得到的;自己家里的地并不多;家里的人并没有全部出去打工还想自己耕种;没有了土地,自己以后干什么;等待土地升值。

但是,农民会由于以下原因最终同意流转:村委进行有关领导多次入户劝说等大量工作(被访村民告诉我们土地流转初期,村干部挨家挨

户做动员、劝说,想办法解决问题);土地租金预期不错;其他村民已经同意流转,少数服从多数;糊里糊涂随大多数人;迫于一些强制措施的压力等。①

但是,同意流转不代表没有问题。随着农民年龄增大、原来打工的企业调整等原因,这些失去土地的农民回到农村之后如何生活又成为问题,或者"非粮化""非农化"利用的土地出现增值,而且增值部分和农民并没有任何关系等。目前大岗村的土地流转模式中还看不到农民如何参与和分享土地市场的成果。另外,从大岗村的实践经验来看,资本进入后对本村劳动力的吸纳相当有限。

(三)"非粮化"等问题明显

目前为止,资本在大岗流转的土地主要用于葡萄、梨、蔬菜等经济作物的种植,只有4300亩高标准良田用于粮食种植。但是,正因为只能种植粮食,比较效益较低,所以一直不能顺利进行再流转,非粮化趋势明显。如果土地流转之后不种粮食或者流转出去的土地因为经营不善撂荒,或者种植价值比较高的其他经济作物,粮食安全则会是一个问题。而相对工商企业,农户之间的流转及家庭农场则因为技术、管理、市场等原因更多地选择种粮。②

(四)青壮年劳动力缺乏严重

因为引来的企业不能吸纳常年劳动力,村子里80%以上的青壮年劳动力大都选择外出打工,留下的老人和少量不愿意干农活的劳动力不能满足企业农忙时候的用工要求。在插秧季节,每日工资在每天200—300元都不容易找到合适的劳动力。这样的工资水平来自城乡劳动

---

① 被访村民告诉我们:县镇对土地流转的事务都是直接插手。在流转的初期,有村民因为拒绝流转土地而被抓的,比如当地一名颇有威望的老人,当时由于不同意流转土地,被关了7个小时,最后还是同意了。普通农户有两家出于同样的原因被关了一夜。(注:当地农民把征地也当做土地流转。)

② 被访种粮大户在问及他们为什么不种植其他蔬菜瓜果等更赚钱的经济作物时,普遍回答对技术、市场等不熟悉,不如粮食稳妥,不敢轻易进入。可见,政策因素对于保证粮食增产的正向作用。

力市场的扁平化。过去在农村这样的一个"熟人社会",大家相互帮忙非常正常。随着外出打工的增加,时间都有了成本,机会成本和比较成本渐渐在农民的意识里扎根,农民会比较劳动时间和劳动强度以及用工的稀缺度。如果在平时,工资水平一般就可以了,越是农忙,工资要求越高,这就另外增加了工商资本用工的成本和不确定性。

五、结论和思考

(一)土地流转是必然趋势,但要"产业先行"

从农村实际情况看土地流转是必然趋势。已经进行流转的农民体会到了土地收入不减且能解放劳动力的好处,尚未流转的农民认为土地平整和细碎化、水利等问题,只有通过土地流转才能得到较好解决。但是,他们普遍担心的问题就是没有土地了怎么办,只有他们的就业问题解决之后再进行流转才比较合适。大岗村土地流转规模虽然远远超过农村平均水平,但是,村子大部分中青年劳动力仍然选择外出打工,可见其土地流转的规模和速度超过了当地农民就业安排的规模和速度。因此,先要解决产业发展,安排农民就业,再进行流转才是土地流转市场良性发展的必要条件。

(二)慎重对待工商资本,尤其要做好服务和退出安排

工商资本的进入加速了土地流转,并在一定程度上给农村带来了农业新技术、新的经营方式等,并且是"产业先行"的排头兵。但是,并不就像预期那样能完全解决就业,增加农民收入。也正因为工商资本能够进行大量土地流转,一旦经营失败会留下同样多的问题,大岗村目前情况正是如此。但是,这些失败的企业如何退出?很多地方虽然关于工商企业流转土地有准入、风险防控等规定,[①]但还需要国家有有关

---

① 大岗村所在县制定了《工商企业流转村土地管理办法》,但仅限于简单的框架性规定,缺乏准入条件和企业组织形式完备、经营管理团队专业、生产经营能力良好、退出等方面更具操作性的规定。

企业进入、退出的相关法律政策作明确指导。

对工商资本,除了注重"引",还要加强"导",不能把工商资本引进来之后再"关门打狗",要对工商资本做好政府应该做的培训、服务和金融支持等。一边强化监管,一边保护其权益,做好服务,为其可持续发展提供必要条件。

(三) 土地流转结构要合理,要保障粮食生产

为了保障粮食生产,土地流转的结构要合理,即对于工商资本的进入要有一个合适的比例。一个地区理想的土地流转比例应该是工商企业进入吸纳一部分劳动力后,剩余的农户正好可以成为种粮大户。

工商企业的租地成本要普遍高于农户之间流转土地成本,为了获得更高收益,企业通常选择"非粮"经营,而农户之间相互流转或家庭农场等多选择种粮,所以,一定要控制资本流转土地的总体规模。

(四) 资本进入加剧农村社会分化趋势

在调查中,部分受访者提到在过去村民之间的相互帮助是"不算钱"的。受企业雇人工作的影响,近年来,农忙时节村里人帮忙干农活儿都要给付工时费,且和城镇拉平,日渐高涨。大岗季节工,日工资在120－200元,水稻插秧时更高。这样好的是农民越来越有市场观念,渐渐把过去忽视的人力成本计算到土地经营中。但是,很多受访者认为目前村民之间互帮互助的行为明显减少,一个由血缘、地缘联结而成的乡土社会,正在随着乡村的资本化而趋于瓦解。

原载于《河南大学学报(社会科学版)》2015年第5期;《高等学校文科学术文摘》2015年第6期转载

中外零售企业在农村市场
创新扩散的比较研究
——基于沃尔玛与苏果的案例分析

荆林波　丁　宁[①]

引　言

自2005年以来,我国实施"万村千乡市场工程",深度开拓农村市场,以苏果、家家悦为代表的零售企业凭借技术和组织创新在农村消费市场取得良好的经营业绩,逐渐成为深化农村流通体制改革的重要力量。这引起一些学者关注零售企业在城乡流通体系构建中的作用和功能。黄国雄提出,我国开拓农村消费市场应促进农村连锁商业的创新。[②] 夏春玉,张闯,梁守砚认为零售企业可以通过采购与配送系统共享来降低流通成本,并形成零售商主导的城乡互动的双向流通系统。[③] 超市等现代零售业态创新在农村市场取得良好的经营绩效,而零售企业在农村创新扩散的关键因素主要取决于顾客服务和政府政策的支持。

在国外相关研究中,Jia对沃尔玛公司在美国小镇市场1980－1990年期间的扩张历程研究结果表明,规模经济对沃尔玛的创新扩散非常

[①] 荆林波(1966—),山西临猗人,中国社会科学院财经战略研究院研究员,博士生导师;丁宁(1979—),男,安徽东至人,安徽财经大学国际经济贸易学院副教授,中国社会科学院财经战略研究院博士后。

[②] 黄国雄:《关于推进我国现代流通体系建设的几点建议》,《财贸经济》,2011年第3期。

[③] 夏春玉、张闯、梁守砚:《城乡互动的双向流通系统:互动机制与建立途径》,《财贸经济》,2009年第10期。

重要,而对集中于城市市场中的凯马特作用较少。① Holmos 研究发现沃尔玛连锁商店的成长动力来自于对消费者需求的快速反应。② Graff 发现沃尔玛公司发展初期采取的传染扩散模式极大地推动了公司市场份额的显著增长。③

其他的相关研究表明,城市零售企业将现代流通创新扩散到农村消费市场,有利于缩短城乡流通体系存在的二元结构差距。④ 由于中外城乡流通体系存在的差异,国外关于零售企业在农村市场创新扩散的研究结论和策略是否适用于我国,有待进一步深入研究。因此,本文通过对沃尔玛公司和我国典型零售企业(苏果)在农村市场创新扩散案例进行比较,分析零售企业在我国的创新扩散模式和阶段性特征,从中总结出零售企业在我国农村市场创新扩散的机理,以此拓展"三农问题"理论研究深度,为我国构建农村现代流通体系提供理论依据,也为我国深入推进"万村千乡市场工程"措施提供有力的理论支持。

一、沃尔玛与苏果在农村市场发展的案例分析

(一) 沃尔玛在美国农村市场的发展

1. 沃尔玛公司的发展阶段

沃尔玛公司于1962年在美国阿肯色州本顿维尔镇创立,经营业态主要包括购物广场、山姆会员店、社区店、折扣店。根据 Graff 和 Aston 的研究,沃尔玛在美国的发展经历了三个阶段:第一阶段(1962—1974年),沃尔玛发展成为一个成功的小镇零售商,主要连锁店铺分布于阿

---

① Jia,P,"What Happens When Wal-Mart Comes to Town:An Empirical Analysis of the Discount Retailing Industry",Econometrica,76(2008).

② Thomas,J. Holmos,"The Diffusion of Wal-Mart and Economies of Density",Econometrica,79(2011).

③ Thoms O. Graff and Dub Ashon,"Spatial Diffusion of Wal- Mart:Contagise Hieraousand Revrse HierarchicalElements", Professional Geographer,50 (1994).

④ 唐红涛:《商业空间集聚形成与演化发展研究》,《经济经纬》,2011年第2期。

肯色及邻近州。第二阶段(1975—1984年),沃尔玛开始与当时美国大型零售商在更广泛的地域进行竞争。第三阶段(1985—1990年),沃尔玛在美国全国范围实施主动扩张计划,并在1990年成为美国排名第一的零售商。

表1 沃尔玛公司的发展历程

年份	1960	1970	1980	1990	1998
销售额(美元)	140万	3100万	12亿	260亿	1332亿
利润(美元)	11.2万	120万	4100万	10亿	41亿
商店数(个) 新店与总部距离 (公里)	9 100	32 173	576 618	1528 757	3000

资料来源:沃尔玛公司年报。

表2 沃尔玛在不同人口规模的县或城市开店数量及同期占比(1962—1990)

年份	县或城市人口规模(千人)								合计
	<25	25—50	50—75	75—100	100—250	250—500	500—750	750—1000	>1000	
1962—1969	10 56%	4 22%	2 11%	1 6%	1 6%					18
1970—1974	42 50%	27 32%	8 10%	3 4%	2 2%	1 1%	1 1%			84
1975—1979	73 41%	67 38%	14 8%	7 4%	8 5%	4 2%	2 1%	1 <1%		176
1980—1984	106 23%	134 29%	65 14%	35 7%	71 15%	39 8%	9 2%	3 1%	7 2%	469
1985—1989	158 25%	132 21%	64 10%	51 8%	103 16%	72 11%	20 3%	16 3%	15 3%	631
1990	26 16%	42 24%	14 8%	13 7%	22 13%	23 3%	17 10%	6 3%	10 6%	175

资料来源:Thoms o. Graff and dub Ashon,"Spatial diffusion of Wal-mart:contagiou and revrse hierarchical elements",professional geographer,46(1994).

2.沃尔玛公司空间扩张模式

在公司发展初期的市场进入选择上,沃尔玛的主要目标是小城镇市场,地域较为集中。在1962—1969年,公司在10万人以下的小城镇开店17个,占同期总开店数的94%,开店范围主要集中于公司总部本顿维尔镇400公里以内。直到本部附近小城镇零售市场饱和以后,沃尔玛公司才逐渐扩展到邻近城市市场，新开店铺与总部距离平均在100公里以内，在空间扩张模式上属于典型的传染扩散。随着资本实力的增强，沃尔玛逐渐提升城市开店比例。① 在公司发展的第二阶段后期（1980－1984年），沃尔玛在人口规模25－50万城市新开店铺39个，占同期开店总数8%，在人口规模50－75万和100万的城市分别新开店铺9个和7个，占同期开店总数的4%。在公司发展第三阶段（1985－1989年），沃尔玛在10万人以下的小城镇开店比例下降为64%，25万人以上城市开店比例上升为20%，1990年这一比例上升为22%，在空间模式上同时具有传染扩散和等级扩散的特征。同时，沃尔玛在城市开新店的速度明显加快。在公司发展第二阶段（1975－1984年），沃尔玛10年间在25万人以上城市新开店铺65家，而在第三阶段，沃尔玛在25万人以上城市新开店铺123家，1990年就开了56家新店。（参见表1、表2）

3. 沃尔玛公司的经营战略

在公司发展的第一阶段（1962－1969年），由于采购能力的限制，沃尔玛早期品类组合中大品牌商品较少，但公司坚持以低价格向顾客销售优质商品，这赢得了消费者的认可和信赖。进入到第二阶段（从1980年开始），随着沃尔玛实力的不断增强，公司开始逐步提升产品组合中知名品牌的数量和比例。对于物流配送，沃尔玛1970年在总部所在地本顿维尔镇建立第一家自有配送中心。

为了降低物流和配送成本，沃尔玛坚持在新建连锁店铺之前先建配送中心，然后围绕其配送中心有效物流半径内密集开店。

在经营业态上，沃尔玛以折扣店起家，随着公司经营规模不断扩大，沃尔玛不断进行零售业态创新。1983年沃尔玛在俄克拉荷马州中西部城开设第一家山姆会员店，1988年在华盛顿开设首家沃尔玛购物广场，1998年沃尔玛公司在阿肯色州推出社区店。在资本可得性上，沃尔玛发展初期所需资金主要依靠银行贷款和公司利润，公司发展很大程度上受到资本瓶颈的制约，1969年甚至遭受到比较严重的资金链

---

① 根据沃尔玛公司的年报，1980年沃尔玛公司销售额达到12亿美元，实现利润4100万美元，店铺总数达到576个。

危机。1970年沃尔玛发行自己的公司股票,1972年公司股票获准在纽约证券交易所上市,这给沃尔玛公司扩张提供了雄厚的资本支持。同时,公司良好的经营业绩也推动其股票价格和投资回报率不断提升。1977—1987年期间,沃尔玛年投资回报率达46%,吸引更多的投资者看好并投资沃尔玛。到公司发展的成熟阶段后,沃尔玛又扩展与大型投资银行的合作。2002年,沃尔玛向国家保险公司和通用再保险公司购买再保险,不仅转嫁部分经营风险,而且巩固与波克夏、美林、摩根大通等大型投资银行的合作关系,获得更大的银行信用支持。

(二) 苏果在中国农村市场的发展案例

1. 苏果公司的发展历程

苏果超市有限公司于1996年7月在南京成立,其发展历程大致可分为三个阶段。第一阶段(1996—2001年),苏果直营店主要集中在南京市场,1998年4月,苏果超市以加盟店形式向南京周边的溧水、高淳辐射扩张。截至2001年底,苏果加盟店发展到450家,其中直营店220家,加盟店450多家,实现销售额52亿元,其中直营店销售25.4亿元。第二阶段(2002—2005年),2002年下半年,苏果在南京已占据零售市场最大份额,2005年苏果加盟店总数达到882个,其中在二级城市网点有193个,县城网点有210个,在乡镇以下的网点有479个。按地区经济发展水平分析,在苏北和安徽相对贫困农村地区的网点有444个。第三阶段(2006年至今),2005年起苏果开始深度开发农村市场,2009年苏果在县和县以下农村开设连锁店铺数879家,其中乡镇及镇以下农村网点数为605家。2011年苏果销售额达到421亿元,连锁网点总数达2000家。

2. 苏果的空间扩张

在公司发展的第一阶段,苏果除了南京市场以外,加盟经营网络主要分布在江苏、安徽、山东和河南四省的市、县和乡,经营面积达到19万平方米。为了深度开发农村市场,2002年苏果采取直营和加盟双轮驱动战略,直营连锁店开始向外埠扩张。2002年12月,苏果第一家外埠直营店在姜堰开业,随后苏果在溧水、宝应、仪征等地陆续开设外埠直营门店。2005年,苏果推行"百县百店"战略,在距南京物流有效半径范围内的苏北和皖南 100 个县城计划开设 100 个购物广场、平价店或社区店,并大量建设村级农家店。2011 年苏果连锁经营网络已覆盖江苏、安徽、山东、湖北、河北和河南等 6 个省份。

3. 苏果公司的经营战略

在公司发展过程中,苏果不断进行业态创新。从 1996—1998 年,苏果在南京主要以几百平方米的标准超市业态发展。1999 年 2 月,苏果超市推出第一家便利店。2000 年,苏果又尝试发展大卖场和仓储超市业态。同时,苏果也非常重视提升公司物流配送能力,2004 年苏果在南京投资 2.3 亿元建设马群配送中心,并大量采用先进物流技术。马群配送中心可集中对 300 公里物流半径内 1000 余家苏果连锁店实行高效物流配送,年配送量 4300 多万箱。为了进一步提升县城、乡镇农村市场的物流配送效率,2012 年 2 月,苏果又投资 8 亿元建设淮安物流配送中心。在外部资金支持上,2002 年 9 月和 2004 年,香港华润创业有限公司分别以 2.32 亿元和 3.1 亿元收购了苏果超市 39.25% 和 24.25% 的股权。

随着外埠市场销售规模和销售比重不断提升,2006 年以后,苏果在苏、皖重要区域市场积极推行多业态组合的"南京模式",经营战略向"直营渗透"转型。2008 年,苏果一方面加速加盟体系内部整合,以竞争力更强的直营店抢占外埠市场,在已经进入的扬州、马鞍山和淮南等地实施区域集中策略,另一方面以雄厚的资本并购重点区域的加盟店,①在苏皖省会城市、一线城市、二三线县城、乡镇和农村构建连锁经营网络。

二、零售企业在农村市场创新扩散的机理

根据沃尔玛公司小城镇发展的案例分析,与我国典型零售企业在农村市场的发展进行比较,可以总结出零售企业在农村市场创新扩散的一般原理:

---

① 2006 年 8 月,苏果超市整合合肥 8 家加盟店。

(一)重视城镇在中心地流通体系中的链接作用

虽然各国流通体系存在较大差异,但根据中心地理论,城镇在城乡中心地流通体系中具有重要链接作用。一个中心地开展某一商业活动所需的被服务人口规模称为"门槛",而中心地到包含这些人口的地域边缘距离被称为"门槛范围"。城镇人口密度和收入增长推动城镇流通体系需求的增长,从供给角度看,现代零售组织、技术创新和交通条件改善,缩短一些零售服务职能的门槛范围,使原本由高一级的县域中心地提供的零售服务职能下移至城镇中心地。消费者多目的购物习惯进一步减少出行成本,也使城镇中心地可以承接更多零售服务职能。例如,沃尔玛以小镇为目标市场,在小镇引入折扣百货店,而当时百货店开店标准一般是人口5万以上的地区。这得益于交通和零售技术、组织创新与顾客需求的相互作用缩短了百货店门槛范围,使其服务职能下移至城镇。同样类似例子还有沃尔玛连锁店在美国城镇中心地的发展,相同原理也推动城镇一些商业服务职能下移至更低一级中心地,如基层村。

另外,中心地等级间职能分布改变也引起中心地等级结构变化,城镇在中心地体系中承接更多商业服务职能,同时,辐射的市场范围不断扩大,使较少的城镇中心地提供足够的零售服务职能,导致城镇数量减少。城镇中心地等级职能及其结构变化为零售企业在城镇中心地的组织、技术、业态创新提供了强有力的理论依据,沃尔玛、苏果等中外零售企业也充分重视城镇在中心地流通体系中的链接作用,从而在农村市场创新扩散中取得良好的经营绩效。

(二)在引入和成长阶段采取传染扩散模式

在创新扩散模式上,沃尔玛初期主要采取传染扩散模式,在公司发展第一阶段(1962—1974年),新店与总部平均距离为135公里。在1975—1984年的第二阶段,沃尔玛先进入前期已建网点附近的城市市场,再向上一级中心地体系进行创新扩散。而这种传染扩散模式与美国城市化进程互相促进,城市向郊区扩展,将沃尔玛已经进入的城市边缘地区纳入到城市中心地体系,而沃尔玛进入的城郊聚集了较多的人口,并建立较为完善的基础设施,成为城市化优先发展的区域。在我国,多数成功的承办企业在农村市场空间扩张方式上采取了传染扩散模式。以苏果为例,苏果1996—2002年主要集中于南京市场,2002年以后围绕南京对苏皖农村市场进行创新扩散。2002年至2010年新店与总部的创新扩散平均距离为170.07公里,其中2002—2005年创新扩散平均距离为118.54公里,2006—2010年平均距离为176.32公里。随着公司内部创新能力的增强,公司流通创新扩散距离逐渐延长。从2002年开始,苏果以南京为创新扩散和物流配送中心,向苏皖县级市场积极拓展直营店。在一些区域县级中心地流通体系中,苏果还向大型乡镇延伸直营连锁体系,在小型乡镇及中心村则通过品牌输出积极发展加盟连锁经营网络。苏果这种梯度推进的扩张战略较好地适应我国中心地体系等级职能下移的原理,从而使公司连锁经营网络以低成本在农村市场快速扩张。在零售企业开拓农村市场的引入期和成长阶段,由于零售企业资本规模较小,适宜实行成本最小化战略以充分利用公司拥有的资源,传染扩散模式能够较好地满足零售企业初期发展的这一目标。

(三) 充分利用规模、范围和密度经济

在农村市场的创新扩散过程中,中外成功的零售企业都充分利用规模、范围和密度经济原理推动公司持续快速发展。如沃尔玛采取与自愿加盟连锁组织的合作,以多业态组合和差异化产品组合服务小镇不同消费群体,围绕总部本顿维尔镇附近的小城镇密集开店。当小镇市场逐渐饱和,市场接近人口密度的临界点,沃尔玛转向城市市场,避免密度不经济。在我国,如苏果围绕南京创新源,对物流半径100公里以内的城市、县城、乡镇、农村四级中心地市场密集开店。充分利用规模经济、范围经济和密度经济原理在进入的中心地市场构建高效的分销、物流网络组织体系。

(四) 流通创新属性与市场环境的匹配性

在农村居民消费结构中,食品、日用百货类消费品购买频率和消费比例较高,消费者购买决策主要取决于产品质量、价格和购物的移动距离。① 沃尔玛和苏果等零售企业根据接受创新区域环境特点,对店铺选址、产品和服务等流通创新属性进行仔细甄别,使企业内部流通创新属性与市场环境高度匹配,从而大大节约城镇居民购物成本,传递给消费者更多的顾客价值,极大地提升流通创新的扩散速度和效率,使公司创新扩散模式具备成本上比较优势。例如,沃尔玛从阿肯色、田纳西到堪萨斯扩张的连锁店,不仅业态、商品和服务组合不同,在营业面积上从3万平方英尺到6万平方英尺存在5种规格,每家分店都按当地市场规模确定具体的营业面积。在我国,苏果根据不同区域产业结构、收入水平和消费者购买习惯科学制定企业流通创新扩散属性,比如江苏一些乡镇,人口密度和居民消费水平较高,乡镇企业发展较快。苏果在这些地区零售店铺经营产品品类和档次也高于其他地区,甚至在一些城镇市场开设大型购物广场。② 而在安徽地区一些乡镇和行政村,苏果主要以便利店、社区店业态向居民提供零售服务,以质优价廉的产品服务组合提升消费者满意度。

(五) 在具体阶段提升影响公司发展的重要因素

沃尔玛和苏果等零售企业在农村创新扩散的成功机理还在于:公司不断提升影响其在农村市场具体扩散阶段的重要因素。例如,沃尔玛在公司发展第一和第二阶段非常重视提升物流组织能力,坚持先建仓库再建店的发展战略。由于引入和成长阶段企业资金压力较大,公司以传染扩散模式在小城镇进行扩张。相对城市市场,小城镇市场空间富于弹性,随着距离延长和人口密度降低,店铺对消费者吸引力在空间衰减速度较慢,在小镇市场集中经营,也使沃尔玛避开激烈的市场竞争。③ 其次,沃尔玛还通过证券市场上市融资增强公司资本可得性。

---

① 李辉,徐会奇:《城乡居民消费行为比较研究》,《经济经纬》,2011年第3期。
② 如江苏武进的湖塘镇、六合的大厂镇的华润苏果购物广场,营业面积均在3000平方米以上,有些甚至达到10000平方米以上,经营产品达2万余种。
③ 当时美国零售巨头凯马特将经营重点放在城市。

到第二阶段,小城镇市场逐渐饱和,店铺经营绩效和人口密度之间关系接近密度不经济的临界点,城镇市场弹性越来越小。而随着公司资本可得性提升,沃尔玛公司内部创新属性也得到不断提升,可以进入城市市场参与零售竞争。这一阶段,沃尔玛开始兼并竞争对手的门店,扩张速度大幅提升。在第三阶段,由于强大的银行信用和商业信用以及资本市场支持,沃尔玛逐步提升新建直营店的比例。

在我国,苏果针对主要竞争对手的市场空间分布,进行科学的市场进入决策。2004年我国零售业全面对外资开放,苏果所在的江苏市场成为沃尔玛、家乐福、乐购等外资零售巨头争夺的重要市场,但这些外资超市由于经营业态上主要集中于大型卖场,在县城和乡镇缺乏足够的业态适应性。而在县城和乡镇市场,国内大型零售商市场份额不高,主要是一些本地自营的超市。苏果针对国内外竞争对手的市场分布特征,准确选择市场弹性较大的县城和乡镇市场作为企业经营的重点领域,并通过流通组织和技术创新有效地减少阻抗城乡居民购物的空间和心理因素,不断提升公司物流组织能力和空间扩散模式的可行性。同时,苏果在发展过程中也不断增强企业资本可得性,2002年苏果得到华润集团的资本注入后,不断进行业态、技术和物流等公司内部流通要素创新。2006年苏果先后整合了合肥、马鞍山等多家加盟店,2006年以后公司发展战略也从直营加盟"双轮驱动"逐渐转向直营渗透。

三、中外零售企业在农村市场创新扩散的差异

(一) 创新属性和扩散环境差异

由于企业内部创新属性和扩散环境存在的差异,中外零售企业在农村市场创新扩散效应和速度不同。美国农业产业化水平较高,涉农企业和人口在小镇附近集聚程度较高,并且农民市民化水平比较高,农村消费者的消费观念、维权意识和市场参与意识比我国农村居民要高,流通创新与顾客价值链能够得到较高程度的互动发展,农民收入和消费水平也高于我国,城镇道路交通状况较好,居民利用汽车作为出行的交通工具去附近小镇购买消费品较为方便,因此折扣百货店在美国小

镇可以得到快速的发展,能够从城镇附近的农村市场吸引消费者。在我国,城镇化水平差异较大,东部地区城镇化水平较高,在人口密度、购买力和乡镇企业的发展水平上普遍高于中西部地区。而中西部地区农村居民每年大量涌入城市寻找就业机会,这降低了城镇和农村人口聚集程度和需求规模。另外,农民出行受到交通工具的制约,汽车等交通工具在我国农村普及程度不及美国,城镇对农民的吸引力因交通条件限制缩减速度较快,镇级店的商圈辐射范围也比美国小,因此,我国有必要在城镇以下构建村级店以方便农民购物需要。除此之外,沃尔玛的小镇折扣百货店在服务、产品组合和业态、技术等流通创新属性上也高于目前我国乡镇一级的农家店,作为创新接受域元小镇的基础设施、道路、信息化水平较高,这也为沃尔玛扩张连锁经营网络提供了便利条件。

(二) 市场进入次序的差异

比较我国"万村千乡市场工程"中承办企业与美国沃尔玛在农村市场的发展,可以发现中外零售企业市场进入次序存在差异。沃尔玛在公司发展的第一阶段主要进入小城镇市场,而我国承办企业特别是城市中大型零售企业大多先以直营店形式进入县域中心地的县城,再以梯度推进方式进入重点乡镇,而后进入基层村。在乡镇和村加盟店的比例也高于直营店,形成"以城区店为龙头,乡镇店为骨干,村级店为基础"的农村流通创新网络。中外零售企业市场进入次序差异主要存在两个方面的原因:第一,由于中心地流通体系中扩散环境差异导致需求弹性和市场潜力空间变化。美国城镇居民收入水平和消费观念有利于零售企业将现代流通组织、业态及技术创新迅速扩散到城镇市场,加上汽车等便捷交通工具的普及,极大地降低镇周边居民到镇级沃尔玛折扣店购物成本。第二,创新主体存在差异。沃尔玛在开展自主连锁经营之前,加盟了本·富兰克林连锁经营体系,拥有10余年的零售经营经验,企业拥有卓越创新意识的企业家。我国"万村千乡市场工程"中的承办企业一方面是来自于城市中大型零售企业,以苏果、家家悦为代表,另一方面经营主体来自于农村广大商业经营者,以个体经营为主,缺乏现代零售、营销经营知识与技能。但相对第一类主体,基层农家店经营主体熟悉农村市场,在农村有着更为广泛的社会网络关系,在现代农村流通体系构建中具有比较优势,也是深化农村流通体制改革的重要力量。

(三)创新扩散与当地企业价值链互动

国外关于连锁店对农村商业的影响研究中,一部分学者认为大型连锁商店冲击了当地商业的发展。原因在于以沃尔玛为代表的零售商创新扩散活动在价值链环节上与当地企业存在较少程度的互动,却存在一定程度的替代性和竞争性。沃尔玛进入到农村消费市场产生了一种出行购物上的替代效应,使得农村地区的消费者去当地小镇附近的沃尔玛折扣商店购买产品,这种替代效应减少当地零售商销售额。在我国,相比城市,农村日用消费品流通体系较为滞后,但随着农村居民收入水平的提升和新农村建设等相关政策的出台,零售企业在农村市场进行流通创新扩散存在较大机遇。零售企业在农村市场引入新型业态和交易方式,将极大地刺激农村市场需求,增强城镇商圈对周边基层市场的辐射能力,使创新扩散与当地商贸企业的价值链互动发展。例如,苏果在进入的县域市场形成以苏果购物广场为核心的商圈,提升县城商圈对周边乡镇和农村地区居民的吸引力,这使商圈内与苏果存在互补职能的商业企业也在农村消费者多目的购物活动中获得较好发展。另外,很多零售企业通过流通创新与价值链的相互作用,在进入的农村市场与当地农产品生产企业形成较好的互动发展。以苏果为例,与苏果合作的农产品加工企业有上千家,农产品经营龙头企业超过500家,苏果在全国建立100多个农产品生产基地。通过"农户+农产品企业+超市"等多种形式的农超对接,苏果还向广大涉农企业提供销售、技术、信息等现代农业生产性服务。

四、结论与相关政策建议

通过沃尔玛公司与我国典型零售企业在农村市场流通创新扩散的比较,可以得出零售企业在农村市场创新扩散的机理。这些零售企业都充分重视城镇在城乡中心地流通体系中的链接作用,在引入和成长阶段采取传染扩散模式。在公司发展过程中,规模经济、范围经济和密度经济是推动零售企业在农村市场发展的动力机制。同时,零售企业在农村市场创新扩散具有明显的阶段性,零售企业需要在具体扩散阶段提升影响公司发展的重要因素。随着零售企业在农村消费市场扩张的深入,资本可得性对企业重要性逐渐提升,成功的零售企业不断增强企业资本可得性,并通过资本增强其他影响企业扩张的重要因素。由于不同区域市场环境的差异,这些零售企业也非常注重流通创新属性与创新环境的匹配性。

根据目前我国零售企业内部创新属性和我国"省会城市—次级城市—县城—小城镇"中心地体系的阶层性特征,大多数零售企业还处于开拓农村市场的引入和成长阶段,在空间扩张上选择传染扩散模式较为适宜。零售企业需要通过流通创新与顾客和当地企业价值链实现较好的互动发展。一方面,零售企业需要构建以适合城镇居民消费特点的乡镇商业中心的新型业态,在产品、服务组合上形成与城镇居民价值链的互动发展,增加顾客价值;另一方面,零售企业开拓农村消费市场,需要重视与农村涉农企业、中介组织合作,包括基层供销社和农民生产合作社,充分利用农村现有的商业经营网络和社会资源。农村日用品流通的合作经济组织也应抓住机遇,积极进行现代连锁经营的模式创新,并与城市大型零售企业进行良好对接。

各级政府在实施"万村千乡市场工程"政策的具体过程中,应把管理重点放在农家店的标准、政策补贴的发放规范等来"防止骗补"行为。针对目前存在的农家店布局不合理、边远地区农家店偏少等问题,应充分尊重市场规律,引导企业积极参与边远地区流通体系建设。针对承办企业的规模、技术等具体情况,对其农家店经营绩效进行评估,分阶段对其经营重点方面予以政策扶持。另外,"万村千乡市场工程"政策应与其他土地、税收和城镇化政策互相配合,切实加强城镇和农村的基础设施,特别是商业和物流基础设施建设,提高农村商品统一配送率,努力提高农业产业化水平。这不仅有利于创新接受单元提升流通创新的接受能力,另一方面也会促进流通创新与国内价值链的互动发展。

最后,我国农村市场潜力巨大,政府在鼓励城市中零售企业带着资金、技术下乡的同时,也应充分重视发挥基层农村零售经营主体的积极性和创造性。在继续以资金扶持的同时,要重视现代商贸、零售等经营知识的培训工作,以"农家店"店长培训工作为抓手提升基层农村零售经营主体经营水平,培养农村的零售企业家。由于两类承办主体各有优势,应鼓励两类主体间的合作、联盟,不断推动农村连锁经营组织体系的创新。

原载于《河南大学学报(社会科学版)》2012年第6期;《贸易经济》2013年第2期转载

城市发展与转型升级

消除城乡二元结构:浦东模式转型分析

桂家友[①]

城乡关系是一个古老而又年轻的话题,这一理论可以追溯到亚当·斯密的《国富论》。马克思、恩格斯建立在生产力理论和阶级理论基础上的城乡对立与城乡融合的思想是现代城乡关系理论特别是社会主义国家城乡关系理论的基石。而消除城乡二元结构理论研究的蓬勃兴起是在20世纪50年代之后,美国经济学家刘易斯(W. A. Lewis)二元结构理论是最有代表性的经典理论模型。随后经过了拉尼斯-费景汉(G. Ranis & J. Fei)、乔根森(D. Jorgenson)、托达罗(P. Todaro)等人的补充和完善。美国政治社会学者亨廷顿(S. P. Huntington)城乡差距革命论阐述了以乡村支配城市的社会——城乡对立社会——以城市支配乡村的社会这样一个周期发展过程,也就是从现代化开始到现代化完成的过程。加拿大学者麦基(T. G. Mcgee)用了30年时间研究亚洲国家乡一体化Desakota模型。整体看来,城乡关系研究走了一条合一分一合的道路,但这些理论很难直接拿来在中国使用。在国内,消除城乡二元结构的研究多以城乡统筹和城乡一体化研究为主,形成了比较丰富的城乡关系理论,但该领域的"模式"研究不多,其代表作有王洪春的《我国城乡统筹发展模式探讨》(《宁夏大学学报》,2010年第1期)、曹荣庆的《浙江城乡一体化的实践模式》(《浙江经济》,2004年第23期)等,而以消除城乡二元结构模式为主题的理论研究很少。作为20年开发开放的成果,浦东从一个以农村为主的郊区发展成为一个国际化的现代新城区,浦东消除城乡二元结构模式,必将为其他地区消除

[①] 桂家友(1969—),男,江西九江人,华东师范大学政治学系博士生。

城乡二元结构提供可资借鉴的经验和教训。本文是笔者在《消除城乡二元结构：浦东模式及其比较分析》和《消除城乡二元结构：浦东模式产生的问题分析》基础上进一步的理论思考，是对这一问题进行系统研究的重要成果。

一、20年开发开放：浦东改变城乡二元结构的成就

1990年开发开放以来，浦东发生了翻天覆地的变化。这20年的快速发展，也是浦东城乡二元结构变革的快速推进时期：城市化快速发展推动城乡空间和人口结构的变化；现代经济的快速发展导致城乡二元经济结构的变化；城乡居民收入快速增长，差距越来越小，并且收入结构也发生了明显的变化；城乡社会事业逐步统一；城乡管理体制逐步一体化。

快速城市化，逐步改变了城乡空间和人口的二元结构。浦东开发开放的过程就是城市化快速推进的过程。一方面浦东的城区空间迅速向郊区农村扩展，另一方面城市人口不断积聚增多。浦东新区开发开放之前是一个以农村为主的郊区，1990年城区面积不足44平方公里，到2008年浦东新区12个街道、11个镇（227个居民委员会和223个村民委员会），浦东新区城市化总面积大约为330－350平方公里。20年浦东城市化面积扩大了6倍多。从人口城市化来看，浦东城市常住人口不断增加，2000年为240.23万，到2008年增加到305.70万；农业户籍人口不断减少，从1990年的52.27万减少到2008年的10.67万人，[①]2008年户籍农业人口只占1990年的20.41%，约为1/5。浦东新区这20年来的人口快速城市化和城市空间扩展速度都是超常规的、"跨越式"的。

积极推进现代经济部门增长，城乡经济二元结构发生了改变。浦东通过大力发展现代经济部门，大量引进外资、内资、银行贷款来快速发展以高科技为先导的先进制造业、以金融为核心的现代服务业、以知

---

① 上海市浦东新区统计局：《浦东新区统计年鉴（2009）》，北京：中国统计出版社，2009年，第11页、24页、38页。

识为载体的创新创意产业。经济结构特别是三次产业结构的变化较为明显:1990年浦东国民生产总值的三次产业构成为3.7∶76.2∶20.1,具有明显的工业化特征,即工业在国民经济中的比重超过50%,到2008年,三次产业构成为0.2∶45.4∶54.4,已经具有了后工业化的特征,第三产业比重超过50%。①

表1 2004—2008年浦东、上海和全国城乡居民人均可支配收入比较(单位:元)

	2004 城市	2004 农村	2005 城市	2005 农村	2006 城市	2006 农村	2007 城市	2007 农村	2008 城市	2008 农村
浦东	16980	8777	19089	9779	21452	10911	24273	12246	27797	13778
上海	16683	7337	18645	8342	20668	9213	23623	10222	26675	11385
全国	9422	2936	10493	3255	11759	3587	13786	4140	15781	4761

* 资料来源:本表根据《浦东新区统计年鉴(2009)》(中国统计出版社,2009年,第211页),上海统计网www.stats-sh.gov.cn:上海统计年鉴(2005-2009),中国统计网www.stats.gov.cn:中国统计年鉴(2005-2009)制作

* 全国一栏中的数据,城市为居民人均可支配收入,农村为居民人均纯收入

表2 2004—2008年浦东城乡居民收入结构比较(单位:元)

年份 收入	2004 城市	2004 农村	2005 城市	2005 农村	2006 城市	2006 农村	2007 城市	2007 农村	2008 城市	2008 农村
人均总	18784	9420	20990	10443	23625	11715	26856	13157	30900	14869
工薪	13176	6946	14149	7458	16320	8223	18690	9117	21728	10179
经营性	227	448	775	460	590	320	494	298	400	249
财产性	407	882	397	1078	391	1522	544	1914	597	2303
转移性	4974	1144	5669	1447	6324	1650	7128	1828	8175	2138

* 资料来源:本表根据《浦东新区统计年鉴(2009)》(中国统计出版社,2009年,第211页)数据制作

收入快速增长,城乡居民收入结构发生变化。一方面,浦东城镇居民和郊区居民人均可支配收入增长率高且差距小。2005—2008年城镇居民人均纯收入分别比上年提高12.4%、12.4%、13.6%、14.5%;

---

① 上海市浦东新区统计局:《浦东新区统计年鉴(2009)》,北京:中国统计出版社,2009年,第24页、171页。

郊区分别提高 11.4％、11.6％、12.2％、12.5％。从 2004 年到 2008 年,浦东城乡人均可支配收入比分别为 1.93∶1;1.95∶1;1.96∶1;1.98∶1;2.01∶1。这种比例说明浦东城乡居民收入差距较小。浦东城乡居民人均可支配收入比小于上海市,更小于全国的差距(见表 1)。另一方面,从城乡居民收入结构来看,由于这方面的数据只有近年的,所以我们仅能对近年的城乡收入结构进行分析。从表 2 来看,人均总收入城乡增长比例相差不大,但是收入的结构有明显的区别。城市居民的工资性收入比重较大,财产性收入农村居民大于城市居民,城市居民转移性收入比重及增长率明显大于农村居民,经营性收入城乡居民差距不大。总的来看这些方面,表明城乡居民的收入结构还存在一些差别(见表 2)。

社会事业城乡一体化成效显著。浦东综合配套改革确定的城郊结合和共同发展原则得到实现,城乡社会事业一体化发展加快。就教育来讲,浦东新区将农村学校从过去的"镇管"转到区级统管,通过统一拨款标准、统一硬件配备水平、统一信息平台、统一提供教师培训与发展机会,实现了与城区学校地位的平等。为了缩小二者存在的巨大差距,浦东投入专项资金补贴农村学校,"仅 2005 年,浦东就投入 9000 多万元,专门用于郊区学校校舍大修、运动场地翻建、绿化、专用教室设备添置、食堂内部维修改造等项目"。[①] 医疗卫生事业方面的城乡差距也逐步缩小。2006 年,浦东 17 家镇卫生院划归区级管理后,不仅预防保健经费拨款标准与城区达到一致,而且还在卫生经费总额中调出 1000 万元,更新、补充了卫生院的医疗设施,172 个村卫生室也全部实施了标准化建设。[②] 同时,浦东还不断提高农村社会保障水平,城乡社会保障全覆盖且保障水平整体得到提升。

管理体制逐步实现城乡"合一"。开发开放初期,浦东新区没有统一管理的政府机构,开发区、城区、郊区彼此隔离,在一定程度上造成了规划建设、产业发展、社会管理等方面的不衔接、不协调。为了进一步

---

① 季明:《城郊和谐:二元并轨走新路》,《浦东发展》,2008 年第 11 期。
② 《改变二元结构,实现城乡社会事业均衡发展》,《浦东发展》,2008 年第 11 期。

消除城乡二元结构,2004年浦东新区开始规划建设功能区域,统筹"区镇"发展管理体制,成立了陆家嘴、张江、金桥、外高桥、三林世博和川沙等6个功能区域,并且对功能区域内的城郊发展进行统一规划、统筹发展、统一管理,为实现城郊一体化发展提供了体制保障。按照上海市"1966"规划,2006年浦东新区开始规划建设川沙、外高桥、唐镇、曹路4个新市镇。4个新市镇分别位于四个功能区域城乡结合部,实际上是功能区域城乡管理体制"合一"的载体。

二、"浦东模式"转型的必要性和必然性

一种制度的转型必然有其内在和外在的原因。从内部原因来讲,由于旧制度中存在难以克服的问题和矛盾,需要新的制度予以解决;从外部来讲,由于环境和其他条件的改变,旧制度的效率不如以前,需要新的制度适应改变后的新条件和新基础。当前消除城乡二元结构的"浦东模式"同时面临这两方面的问题。

(一) 过去消除城乡二元结构方式带来难以化解的问题

笔者曾对浦东消除城乡二元结构中形成的"浦东模式"的特征进行过概况,这些特征主要体现在两个方面:一是"城市偏向",忽视农村;二是两部门分离,通过消灭农村达到消除二元结构。[①] 这种消除城乡二元结构模式是浦东一段时期内采取的主要方式,并且由于它的局限性造成了一系列问题。

第一,农民职业转变难。浦东在经济社会发展和消除城乡二元结构的过程中,仍然实行两部门隔离,从而导致城市的发展与农村的发展没有直接的关系。城市只攫取农村的土地和其他资源,而不关心居住在这块土地上的农民。由于浦东一直在努力打造先进制造业、现代服务业、创新创意产业三大高地,所需人才无法从当地农村劳动力中吸收,而政府对农民培训的关注和投入又不到位,这就必然导致农业劳动

[①] 桂家友,文军:《消除城乡二元结构:浦东模式及其比较分析》,《湖南师范大学社会科学学报》,2009年第6期。

力向其他部门转移出现困难。

第二,农民市民化难以顺利完成。由于经济快速发展和快速城市化导致浦东郊区征地加快,征地后农民身份转变了,但是由于劳动力难以转移到二三产业,他们的生活方式难以改变,生活水平少有改善,从而导致其无法最终完成市民化过程。这些失去土地的新市民只好离开祖祖辈辈住过的已经城市化了的地方,被迁移到更远的郊区,这就造成了这样一种状况,即在现代化城区的边缘地带住着一群群不是农民的"农民"。有人形象地说"上海内环住着说外国话的,中环住着说普通话的,外环住着说上海话的"。征地后农民被迁移到城市边缘,他们的思想、心态问题成为社会问题产生的重要根源。①

第三,快速城市化形势下的快速动迁引发群体性事件增多。浦东快速城市化是在大量征地和动迁中实现的,近年来群体性事件明显上升。在浦东,征地和动迁导致矛盾产生的主要原因:一是由于政策变化带来的矛盾。从1990年到2009年,浦东动迁政策有过4次较大的变化。1990年的动迁(征地)政策,除了补偿以外,还为劳动力安排工作;1996年动迁政策提高了补偿标准,但是不负责安排工作;2002年实行的政策注重多元化需求,经济补偿和安置房并举,同时提高补偿标准;2006年以来新的政策更加注重透明度、公开性和公平性。这些补偿标准和动迁方式的改变,容易引起攀比从而造成矛盾。二是补偿标准过低,且由于不同动迁类型的补偿标准不同导致诸多问题和矛盾。按照现行政策,开发商用地和市政工程等公用基础设施征地的补偿标准是不同的。不同类型动迁补偿的标准差距较大,而且补偿标准低于土地价值的30%,远远低于其他国家和地区的水平,②因而导致动迁居民的不满,从而引起矛盾。三是动迁政策执行弹性较大,带来诸多问题。动迁政策的执行往往人为地设置一定的弹性,由执行人把握尺度,最终使"钉子户"和"关系户"得到更多的补偿,造成补偿的不公,从而引发社会

---

① 张建飞:《城市化进程中失地农民社会保障机制的法学思考》,《政治与法律》,2006年第4期。

② 刘丽,王正立:《世界主要国家的土地征用补偿原则》,《国土资源情报》,2004年第1期。

矛盾。四是"强迁"带来的矛盾。强迁是对被拆迁人房屋的使用权、收益权和处分权的剥夺。① 动迁居民的私有财产被侵犯,在受到强制性压迫的情况下,只能造成更为激烈的矛盾和冲突。当然,还有动迁工作人员的工作方式和行为方式不当引发的矛盾。在其他因素的共同作用下,这些矛盾引起了群体性事件的不断发生。

同时,这种消除城乡二元结构的模式对城市发展也带来了难以解决的问题,一是会形成新的二元结构,即由于身份转变后的"新市民"享受的是"镇保"等权利和待遇,远远低于老市民的各种权利和保障,从而导致新、老市民之间形成新的不平等的二元结构,这与当前社会公平和平等的发展理念不相适应。二是快速城市化带来城市资源的紧缺和持续性发展的难题,特别是城市空间扩张终结之后,城市化应如何进一步发展,更是一些亟待解决的问题。随着人口城市化的快速发展,城市资源必须要有相应的投入和增长,这就涉及经济社会协调发展的问题,也是一个如何保持可持续发展的问题。所有这些都是制约旧模式的重要因素。

(二)"浦东模式"转型的条件和基础

1. 新理念:转变发展方式,注重社会公平

20 年来,上海浦东主要是依靠优惠政策来吸引外资和内资,以大项目和大工程为引擎,以高投入为主导方式,实现了经济社会的跨越式发展。从长远来看,这种发展方式难以实现其持续发展,因而浦东经济社会发展方式转型具有紧迫性,而经济社会发展方式转变必然带来消除城乡二元结构方式的转变。

浦东经济社会发展方式转变的主要原因:一是当前我国经济发展外部环境的压力增大。中国作为一个发展中国家主要以中低端加工产品出口为主,在世界市场上具有一定竞争力,而中国粗放型生产方式受到越来越多国家的指责,近年来国际上对华"反倾销"案例持续增多。二是全球新一轮经济危机造成新的内外矛盾。由美国次贷危机引发的

---

① 李怀:《城市拆迁的利益冲突:一个社会学解析》,《西北民族研究》,2005 年第 3 期。

金融危机导致的全球性经济危机，对整个世界造成了破坏性的影响。为了从危机中尽快走出来，一些发达国家采取损人利己的方式，造成各国矛盾加深，也影响到我国的国际贸易。三是国家经济社会发展阶段转型升级的要求和构建和谐社会的目标要求。经过30多年的改革开放，中国经济社会发展到了一个新阶段，同时也遇到发展瓶颈问题。过去粗放型发展方式消耗了过多的资源，造成产业结构不合理，环境污染等问题，迫切需要转变原有的经济发展方式和社会发展方式，缩小城乡差距、地区差距、贫富差距，促进经济社会更好更快地发展，进而更好地建设社会主义和谐社会。四是浦东自身在发展中的新需要。尽管20年浦东经济社会发展取得巨大成就，但是浦东资源投入代价高、成本高，基本属于投资增长型发展模式，而且在产业结构升级、促进社会结构合理化发展、治理环境污染等方面成效并不明显。转变发展方式，在当前情况下要大力发展低碳经济。低碳经济是一种低能耗、低排放、低污染的生态经济发展模式，是低碳产业、低碳技术、低碳生活等一类经济形态的总称。① 低碳经济是社会发展方式转变和经济结构方式转变的重要结合点，也是我国承担世界大国角色的重要体现，因此要大力发展循环经济、低能耗经济、绿色经济。同时，发展方式的转变必须与扩大内需方针相结合，特别是要转变消费观念，开拓农村市场，提高广大农民的消费水平。②

转变经济社会发展方式，内在地需要更加注重社会公平。公平正义是每一个现代国家孜孜以求的目标。由于我国社会主义社会还处在初级阶段，制度和体制有许多不完善的地方，在强调经济快速发展的目标下社会公正常常被忽视。新中国建立为城乡平等创造了条件，但是由于追求工业化目标而实行的城乡隔离政策，造成了实际上城乡公民权利的不平等和不公平。正如2010年中央《政府工作报告》指出的："如果说真理是思想体系的首要价值，那么公平正义就是社会主义国家制度的首要价值。公平正义就是要尊重每一个人，维护每一个人的合

---

① 龚建文：《低碳经济：中国的现实选择》，《江西社会科学》，2009年第7期。
② 孙育玮，张善根：《都市法治文化本体的理论探析》，《政治与法律》，2005年第6期。

法权益,在自由平等的条件下,为每一个人创造全面发展的机会。如果说发展经济、改善民生是政府的天职,那么推动社会公平正义就是政府的良心。"①这说明新时期我们党和国家更加注重社会公平,因为"社会公平正义比太阳还要有光辉"。②

浦东经济社会发展方式转变必然要求消除城乡二元结构的发展模式随之改变。作为改革开放的前沿阵地和先行试验区,上海经济发展方式的转变必须走在全国的前列。经济发展方式的转变内在地要求合理的社会结构和城乡结构,从而为改变城乡二元结构提供新的机遇和条件。经济社会发展方式转变也必然将维护社会公平作为其发展理念,让所有城乡居民都能够享受到改革开放的成果,享受到经济社会发展的成果。

2. 新起点:20 年发展奠定经济社会基础

浦东"二次创业"与 20 年前浦东开发开放初期的起点不可同日而语,经济发展、社会发展和城市建设都具有了更高的基础和水平。

经济发展成就。1990 年浦东生产总值 60.24 亿元,2008 年为 3150.99 亿元,18 年增长了 50 倍;国民生产总值的三次产业构成也发生了明显的变化,从工业化特征的三次产业构成 3.7:76.2:20.1 转变为后工业化特征的三次产业构成 0.2:45.4:54.4;财政收入 2008 年达到 1042.44 亿元;进出口货物由 1993 年的进口 25.92 亿元、出口 12.02 亿元增长到 2008 年进口 1449.59 亿元、出口 604.23 亿元;外商直接投资实际到位金额由 1990 年的 0.13 亿元增长到 2008 年的 34.35 亿元;1990 年合同项目 28 个,2008 年增加到 803 个,最高年份 2004 年达到 1688 个;固定资产投资 1990 年 14.15 亿,2008 年 872.68 亿,20 年来共计固定资产投资 8368.58 亿元。③ 不仅如此,新浦东的经济实力更强,发展空间更大。原南汇地区 2008 年国民生产总值 548 亿

---

① 温家宝:《政府工作报告》(2010 年 3 月 15 日),http://www.gov.cn/2010lh/content_1555767.htm,2010 年 5 月 20 日。
② 新华社:《公平正义比太阳还要有光辉——在十一届全国人大三次会议记者会上温家宝总理答中外记者问》,《文汇报》,2010 年 3 月 15 日。
③ 上海市浦东新区统计局:《浦东新区统计年鉴(2009)》,北京:中国统计出版社,2009 年,第 24—171 页。

元;财政收入149.5亿元,其中地方财政收入45.6亿元;外商投资合同金额5.2亿元,实际到位4.4亿元;固定资产投资380亿元。① 这些成就是20年前的浦东难以望其项背的。

服务型政府建设的成就。1990年国家决策开发开放浦东的时候,浦东还是在"三区二县""分割"管理体制下的郊区,为了提高开发开放的进程和顺利实现管理体制的转换,浦东实行开发体制(浦东开发办)与管理体制(三区两县)同时并存,分体运作。1993年成立了党工委和管委会。2000年浦东新区政府成立,目标是形成"小政府,大社会"的格局。2005年综合配套改革试点,转变政府职能作为"三个着力点"之一,浦东转变政府职能,率先建立效能投诉、效能评估、行政问责、电子检查等制度,进一步提高了行政效能;行政审批方面,在不断减少审批程序、审批事项的同时,推进"一表受理、一网运作、一次发证"的审批模式和"一口受理、一单到底、一次收费"的管理模式;同时建立多层次的服务平台、覆盖全区的公共服务体系,全面提升了浦东政府的服务功能。2009年5月南汇划入浦东新区,合并之后的浦东新区依然是"小政府",具体表现为"上面轻型化、下面扁平化"的机构设置原则,和"上面捏紧拳头、下面放开手脚"的行政管理模式。

现代化城区的基础设施。从1990年浦东开始大力推进城区基础设施建设以来,浦东目前已经形成了公路、地铁、有轨电车、磁悬浮列车等为一体的公共交通体系,并形成了高架、地面和地下三层立体式的交通网络。到2008年,原浦东新区城市道路长度为619公里、道路面积1356万平方米;公路里程1060公里、公路面积1680万平方米;8层以上的建筑3151幢;园林绿地面积8923.84万平方米;自来水厂生产能力181.80万立方米;电力最高负荷380.57万千瓦;天然气全年销售量达到51100万立方米;公共交通年末运营公共车辆2578辆,专线运营车辆1877辆。② 原南汇地区城市基础设施比浦东开发开放初期有了

---

① 张建晨:《政府工作报告》,《南汇年鉴(2009)》,北京:方志出版社,2009年,第6页。

② 上海市浦东新区统计局:《浦东新区统计年鉴(2009)》,北京:中国统计出版社,2009年,第277—283页。

根本改观,整个浦东新区的现代化城区基础设施系统而且完善。

3.新机遇:二次创业和新的发展布局

浦东开发开放二次创业,目标是将浦东建设成为科学发展的先行区、"四个中心"的核心区、综合改革的试验区、开放和谐的生态区,使浦东努力成为联系国内外经济的重要枢纽。浦东发展的新布局,是两区合并后,促进资源整合共享、要素优化配置的需要。这些新的发展与成就必将对浦东消除城乡二元结构产生重要的影响。

规划"7+1"新布局。"7"指七个板块:一是上海综合保税区板块,包括外高桥保税区、洋山保税港区和浦东机场综合保税区,是上海国际航运中心和国际贸易中心建设的主要载体。二是上海临港产业区板块,重点布局海洋工程、大型船用曲轴、石油平台、发电机组等高端制造产业。三是陆家嘴金融贸易区板块,它是上海国际金融中心建设的主要载体。四是张江高科技园区板块,这一板块把张江与康桥、国际医学园区等整合在一起,将成为浦东一个新的重要增长极。五是金桥出口加工区板块,这一板块把金桥与南汇工业园区、空港工业园区整合在一起,将形成一个先进制造业组团。六是临港主城区板块,这一板块重点发展商业商务、文化教育、旅游居住等功能,着力打造成为低碳、生态、宜居的新城。七是国际旅游度假区板块,以迪士尼主题乐园项目为核心,包括三甲港海滨旅游度假区和临港滨海旅游度假区等。"1"是后世博板块,主要发展金融、会展、商务、文化等现代服务业,其发展潜力巨大。这一区域已经完成了前期基础建设,并有5条轨道交通经过,基础条件很好。① 这个布局实际上将浦东城乡纳入一体化轨道,必将对消除城乡二元结构方式产生重要的影响。

---

① 臧鸣:《大浦东布新局:增长靠"7+1"》,《东方早报》,2010年4月15日。

三、消除城乡二元结构的"浦东模式" 转型的着力点

(一) 提高动迁补偿标准,增强农民经济实力

由于补偿标准过低,过去浦东的征地和动迁引发了大量的社会矛盾。由于在征地和动迁中,政府和开发商拿去了70%以上的土地增加值,政府和开发商得了利益的大头,由此造成了征地和动迁农民获利过少。他们失去土地之后,有些人缺少了生活来源,生活水平下降,从而导致对政府不满。在国外类似的情况要少得多,如美国征地不仅要补偿被征收土地的价值,而且要考虑补偿土地可预期、可预见的未来价值,土地被征用比出售土地更有利。在动迁补偿方面,我国只是适当补偿,而不是像日本和韩国那样的正当补偿,也不是像法国、瑞典、波兰等国的公平补偿,更不是像美国、加拿大、澳大利亚等国的合理补偿。因此,随着浦东经济社会发展水平的提高,要适度提高对征地和动迁居民的补偿标准。提高征地和动迁居民的补偿标准,不仅能够减少社会矛盾,维护社会稳定,而且会提高农民在市场经济条件下的生活能力,从而更有利于社会的发展。农民失去土地之后,必然要转变职业,否则不仅个人和家庭生活水平会下降,而且对社会来讲也造成了劳动力的浪费,降低社会生产效率。提高补偿标准,增强农民的经济实力,农民既可以利用这部分补偿作为资本用于个人人力资本投资,提高工作能力,也可以用于其他方面的投资,改善生活条件,更好地融入城市。

(二) 保障基本权利,增强新市民的市场竞争力

农民被征地和动迁之后,身份转变了,但是由于难以获得相应的市民权利,职业转变困难,从而造成市民化过程难以顺利完成。因此,要顺利实现其身份的转变,首先要保障他们的基本权利,提高这些新市民在市场体制下的竞争能力,使其分享城市发展的机会与成果。

被征地和动迁农民身份转变后就成为新市民,他们的政治权利扩大了,但是政治参与一方面需要政府的引导,因为他们已习惯于过去的活动方式,难以像老市民那样积极参与政治生活,关心国家大事;另一

方面也需要这些新市民积极争取。公民扩大政治参与不仅可以让他们更好地融入城市生活,而且更重要的是使他们能够为自己更好地争取国家的关注和政策的支持。

就业权是公民的基本权利,新市民的就业权,不只是到社区登记,政府提供"环卫""协管"这样的工作,更重要的是政府要增加培训投入。浦东政府过去对征地农民教育培训方面的投入非常不够,在新的形势下必须为他们提供更好的素质培训和技能培训,努力使其成为社会发展所需要的各类人才。

社会保障也是公民的基本权利,社会保障体系是调节收入差距维护社会公平的重要手段。浦东当前的社会保障主要分为三类:农民的农村社会保障("农保")、征地农民的小城镇社会保障("镇保")和市民的城镇社会保障("城保")。这三类在福利保障方面的差距较大,农民的土地被征用后,身份转变了,由"农保"转为"镇保",但却享受不了市民的"城保"。既然身份已经是市民了,就应该享受完全的市民待遇,所以笔者认为浦东要逐步取消"镇保",不断推进"农保""镇保"和"城保"的衔接。就当前来讲,一方面要将原南汇"农保""镇保"与原浦东对接,另一方面要不断提高"农保"和"镇保"的项目,增加医疗保险、失业保险、工伤保险、生育保险等项目,提高保障水平,逐步过渡到统一的社会保障,建立新浦东城乡一体化的社会保障体系。[①]

(三)公共资源逐步向农村倾斜,实现城乡公共服务均等化

由于过去国家对城市的偏向,农村大量资源流向城市,导致农村发展滞缓,形成了严重的城乡二元结构。经过30年的改革开放,我国经济社会已经发展到了一个更高的阶段和水平。目前,浦东已经从工业化后期转入后工业化时期,经济社会城乡协调发展已经提上议事日程。尽管浦东农村比全国农村发展快得多,但是城乡二元结构还明显存在,如何在城乡一体化方面成为全国的示范区,必须有新思路新作为,要在城乡一体化已有成就的基础上,进一步将更多的资源特别是公共发展

---

① 桂家友:《探索浦东城乡社会保障一体化建设》,《科学经济社会》,2007年第1期。

资源投向农村,推进城乡公共服务均等化。

推进公共服务均等化是实现社会公平和城乡共同发展的重要途径。公共服务均等化就是政府要为全体社会成员提供基本而有保障的公共产品和公共服务,就是要让全体社会成员享受水平大致相当的基本公共服务,以促进社会公平与正义。① 基本公共服务主要包括医疗卫生、义务教育、社会救济、就业服务和养老保险等方面,而且义务教育、公共卫生和基本医疗、最低生活保障,应当是基本公共服务中的"基本"。② 为了实现城乡公共服务均等化,当前主要是要贯彻"城市支持农村、工业反哺农业"的方针,不断提高农村发展水平,最终实现城乡共同富裕、共同发展。

四、进一步的思考

旧模式的路径依赖对转型的影响。路径依赖是由美国经济学家道格拉斯·诺思(Douglas North)首先提出并运用来阐述他的制度变迁理论的,但是路径依赖现象可能在所有领域都会发生。浦东旧有的消除城乡二元结构的各种做法,也必然会具有某些路径依赖,如迪士尼项目落户浦东后,政府就开始规划、动迁、征地。根据最近资料显示,迪士尼项目97%以上动迁都已完成,2010年7月份交地,交地面积共3.9平方公里。③ 这种政府主导的以大项目、大动迁带动发展的方式还能够走多远? 应该说走内涵式发展,转变经济发展方式,实现可持续发展已经成为浦东发展的内在需要。同样,消除二元结构的模式的转型也已成为浦东发展的内在需要。

两区合并带来的问题对转型的影响。事物发展往往具有两面性,南汇划入浦东新区以后带来了发展空间和相关产业与部门的利益共享,但同时也带来了一系列的问题。其一,两区合并后原两区的制度和

---

① 夏锋:《从三维视角分析农村公共服务现状与问题》,《统计研究》,2008年第4期。
② 丁元竹:《基本公共服务如何均等化》,《瞭望》,2007年第22期。
③ 臧鸣:《大浦东布新局:增长靠"7+1"》,《东方早报》,2010年4月15日。

政策衔接需要花费巨大的成本。如为了逐步缩小原两区基础设施等方面的差距,新浦东财政用于基础设施方面的投入必将更多用于原南汇地区;由于原南汇地区的"农保"和"镇保"比原浦东地区的低,要逐步缩小差距,就必然需要一大笔财政补贴。这有可能会降低原浦东地区人民的生活水平或降低他们生活水平提高的速度。其二,原南汇行政区规划和建设项目难以继续承担和发挥其既定的功能和作用,必然造成巨大的浪费。其三,农村地域和农村人口增加必然会延缓消除城乡二元结构的速度。由于合并以后,新浦东的面积扩大到1430平方公里,尽管从地域面积来讲不是全国城市中最大的区(天津滨海新区面积2270平方公里),但是常住人口400多万,是全国城市中人口最多的行政区,这就有可能会导致在政府管理和社会管理方面捉襟见肘、力不从心。由于原南汇地区人口中农业人口24万,占户籍总人口的31.62%,这些农业人口和农村广阔的空间是否会延缓消除城乡二元结构的速度,是否会降低城市发展水平和现代化水平,所有这些问题对新浦东消除城乡二元结构模式的转型都可能带来某些负面影响。

浦东郊区农村还会存在多久?就当前来看,原浦东地区的农村基本消失。若干年以后的原南汇地区,会不会成为今天的浦东?农村消失了、农民消灭了,当然就不存在城乡二元结构的问题了。但问题是,虽然二元结构的问题解决了,可是还会带来其他更严重的社会问题。我国东部地区土地肥沃,江浙沪一带被称为"鱼米之乡",但是耕地不断被城市吞食;而中西部很多地区由于水灾、旱灾等造成土地种植成本较高,收成难有保障。如果城市还是以过去的方式吞食农村,消耗耕地,那么,人们对"粮食危机"的担心就有可能很快成为现实了。因此,转换增长方式,促进社会和谐已经成为一个亟待解决的时代课题。

原载于《河南大学学报(社会科学版)》2011年第1期;《经济史》2011年第1期转载

人口集中、城市群对经济增长作用的实证分析
——以中国十大城市群为例

李 恒[①]

引 言

改革开放以来,中国经济在三十多年的时间里保持了高速的增长,同时工业化和城镇化水平也有了较大幅度的提高,但增长是否源于工业化或城镇化的推动并没有得到合理的解释。[②] 从文献来看,人们特别偏爱运用技术进步来解释增长,这不但因为技术是增长理论永恒的主题,更重要的是它得到了广泛的经验研究支持,但用技术进步来解释我国的高速增长显然是难以令人信服的,[③]对发展中国家而言,结构变迁对增长的作用更应该得到重视。[④] 这提示我们仍然需要回到工业化和城镇化中去寻找答案。

到目前为止,我们都无法真实地刻画城市化与经济增长之间的关

[①] 李恒(1971—),男,河南唐河人,河南大学产业经济与农村发展研究所教授。
[②] 陈晓光,龚六堂:《经济结构变化与经济增长》,《经济学》(季刊),2005年第2期。
[③] 林毅夫:《解读中国经济》,北京:北京大学出版社,2012年。
[④] 鲁迪格·多恩布什等著,王志伟译:《宏观经济学》,北京:中国人民大学出版社,2017年。

系。一些研究表明,二者之间呈现出较为明显的对数关系,①但另外的研究却不赞同这一观点,如 Fay 和 Opal 的研究发现世界上一些地区的城镇化根本不能用制造业的增长来解释;②另外的观点甚至认为发展中国家的城市化只是一种为消除农村的贫穷与饥饿的城市偏爱政策,与增长无关。③ 一些观察到的现象也提供了与上述结论完全相异的佐证,如印度在 1981—1991 年、1991—2001 年和 2001—2008 年三个时段,其国内生产总值增长速度分别为 5.2%、6.1% 和 7.7%,但其城市人口增长却分别高达 146%、140% 和 158%。④ 而日本在战后的 1956—1973 年,其实际增长率年平均为 9.8%,国民生产总值增长了 4.2 倍,与此同时,日本的城市化也在这一时期有了快速的增长,1950 年,日本的城市化水平为 37.3%,到 1955 年猛增到 56.1%,到 1973 年则增长到 75.9%。⑤ 显然,简单地讨论经济增长与城市人口增长之间的关系是没有意义的,人口向城市的集中在不同国家可能存在内在的复杂机制,从而导致迥异的增长结果。仍然观察上述两个国家的情形,印度的城市化主要来源于城市人口的自然增长,⑥从而导致原本占城市较高比重的贫民区快于城市增长,并形成城市增长中的贫困压力;⑦日本正相反,其城市人口增长主要源于人口向大城市的集中,同时在地域

---

① 周一星:《城市体系规模结构分析的两个误区》,《城市规划》,1995 年第 2 期;许学强,黄丹娜:《近年来珠江三角洲城镇发展特征分析》,《地理科学》,1989 年第 3 期。

② Fay M, Opal C, "Urbanization and Mortality Decline", World Bank Policy Research Workingpaper, NO. 2412(2000).

③ Dimou M, Schaffar A, "UrbanTrends and Economic Development in China: Geography Matters", Current Urban Studies, 2(2014); Henderson, J V, "Marshall's Scale Economic", Journal of Urban Economics, 53, 1(2003).

④ Bhattacharya A K, "India Inc's Global Expansion", India Perspectives, 25, 6 (2011).

⑤ 李通屏:《人口增长对经济增长的影响:日本的经验》,《人口研究》,2002 年第 6 期。

⑥ 任冲,宋立军:《印度城市化进程中存在的问题及原因探析》,《东南亚纵横》,2013 年第 8 期。

⑦ O. P. 马瑟:《印度的城市贫困问题》,《国外社会科学》,1996 年第 5 期。

上形成了具有世界规模的城市群。① 可见,着眼于人口集中的性质,从城市群经济的角度来进行讨论,可能是探寻经济增长背后动力的正确思路。

在中国经济发展的版图上,星罗棋布地分布着658个城市,其中地级以上城市271个。我国城市发展受行政力量的巨大推动,城市等级及城市间的关系与城市的行政等级密切相关,并形成了一些具有区域意义的城市群。② 观察这些城市群及其所在地区经济发展在我国总体经济中的表现会发现,越是经济发展速度快的地区,对资源要素的吸引越显著,城市群发展水平也越高,从而形成城市群经济与区域经济增长相互推动的结果。本文目的即在于综合考虑城市群经济形成机理及其结构性质,以分析我国城市群经济发展与区域经济增长之间的内在关系。

一、人口集中与城市群经济效应

(一) 人口向城市集中的总体趋势

为了讨论城市群发展与增长的关系,需要先对城市化的过程进行总体描述,特别是人口集中带来的城市扩张在区域上的差异。一般来说,城市化的本质是要素和生产的集中,但更多的时候用人口城市化来代表。改革开放以来,我国的总体城市化率呈现出稳定上升的趋势(图1),从1978年的17.92%稳步上升到2012年的52.57%。值得注意的是,在这期间我国的总人口从9.63亿增长到13.54亿,这表明了人口向城市快速集中的趋势。1980年,中国有51个50万人以上人口的城市,到2010年,增加到236个,据联合国《世界城市化展望2009年修正报告》预测,到2025年,中国将再增加107个50万人以上的城市。

---

① 沈悦:《日本的城市化及对我国的启示》,《现代日本经济》,2004年第1期。
② 方创琳、宋吉涛等:《中国城市群结构体系的组成与空间分异格局》,《地理学报》,2005年第5期。

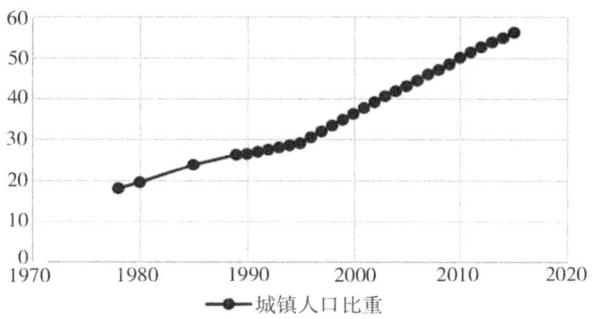

图 1　历年城镇人口比重

这种趋势不但在全国存在，而且在各省级层面具有大致相同的性质，我们以生产和人口分布的极化作用来进行具体的描述。① 所谓极化是一个同时包含绝对和相对的概念，即在国土面积大致相同的国家或地区选取其核心面积，比较其人口和产出的集中度。在本文中，我们以省区为界，以各省的省会城市和计划单列市为其核心区域进行研究，人口集中度和产出集中度的计算公式据 Ellision 和 Glaeser，②如下：

$$G = \sum_i (s_i - x_i)^2 \tag{1}$$

其中，G 为人口（产出）集中度，s_i 为 i 地区某城市人数（产出）占全国城市总人口（总产出）的比重，x_i 为该地区人口（产出）占全国总人口（产出）的比重，显然，G 值越大，其集中程度也越高。通过计算 2001—2012 年省会城市和计划单列市的人口集中度和产出集中度并进行比较后发现，过去十年人口集中度呈上升趋势（图 2），这印证了中国人口向城市特别是向大城市集中的总体趋势。但产出集中度在 2012 年之前除 2004 年到 2005 年小幅上升外，其他年份均呈现下降的走势，二者的不一致性说明我国的城市化过于强调了人的集聚，并没有形成有效的产业和就业支撑。2012 年之后产出集中度与人口集中度均呈现出上升的趋势，且两者之间的差距在逐步缩小，但人口的集中始终是大于

---

① 李国平，范红忠：《生产集中、人口分布与地区经济差异》，《经济研究》，2003 年第 11 期。

② Ellison G, Glaeser E L, "Geographic Concentration in U. S. Manufacturing Industries: A Dartboard Approach", Journal of Political Economy, 105, 5(1997).

产出的集中,城镇化过程中存在城镇化与工业化不协调的问题。

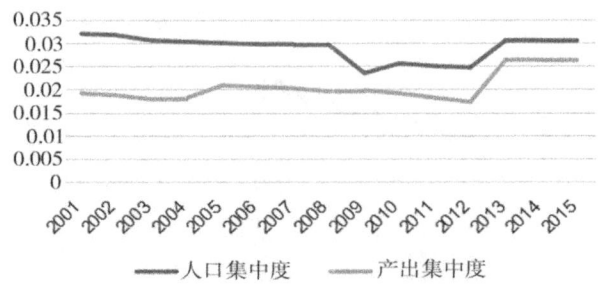

图 2　人口集中度和产出集中度

(二) 城市群经济效应

显然,单独考察城市发展与经济发展之间的关系难以深入理解二者之间的复杂联系,这需要进一步研究城市发展对经济发展的作用机制,特别是对于我国而言,在城市化明显滞后于工业化的背景下,城市化对经济增长的显著促进作用表明讨论单个城市对增长的作用是不够的,而应该从城市群发展的动态视野来研究。① 一些研究也表明,20 世纪 90 年代以来我国城市发展中的显著特征是城市集聚增长日益显著和城市间连接性的增强,特别是从区域层面来看,经济发展水平较高的东部地区的城市间连接性更紧密,而中西部地区则强调单个城市的作用,这反映了不同性质的城市极化发展方向。② 从经济效应角度而言,城市群还有优于单个城市作用的诸多方面,这包括:

第一,城市群经济比单个城市对于区域发展的作用显著,来源于城市间的经济联系。城市间联系与城市内部经济主体之间的联系具有本质的不同,如果给定城市内部没有由于交通拥挤带来的负面效应,则城市在区域经济发展中的作用可以看作一个均质的点,不同等级城市的差别不在于城市内部的结构,而在于城市规模本身;当不同规模的城市

---

① 吴福象,刘志彪:《城市化群落驱动经济增长的机制研究:来自长三角 16 个城市的经验证据》,《经济研究》,2008 年第 11 期。
② 陈刚强,李郁,许学强:《中国城市人口的空间集聚特征与规律分析》,《地理学报》,2008 年第 10 期。

具有不同市场潜能时,市场潜能和产业向城市的集聚会显著地影响地区的劳动生产率,进而影响地区经济发展。① 城市群就不同,不同的城市间具有不同的经济联系,受城市规模、距离、交通网络、产业联系等的影响,由于中心城市的增长与其获得要素的能力有关,当中心城市间具有良好的经济联系时,就能够加速要素集聚,并扩大经济增长的外部性效应。②

第二,城市群经济通过提高人力资本积累水平和劳动生产率来促进区域经济发展。城市化进程中地方人力资本积累及知识溢出是最突出的现象,人力资本积累程度越高越利于促进创新和增长,而且这一人力资本积累效应在城市群地区更为明显,Carlino 等通过对美国东部城市群地带的实证研究,证实了上述结论。③ 城市群经济带来的劳动生产率效应也在肖小龙和姚慧琴的研究中得到证实,④城市群大规模基础设施建设的经济效应在 TFP 增长率中显现出来,城市群比单个城市的 TFP 增长具有更强烈的特征。

第三,城市群经济具有远高于单个城市的技术溢出效应。知识和技术溢出与空间距离有关,虽然人们还没有弄清楚是什么样的技术具有跨距离溢出的机制,但对于聚集带来的溢出有确定的认识。从地理范围来看,集聚带来的技术外部性与空间距离密切相关。⑤ 当空间距离扩大时,知识传递会逐渐消散,表明具有越集聚的空间环境越有利于知识传递和学习,城市不但是空间紧密的实体,也是产业集聚的区域,从而成为知识溢出的良好平台。城市群比单个城市区域具有更大的空

---

① 谢长青,范剑勇:《市场潜能、外来人口对区域工资的影响实证分析:以东西部地区差距为视角》,《上海财经大学学报》,2012 年第 3 期。

② 李煜伟,倪鹏飞:《外部性、运输网络与城市群经济增长》,《中国社会科学》,2013 年第 3 期。

③ Carlino A, Chatterjee S, Hunt R M, "Urban Density and the Rate of Invention", Journal of Urban Economics, 61, 3 (2007).

④ 肖小龙,姚慧琴:《中国城市群生产率变迁及差异性考察》,《当代经济科学》,2013 年第 6 期。

⑤ Fujita M, Thisse J F, *The Economics of Agglomeration*, Cambridge: Cambridge University Press, 2002.

间弹性,有更完善的产业体系和基础设施,这些对于技术溢出而言不但提供了渠道,也提供了承载的平台,城市规模扩大与城市群发展的过程伴随着知识和技术的溢出。①

从理论上说,城市群经济的上述效应体现了人口集中的性质,由于人口地理集中的经济活动外部性使得城市群经济比单个城市能够带来更有效的经济增长效应。在新经济地理学框架中,报酬递增是理解城市发生以及城市对区域增长作用的起点,在 Fujita 等的经典模型里,要素向城市集中而驱动的经济增长解释了城市经济的外部性作用。

(三) 两种类型的城市人口集中性质

对于我国而言,人口向城市的集中伴随着要素的地理集中和就业结构的转换,以及这种人口集中的人力资本溢出效应。这在东部地区和中西部地区存在不同的性质,原因即在于两类地区城市间的连接性存在显著的差异。

对于一个具有二元结构的发展中国家而言,工业化是其实现转型的重要途径,而这需要农村剩余劳动力在城乡间的转移来支撑。② 如果一个地区的城市化速度低于其工业化速度,表明其人口向城市的地理集中低于其就业转换,反之,则是地理集中高于就业转换。当城市之间具有合意的连接性时,转移人口在城市具有较高的就业转换,区域人口集中反映出城市群经济效应,当城市之间连接性较低时,区域人口集中反映的是单个城市的经济效应,转移人口的就业转换不够明显。其数学描述如下:

$$\pi = G_t / G_e \tag{2}$$

其中,π 衡量了一个地区人口向城市集中的性质,G_t 为城市化速度 $G_t = \frac{\partial T}{\partial t}$,$T$ 为为人口城市化率 G_e 为工业化速度,$G_e = \frac{\partial N}{\partial t}$,$N$ 为工业化

---

① Black D, Henderson V, "A Theory of Urban Growth", Journal of Political Economy, 107, 2(1999).

② 张蕴萍,陈言,张明明:《中国货币政策对城乡收入结构的非对称影响》,《学习与探索》,2017 年第 10 期。

率,考虑到就业的城乡转换对城市工业化的推动,在本文中用各地城市工业就业比重来代替。

从人口集中度与产业集中度的趋势图中我们观察到,两者在2013年出现了趋同,我们计算了2013年我国不同等级城市人口集中的性质,讨论了如下三种情形(具体见表1、表2、表3):

表1 地级以上城市人口集中的性质

π	城市
π>1	三亚市、海口市、拉萨市、伊春市、乌鲁木齐市等57个城市,其中东部地区11个,中部地区8个,西部地区29个,东北地区9个
π<1	辽阳市、南宁市、郑州市、长沙市、淄博市等210个城市,其中东部地区67个,中部地区71个,西部地区56个,东北地区21个

数据来源:《中国城市统计年鉴2014》

由表1可知,在地级城市的测度范围内,城市化速度大于工业化速度的城市有57个,占到整个地级城市的21%。按照地区划分,东部地区11个,占整个东部地区地级市的14.1%,中部地区8个,占整个中部地区地级市的10%,西部地区29个,占整个西部地区地级市的34.11%,从这个角度测度,西部地区存在较为明显的人口城市化与经济集聚不一致的情况。城市化速度小于工业化速度的城市有212个,占到整个地级城市的79%。按照地区划分,东部地区67个,中部地区71个,西部地区56个,东北地区21个,绝大多数城市人口的增长还是源于随着经济的发展人口向城市的集中。

表2 省会城市(直辖市)人口集中的性质

π	城市
π>1	海口市、北京市、拉萨市、乌鲁木齐市、上海市、广州市、呼和浩特市、南京市、西安市、沈阳市、天津市、太原市、银川市、兰州市、哈尔滨市、西宁市、成都市、重庆市、武汉市、济南市、杭州市、昆明市、贵阳市共23个城市,其中东部地区8个,中部地区2个,西部地区11个,东北地区2个
π<1	南宁市、长春市、郑州市、长沙市、南昌市、石家庄市、合肥市、福州市共8个城市,其中东部地区2个,中部地区4个,西部地区1个,东北地区1个

数据来源:《中国城市统计年鉴2014》

由表 2 可知,在省会城市的测度范围内,城市化速度大于工业化速度的城市有 23 个,占到整个省会城市的 74%,城市化速度小于工业化速度的城市仅有 8 个,占到整个省会城市的 26%,绝大多数城市人口的增长源于人口的自然增长,而非由经济增长带来的人口向城市的集中。这种现象的出现主要是由于我国特殊的行政规划体制,政策上对于城市新区的规划,拉动了人口向城市的集中。

表 3 各省人口集中的性质

π	城市
$\pi>1$	海南省、北京市、西藏自治区、新疆维吾尔自治区、上海市、天津市、青海省、重庆市、宁夏回族自治区共 9 个省(自治区、直辖市),其中东部地区 4 个、西部地区 5 个
$\pi<1$	黑龙江省、辽宁省、内蒙古自治区、甘肃省、陕西省、吉林省、广东省、四川省、广西壮族自治区、江苏省、安徽省、山西省、浙江省、山东省、湖北省、云南省、贵州省、湖南省、福建省、河北省、河南省、江西省共 22 个省(自治区、直辖市),其中东部地区 6 个、中部地区 6 个、西部地区 7 个、东北地区 3 个

数据来源:《中国城市统计年鉴 2014》

由表 3 可知,在以省为单位的测度范围内,城市化速度大于工业化速度的省份共 9 个,占全部省份的 29%,城市化速度小于工业化速度的省份有 22 个,占全部省份的 71%,这与我们对地级市范围的测度结果是一致的。从整体上看,城市化速度与工业化速度是一致的,人口的就业转换是大于其地理集中的,但是,也存在部分城市人口的城市化不是由于经济的发展,而是由于城市人口的自然增长或者某些外部因素的增长。

二、城市群经济的形成机理与结构性质

(一) 城市群经济形成机理

对城市群形成机理的研究,从理论上来讲主要有四种观点:一是传统的城市经济学,认为城市群形成的集聚力主要来自于本地化的外部

规模经济,产业大量集聚,并通过产业关联或劳动分工等方式逐渐形成了联系密切的城镇,形成城市群。城市群形成的分散力主要来自于由于集聚对"地租"产生竞争使土地成本上升而导致的不经济,城市会有一个"最优规模",随着城市规模的扩大,城市开始扩散,形成以大城市为核心,周围中小城镇密切联系的城市群。二是产业组织理论,从城市群形成的微观机理出发,认为产品的差异化和产业之间的联系是城市群形成的主要动力。三是新经济地理学,把城市群的形成主要归结为报酬递增、规模经济、运输成本和路径依赖等因素。四是内生增长理论,强调了知识和技术在城市增长中的作用。但是这些理论的研究主要是以发达国家为研究对象,更多地强调了厂商、消费者这两个市场主体在城市群形成中的作用,较少考虑政府的力量,因此,并不能完全解释中国这样一个市场机制尚不健全的社会形态中的城市群形成问题。① 中国城市群的形成机理,还应该包含以下几方面的内容:

1. 城镇化背景下人口的集聚。1978—2015年,中国的城镇化率由17.9%上升到了56.1%,人口集聚对非农产业劳动生产率呈倒U型影响,我国的人口集聚还处在促进非农产业生产率的阶段。② 人口向城市集聚增加了对商品和服务的需求,扩展了城市的市场空间,助推了产业的集聚、第三产业的发展及整体产业结构的升级。这些都促使城市形成规模较大的综合体;然而,人口的集聚由于城市的产业结构、空间结构和经济增长的差异,在核心城市和非核心城市也存在着梯度,③这也就构成了城市群的人口分布结构。

2. 企业区位选择。企业是产业组成的基本单元,也是产生集聚的核心力量。企业对于组织和经营活动的选址对城市人口和空间的布局起到重要作用。在企业的选择过程中,除考虑上述规模经济和知识溢出等效应外,还受到政策因素的影响,1978年以来,各级政府出台了大

---

① 赵勇:《国外城市群形成机制研究述评》,《城市问题》,2009年第8期。
② 周玉龙,孙久文:《产业发展从人口集聚中受益了吗:基于2005—2011年城市面板数据的经验研究》,《中国经济问题》,2015年第2期。
③ 许庆明,胡晨光,刘道学:《城市群人口集聚梯度与产业结构优化升级:中国长三角地区与日本、韩国的比较》,《中国人口科学》,2015年第1期。

量的招商引资优惠政策,在土地、税收、资金等方面予以支持,建设开发区、工业园区,健全企业发展所需要的基础设施,吸引企业入驻。这种政府的引导行为使不同的企业共同选择了相同的区位,直接影响了城市的兴起和发展,并会进一步影响城市之间的相互联系程度。

3. 政府战略引导。早在 2005 年,《中国城市发展报告(2003—2004)》就提出了"组团式城市群"的概念。① 同年在《国家"十一五"规划纲要》中明确指出要把城市群作为推进城镇化的主体形态,此后在"十二五""十三五"的发展规划中均对城市群的发展进行了具体的战略布局。2014 年《国家新型城镇化规划(2014—2020》在京津冀、长三角、珠三角 3 个传统的城市群外,专门提出了 4 个中西部城市群的发展目标,包括成渝城市群、中原城市群、长江中游城市群、哈长城市群。截至 2018 年 4 月,国家发展和改革委员会先后批复京津冀、长江中游、哈长、成渝等 13 个城市群发展规划,在交通、通信等基础设施上对城市群进行统一规划,提升城市群的功能,加强城市群之间的联系。正是由于政府的支持政策,城市群的空间扩展才能得以保障,城市群的规模和体系更加合理,最终实现了城市群在设施、市场、功能和利益上的一体化。

4. 城市功能集聚和扩散的驱动。在城市化的过程中,单个城市不断扩展,规模扩展到一定程度之后,就会出现拥挤效应,②暴露了交通拥堵、生活成本上升、投资效率下降、环境问题严重、城市治理成本增加等一系列"城市病"。③ 为了削减由于城市规模过大而产生的不经济,疏散城市功能,防治"大城市病",城市的发展要进行功能定位,强调大小城市的分工协作,在大城市周围建设卫星城,形成功能完善、联系紧密、协调发展的城市群,使整个区域城市化水平达到均衡状态。

---

① 陈玉光:《城市群形成的条件、特点和动力机制》,《城市问题》,2009 年第 1 期。
② 王俊,李佐军:《拥挤效应、经济增长与最优城市规模》,《中国人口·资源与环境》,2014 年第 7 期。
③ 刘静玉,王发增:《城市群形成发展的动力机制研究》,《开发研究》,2004 年第 6 期。

(二) 我国城市群结构性质

虽然人们对城市群经济的效应具有一致的认识,但如何对城市群经济进行测度并没有一个确切的方法。简·戈特曼认为识别城市群要从城市密集度、经济社会联系、交通及城市规模等方面对城市群进行测度。① 1910 年,美国"大都市区"从人口和就业的角度限定,认为人口规模和就业结构是判定城市群的标准。20 世纪 50—60 年代日本"都市圈"也选取了人口的规模、中心城市 GDP 占圈内的比例及交通运输占比等指标作为城市群的判断依据。基于我国城市之间联系的复杂性,1986 年周一星提出了"都市连绵区"即"城市群"的早期概念,用 2 个及以上特大城市、便利的交通条件、人口密度及城市间的联系为标准来测度城市群。20 世纪 90 年代以来,众多学者又对这一标准进一步发展,界定城市群的标准集中在人口、城镇化率、经济体量、产业结构、交通等方面。即使这样,我们尚未从细节上对城市群经济进行刻画,特别是,当我们要讨论城市群经济对区域经济增长的作用机制时,需要对城市群进行细致的测度。

基于现有学者的研究,对城市群的分类主要有四种:一是中国社会科学院在《中国城市竞争力报告》中提出的 15 大城市群,包括长三角城市群、珠三角城市群、京津冀城市群、山东半岛城市群、辽中南城市群、海峡西岸城市群、中原城市群、徐州城市群、武汉城市群、成渝城市群、长株潭城市群、哈尔滨城市群、关中城市群、长春城市群、合肥城市群。二是中国科学院地理科学与资源研究所《2010 年中国城市群发展报告》中界定的 23 个城市群,在 15 个城市群的基础上,增加了环鄱阳湖城市群、南北钦防城市群、晋中城市群、银川平原城市群、呼包鄂城市群、黔中城市群、滇中城市群以及天山北坡城市群。三是住建部在《全国城镇体系规划纲要(2005—2020)》中划分了三大都市连绵区及 13 个城市群。四是 2007 年国家发改委课题组提出的 10 大城市群,主要包括京津冀城市群、长三角城市群、珠三角城市群、山东半岛城市群、辽中

---

① Gottmann J, *Megalopolis:the urbanized northeastern seaboard of the United States*, New York:The Twentieth Century Fund,1961.

南城市群、中原城市群、长江中游城市群、海峡西岸城市群、川渝城市群和关中城市群。通过对比和测度，结合要研究的主题，本文借鉴了国家发改委对城市群的界定，将研究的重心放在十大城市群（表4）。

表4 十大城市群及所辖城市

城市群	所辖城市
长三角城市群	上海、苏州、杭州、宁波、南京、无锡、南通、台州、绍兴、常州、嘉兴、扬州、泰州、湖州、镇江、舟山
珠三角城市群	广州、深圳、东莞、佛山、中山、珠海、惠州、江门、肇庆
京津冀城市群	北京、天津、石家庄、保定、唐山、沧州、廊坊、张家口、承德、秦皇岛
山东半岛城市群	济南、青岛、潍坊、烟台、淄博、威海、日照、东营
辽中南城市群	沈阳、大连、鞍山、营口、抚顺、铁岭、丹东、盘锦、本溪、辽阳
中原城市群	郑州、洛阳、许昌、平顶山、新乡、开封、焦作、漯河
长江中游城市群	武汉、信阳、黄冈、孝感、九江、岳阳、荆州、黄石、咸宁、荆门、随州、鄂州
海峡西岸城市群	福州、泉州、厦门、漳州、莆田、宁德
川渝城市群	重庆、成都、宜宾、南充、绵阳、乐山、德阳、泸州、眉山、遂宁、自贡、内江、广安、资阳、雅安
关中城市群	西安、咸阳、宝鸡、渭南、商洛、铜川

城市群空间结构反映了资源、要素以及社会经济活动在空间中的分布与组合状态。按照中心城市的规模和职能，可以划分为单中心和多中心两种模式，我国典型的单中心城市群为长三角城市群，多中心城市群为海峡西岸城市群。城市首位度在一定程度上反映了城市发展要素在最大城市的集中程度。曾鹏和陈芬采用首位城市与第二位城市非农人口的比值来测算，由于非农人口数据缺失，而市辖区人口也在一定程度上反映了城市人口的规模。[①] 本文主要选取了两个指标，从人口

---

① 曾鹏，陈芬：《城市化进程中城市群异速生长关系比较研究》，《云南民族大学学报》（哲学社会科学版），2013年第2期。

和产出两个层面来对城市群进行比较,一是二城市指数,即人口(产出)规模最大的首位城市与第二位城市人口(产出)的比值,二是四城市指数,即首位城市与第二、三、四位城市人口(产出)的比值,其计算方法如下:

$$城市首位度(二城市指数):S_2 = \frac{P_1}{P_2}$$

$$四城市指数:S_4 = \frac{P_1}{P_2 + P_3 + P_4}$$

其中 P_1 为最大城市的人口(产出),P_2、P_3、P_4 分别为第二、第三、第四大城市的人口(产出)。

表5 按人口计算城市首位度

城市群	城市首位度	四城市指数
长三角城市群	1.882	0.669
珠三角城市群	1.949	0.701
京津冀城市群	1.119	0.413
山东半岛城市群	1.141	0.412
辽中南城市群	1.715	0.671
中原城市群	1.113	0.420
长江中游城市群	1.083	0.405
海峡西岸城市群	1.065	0.472
川渝城市群	2.746	1.337
关中城市群	1.465	0.555

数据来源:《中国城市统计年鉴2016》

从人口的角度,根据城市的位序—规模法则,正常城市首位度指数为2,四城市指数为1。从表5中可以看到,我国城市群中城市首位度均大于1,但是离2这个合理的城市规模还存在一定的偏离。其中长三角、珠三角城市群城市首位度与2最为接近,城市规模位序基本比较合理,而京津冀城市群、中原城市群、山东半岛城市群、长江中游和海峡西岸城市群城市首位度与2偏离较远,中心城市在城市群中的核心地位较为薄弱。川渝城市群首位城市指数为2.746,同时四城市指数也居于第一位,重庆城市规模一家独大。在四城市指数中,大于0.5的城市群有长三角、珠三角、辽中南、川渝和关中城市群,其余城市群均为0.4左右。城市群首位城市规模偏大的城市群为川渝城市群,偏小的城市群为长江中游城市群、海峡西岸城市群。

表6 按产出计算城市首位度

城市群	城市首位度	四城市指数
长三角城市群	1.732	0.733
珠三角城市群	1.034	0.570
京津冀城市群	1.392	0.801
山东半岛城市群	1.279	0.492
辽中南城市群	3.308	1.514
中原城市群	2.108	0.960
长江中游城市群	3.778	1.636
海峡西岸城市群	1.092	0.518
川渝城市群	1.455	1.114
关中城市群	2.691	1.072

数据来源:《中国城市统计年鉴2016》

从产出的角度,城市群首位城市与第二位城市产出的比值大于2的城市群有4个,包括辽中南城市群、中原城市群、长江中游城市群和关中城市群(见表6),特别是长江中游城市群,首位城市的产出是第二位城市的3.7倍,排名首位;而在以人口计算的城市首位度中,长江中游城市群的城市首位度仅为1.083,人口和产出的集中情况出现不匹配的现象,这也再次印证了笔者前面的观点,人口集中与产业集中并不一致。城市首位度小于2的城市群有6个,包括长三角、珠三角、京津冀、山东半岛、海峡西岸以及川渝城市群。发展越为成熟的城市群其城市结构越趋于合理,但综合看四城市指数,山东半岛城市群首位城市的四城市指数仅为0.49,首位城市的辐射带动能力较差。川渝城市群首位城市的产出是第二位城市的1.45倍,人口却是其2.75倍,城市群人口与产出不一致。

三、城市群经济与增长的实证研究

通过对人口集中的性质和城市群经济的形成与性质分析发现,城市群在经济增长中具有重要作用。2015年,沿海三大城市群面积只占3.4%,却集聚了全国27.6%的人口,创造了38.6%的GDP,有着全国70.3%的货物出口,吸引了55.9%的外国直接投资。从统计指标上来看,早在2005年,中国发布的《中国城市发展报告(2003—2004)》就提出了"组团式城市群"的概念,城市群的各项经济指标均发生了较大的变化。为突出研究的主题并考虑到数据的可得性,本文选取了十大城市群2005—2015年的数据,并将这些城市群的各项指标与全国平均水平进行对比,试图从中找出一些规律性的结论。本文资料均取自历年《中国统计年鉴》和《中国工业统计年鉴》以及《中国城市统计年鉴》。

(一) 指标选定与统计分析

1. 指标选定。经济增长水平($rgdp$),通常表示经济增长水平的指标有人均GDP和单位资本GDP,这里采用了前者。城市化水平($rurban$),采用城市人口占城市和农村总人口的比重,即城镇化率来表示。固定资产投资($rinvest$),这里用全社会固定资产投资总额及其增长率来表示。就业人数($labor$),选择总就业人数及其增长率表示劳动投入。全要素生产率(tfp),是衡量经济效率的指标,是产出增长率超出要素投入增长率的部分。通常认为它有三个来源:一是效率的改善,二是技术进步,三是规模效应。现有的文献,通常采用城市总产值占资本和劳动的比重来表示,这里沿用了这一做法。

$$TFPi_t = Y_{it}/K_{it}L_{it}$$

其中,Y_{it}表示城市i第t年限额以上企业总产值,K_{it}表示城市i第t年的限额以上企业固定资本存量,L_{it}表示城市i第t年的限额以上企业劳动力总和。人口集中的性质(p_i),采用城市化速度和工业化速度的比值减去1再取绝对值,这衡量了一个城市的人口集中与工业化发展之间与协调发展之间的差异,绝对值越大,表示城市化与工业化越不协调。城市群内部联系($gravit$),采用城市群联系强度最强的三个城市的火车班次数据之和及其增长率表示。消费水平（$rcons$）及其变化率（$grcons$），用城市居民人均消费品零售额来表示。城市首位度（$primacy$），采用产出首位城市与第二位城市的比值（见表7）。

表7　变量说明

变量名称	变量定义	计量方法及单位
$rgdp$	人均国内生产总值	元
$rurban$	城市化率	％
$rinvest$	人均全社会固定资产投资	元
$labor$	城市群总就业人数	万人
tfp $pigravit$ $rcons$	全要素增长率 $pi=abs(\pi-1)$，表示城市化与工业化的比率与均衡程度的差异城市群内部联系 人均社会消费品零售总额	元
$primacy$	首位城市与第二位城市产出比	％

2.统计分析。首先，经济增长方面的变化，十大城市群中，无论是静态时点水平还是平均水平，川渝城市群的人均GDP均处于首位。长三角虽然GDP总量处于首位，但由于人口超出川渝城市群太多，人均GDP并没有绝对的优势。除此之外，长江中游、珠三角以及京津冀城市群也保持了相对较高的人均GDP。

其次，考察城市化率的变化。十大城市群中，无论是静态的时点水平还是平均水平，长三角和珠三角城市群的城市化率明显高于其他城市群。增长率差异上，城市化率起点高的城市群城市化率增长相对缓慢，城市化率较低的城市群城市化率增长较快。属于前者的包括长三角、珠三角、辽中南、海峡西岸和京津冀城市群，属于后者的包括山东半岛、长江中游、关中、川渝和中原城市群。

在固定资产投资方面，在总量上，十大城市群中长三角城市群遥遥领先，远超过其他九个城市群。在增长率上，2000年以后城市群固定资产投资呈现出快速增长的态势，增长率均在10％以上。其中长江中游城市群增速较快，与此同时，辽中南城市群从2010年开始，固定资产投资不增反降，甚至出现负增长，在2015年下跌27.5％。在消费方面,长三角、珠三角、京津冀三大城市群消费能力占据优势,但是在增长上,长江中游、关中和中原城市群增速较快,而三大城市群增长乏力,差距逐渐缩小。

在城市群内部联系上,长三角、京津冀、珠三角城市群仍占据绝对的优势,经济总量排名前三位的城市之间的一天的火车班次数量高达数百次——诚然在短距离的城市联系上,火车并不能完全反映出全貌,但也具有一定的代表意义。通常来讲,经济联系密切的地区之间的铁路联系更为密切。

在人口集中的性质方面,整体来讲,π 的值是趋向于 1 的,城市化与工业化逐步走向协调。横向来看,2006－2015 年城市群的 π 值可以分为三类,第一类是 π 值大于 1,城市化先于工业化的发展,包括长三角、珠三角、京津冀,辽中南 4 个城市群,尤其是京津冀城市群,不仅在横向上位列第一,且在其他城市群逐步趋向均衡的时候,城市化率与工业化率仍然保持着较大差距,造成这种现象的原因可能有两个:一是城市功能导致更高的城市化率;二是第三产业吸纳大量就业,使得第二产业就业情况并没有明显优势。第二类是在起始年份 π 值小于 1,并逐步提高到 2015 年均大于 1,包括中原城市群、海峡西岸城市群、川渝城市群、关中城市群。第三类是 π 值较为稳定,基本趋近于 1,包括长江中游城市群。城市化与工业化的协调和同步发展是城市群实现经济效率的内在要求。

上述情况汇总后可见,十大城市群中,各项指标的差异正在逐渐缩小,呈现了一定的收敛特征。这一现象正好反映了城市群在 2005 年以后对经济增长的贡献。贡献程度的大小和方向如何,必须借助计量检验来判断。

(二) 模型设定与计量检验

1.模型设定。根据前面的命题猜想和统计分析,构建如下城市群驱动经济增长的计量模型:

$$\text{rgdp} = \beta_0 + \beta_1 \text{gravit} + \beta_2 pi + \beta_i x_i + \mu_i \tag{3}$$

模型中,i＝2,3,……rgdp 表示城市群经济增长水平,gravit 表示城市群内部的经济联系,pi 表示城市群城市化与工业化协调程度,x_i 为控变量,分别是 *rurban*、*rinvest*、*rcons*、*tfp*、*labor*、*primacy*,分别表示城市化率、固定资产投资、消费水平、全要素生产率、劳动力水平及城市首位度。

2. 计量检验。下面分别对各模型逐一进行计量检验,如表 8 所示。

表 8 变量的回归结果

	模型 1	模型 2	模型 3	模型 4	模型 5
constant	25782.66 (11.887)***	−25849.420 (−5.201)***	−6061.859 (−3.188)***	−6271.431 (−3.275)**	−5212.991 (−2.611)**
gravit	133.128 (10.317)***	71.985 (6.957)***	22.909 (5.948)***	21.998 (5.543)***	22.461 (5.703)***
pi	−8147.837 (−1.821)*	−9580.987 (−3.177)***	−2110.521 (−2.063)**	−1983.562 (−1.922)*	−2278.881 (−2.198)**
rurban		1102.466 (10.867)***	305.493 (6.055)***	297.718 (5.823)***	298.843 (5.903)***
rinvest			0.109 (2.445)**	0.116 (2.565)**	0.122 (2.717)***
rcons			1.631 (15.869)***	1.618 (15.6)***	1.605 (15.579)***
tfp			−1573.478 (−0.940)	−613.699 (−0.314)	−357.781 (−0.184)
labor				0.456 (0.958)	0.362 (0.763)
primacy					−1657.717 (−1.692)*
R^2	0.524	0.786	0.979	0.978	0.979
$Adj.R^2$	0.514	0.780	0.977	0.977	0.977
DW 值	0.17	0.2	0.352	0.354	0.375
F 统计值	53.515	118.119	709.618	607.843	542.998

注:括号内为对应系数的 *t* 统计量,***、**、*分别代表 1%、5% 和 10% 的显著性水平。

根据 Hausman 检验,采用固定效应模型(FE)较为合适,综合模型(1)至模型(4)的估计结果和相应检验发现:

第一,在控制了其他变量的影响后,城市群经济联系(*gravit*)系数均显著为正,表明从城市群经济增长的角度来说,城市群密切的经济联系,可以加速要素的流动,降低城市间的运输成本和交易成本,更有利于近距离的交流和知识溢出,提高公共基础设施的使用效率。

第二,城市化与工业化协调指数(pi)系数显著为负。这里 pi 取的是城市群城市化率与工业化率比值减去 1 的绝对值,这两个指标的比值在理想化的状态下是 1,也就是城市化与工业化协调发展,偏离 1 的程度越大,说明两者越不协调。该解释变量系数为负,即表明偏离程度越大,对城市群经济增长越是带来不利影响,偏离程度越小,越有利于城市群经济增长。城市化快于工业化的发展,人口由于城市功能或城市政策等因素流入城市,如果没有完成就业转换,不能有效地发挥劳动力的优势,就会成为城市经济增长的负担;反之,工业化快于城市化的发展,城市人口不能有效支撑工业化的发展进程,会对经济的持续发展产生不利影响。

第三,城市化率($rurban$)系数为正。城市化率与城市群经济增长之间存在着显著的相关性,城市化作为经济增长的新引擎,分别通过城市人力资本的积累和城市功能的创新两个渠道来实现,共享的基础设施是城市经济增长效率的保证。城市群是城市发展中一种很重要的形式,因此,从城市群的角度研究经济增长问题是卓有成效的。

第四,全要素生产率(tfp)在模型中的结果并不显著。这也印证了前文提到的用技术进步并不能完全解释我国城市群的经济增长的观点。诚然,技术进步能够带来生产效率的提高,但技术变迁的过程是缓慢的,技术作用的发挥也需要一定的社会条件,当社会发展条件与技术进步相适应时,技术才能发挥其在经济增长中的积极作用。

四、结论与启示

本文利用 2006—2015 年中国十大城市群的面板数据,利用城市群内部经济联系和城市群城市化与工业化协调程度与经济增长之间的关系进行检验,结果表明,在控制了其他影响因素后,城市群这种城市形态内部经济联系对经济增长具有显著的正向影响,越成熟的城市群其内部经济联系越密切。这意味着共享基础设施,降低了交易成本的城市群是城市发展的有效形式。

与此同时,城市群内部城市化与工业化协调发展对经济增长也具有正向的影响,城市化率、消费等也是影响城市群经济增长的关键因素。城镇化本身并不是刺激经济增长的主要因素,而是城镇化过程中主导的产业由农业向效率更高的工业和服务业转变的过程,进而带动经济增长,①城市化只是这个经济发展过程中的伴生物,而不是促进经济增长的主要因素。中国主要城市群城市化与工业化协调指数与经济增长的回归结果也和这一研究结果相呼应。因此在城镇化发展的过程中单纯地将农村人口向城镇集中可能对经济增长的意义并不大,甚至可能导致失业率增加等社会问题。

本文结论具有重要的政策含义:其一,政府应加大交通和通信基础设施的投资力度,加强城市间资源和功能的整合,提高城市群一体化程度,培育共同市场,降低交易成本,有效发挥城市群集聚经济和规模经济效应。其二,引导人口和资源向城市集中应以产业的发展为基础,以城市的功能和服务来促进城镇化的过程,避免单纯土地和户籍的城镇化,提高城市化与工业化发展的协同效率。最后,在城市群的结构上要合理发展,防止单一城市过度扩张和无序蔓延带来的拥挤效应,降低集聚不经济的因素。

原载于《河南大学学报(社会科学版)》2019年第1期;《高等学校文科学术文摘》2019年第2期论点摘编

---

① 李佳洺,张文忠,孙铁山等:《中国城市群集聚特征与经济绩效》,《地理学报》,2014年第4期。

建国以来我国城镇居民衣着消费的变化趋势

朱高林[①]

建国 60 年来,我国经济建设经历了怎样的曲折历程,人民生活水平发生了哪些变化,本文拟以城镇居民衣着消费水平的变化为主线,分三个时期进行探讨,即 1949—1978 年高度集中的计划经济体制运行时期,1979—1992 年计划经济体制与市场经济体制共同运行时期,和 1993 年以后市场经济体制运行时期。中国在不同历史时期采取了不同的发展战略,并由此产生的不同的经济制度和收入分配政策必然对人们消费行为产生不同的影响作用,呈现出明显的阶段性特征。衣着作为一种独特的物质文化载体,不仅折射出一定时期的政治、经济、文化制度,而且反映出不同时期人们的生活方式、审美观念。文章以历史为主线,着重探讨 1949 年以来中国城镇居民衣着消费的基本趋势,从

[①] 朱高林(1970—),男,河南项城人,南京大学商学院理论经济学流动站博士后,淮北师范大学副教授。

人们日常生活的点滴变化中,反映我国经济社会不断发展进步的历程。①

一、以蔽体取暖为特征的消费阶段
(1949—1978年)

建国初期,党和政府本着多快好省、勤俭建国的思想,号召人民发扬艰苦奋斗的优良传统,全国上下形成了艰苦朴素的社会氛围。农、轻、重比例的严重失调和极度膨胀的社会人口加剧了物质匮乏的紧张程度,成为人们以苦为乐思想的经济根源。日趋紧张的阶段斗争,更是把这种以苦为乐的消费观念推向极端,人们视追求美为资产阶级的本性,把穿补丁衣服看做无产阶级的本色。人们压抑着对美的渴望,竭力

---

① 当前,国内学术界对我国居民衣着消费史的研究尚显薄弱。从现有的研究成果看,大部分学者主要从历史学、社会学的角度对居民服装演变或衣着消费展开研究。安毓英(1999)把对中国现代服装史的研究放在中国社会大变革的历史潮流中,从国内时局、服装款式、着装观念等方面详细论述了现代以来中国居民服装演变的历程;秦方(2004)在国家政治局势背景下,对20世纪50年代以来中国服饰发展变化进行研究;孙燕京、岳珑(2005)对1949—2000年中国城镇居民的服装流变进行研究,提出城镇居民服装以社会大文化的发展为依托,伴随生活方式、价值观念、行为规范的变化而变化,并大致经历了苏式服装与传统服装并存、军便服盛行、服装多样化三个阶段。改革开放以来,随着国家政治经济文化的健康发展,居民服装开始脱离社会政治和革命范式,凸显自身发展的逻辑。张太原(2007)对1949—1999年北京市城市居民衣着消费进行了论述,指出北京城市居民衣着消费经历了以加工布料为主的单调时期、从"单一型"向"多样型"转变的变革时期和个性化、成衣化及高档化的成熟时期。该市居民衣着消费的变化反映了中国50年的社会变迁。沈兰(2008)对20世纪50年代以来中国城镇居民服装消费进行研究,指出城镇居民服装消费大致经历了经济恢复与限制购买、政治挂帅与衣着朴素和改革开放与多样化选择三个阶段。城镇居民服装消费的变迁是中国社会经济发展的一个缩影,它既反映了中国经济落后的昨天,也见证了中国经济富强的今天。此外,严昌洪(2007)对20世纪中国老百姓穿衣打扮的习俗变化进行研究。这些成果在一定程度上拓宽和深化了居民衣着消费理论,为扩大内需,促进经济发展做出了贡献。但目前学术界从经济史学角度对城镇居民衣着消费水平的历史演变进行深入系统研究的理论成果还不多见。

把自己纳入统一的社会模式中,中国进入一个千人一面的社会,人们的衣着消费水平基本处于静止状态。1957—1978年期间城镇居民人均衣着支出从26.64元上升到42.24元,扣除物价因素,实际上升仅8元,衣着支出比例从12%上升到13.58%,仅上升1.58个百分点。①

(一) 衣着消费档次低,棉布是主要材料

改革开放前,在相当长一段时期内城镇居民衣着消费以布料消费为主。20世纪50年代城镇居民布料消费主要是棉布,60年代初化纤布开始走进人们的消费领域。由于化纤布具有耐磨、挺刮、不易褪色、好洗、快干的优点,化纤布一时成为比较时髦的衣着材料,涤棉(用腈纶和棉混纺制成的很薄的面料)、涤卡(全部采用腈纶的化学纤维面料)、涤良(质量居涤棉和涤卡之间的中等面料,即的确良)成为人们竞相购买的面料,但人均消费量很少,到1978年人均化纤布消费量为1.61尺,占布料消费量的27%,而棉布消费量仍占据主导地位,占布料消费量的73%。在城镇居民少量的成衣消费中,主要以布制服装为主,1957年人均购买成衣0.7件,布制服装占0.6件;1964年人均购买成衣0.45件,其中布制服装0.41件。到20世纪70年代中后期,随着化纤布供应量的增加,化纤服装开始取代布制服装的主体地位。毛料服装属于奢侈品,人们一般只是在结婚时才买一套毛料服装。

(二) 成衣消费较少,自制服装较多

受经济发展水平的影响,改革开放前城镇居民衣着消费多以购买布料自己加工为主,到裁缝店进行量体裁衣者毕竟是少数。以北京市为例,直到1978年北京市服装零活加工门市部仅169个、从业人员4067人。② 26 按当年人口872万人计算,平均每万人仅0.19个营业点、4.6个从业人员,靠这些为数较少的门市部和从业人员是无法满足北京市民加工衣服的需要的。自己加工衣服既是出于节省费用的考

---

① 本文数据除注明外,均来自历年《中国统计年鉴》。
② 北京市统计局:《奋进的北京——北京市四十年经济和社会发展统计资料》,北京:中国统计出版社,1989年。

虑，又是当时社会服务极度缺乏所迫。

城镇居民直接购买成衣的就更少了。从生产的角度来看，1957—1978年中国纺织工业总产值从174.4亿元增长到620亿元，增长45.6亿元，其中纺织业增长354.4亿元，服装及其他化纤制品仅增长60.2亿元，占增长量的13.5%，其所占纺织工业总产值的比重不但没有上升反而有所下降，从1957年18%下降到1978年的15%。（见表1）这些少量的服装主要是供司法、公安、军事、行政、工厂等部门人员的工作用衣，是很少流通到市场上供普通居民购买的，城镇居民能够购买到的成衣是很少的。

表1　1957—1978年主要年份全国纺织行业总产值单位：亿元

	1957	1962	1965	1970	1975	1978
纺织行业总产值	174.4	154.4	257.8	369.2	469.0	620.0
纺织业	143.6	121.3	216.5	315.8	382.0	498.0
化学纤维业	−1.0	4.2	8.4	14.1	31.0	
服装及其他纤维制品	30.8	32.1	37.1	45.0	72.9	91.0

说明：1.纺织行业总产值为全部乡及乡以上纺织工业企业总产值数。2.分期不变价格是指1957年、1970年不变价格。

数据来源：吴文英主编的《辉煌的二十世纪新中国大纪录》（纺织卷），红旗出版社，19年版，第174页。

成衣消费水平的偏低和自我加工服装的盛行，推动了纺织机械工业的发展，缝纫机开始走进城镇居民的生活，成为必不可少的日常用品。年轻人结婚置办嫁妆，首先要买的就是缝纫机。缝纫机的普及使居民买布与做衣相结合的自给自足的消费模式得到推广，许多家庭户主既是设计者又是生产者，家家户户成了小型的服装加工厂。缝纫机缝补或制作衣服的便利提高了城镇居民在低收入水平上衣着消费的自给自足能力，促进了布料消费的增长。如果把每百人缝纫机购买量（X）作为自变量，把城镇居民人均布料消费量（Y）作为因变量，进行回归分

析,1961—1983年之间布料消费量与缝纫机购买量①之间存在明显的函数关系:

$$Y = 52.2 - 9.70/X$$
$$(1.96)(1.1)$$
$$R^2 = 0.827 \quad DW = 1.16 \quad F = 76.68$$

$R^2=0.827$,说明方程拟合优度较高,城镇居民布料消费量变动的82.7%可由样本回归曲线作出解释;1/X的负系数意味着布料消费量(Y)与缝纫机购买量(X)呈正方向变化,城镇居民布料消费量随着缝纫机购买量的增加而增加,但增长趋势逐渐减弱,并渐近其极限值52.2市尺。这表明随着生活水平的进一步提高,人们将不再满足于自己加工衣服,而转向购买成衣,衣着消费从自我服务走向社会服务。

(三) 追求蔽体取暖,衣着消费理性化

上世纪50年代中期开始,城镇居民穿衣用布严格按票证进行计划供应,每年随经济形势的好坏,供应数量不等。以沈阳市为例,1954年开始,一般居民每人每年供应棉布35市尺。1957年9月一般居民、职工一律改为每人每年供应棉布39市尺,1962年降为8.3市尺,仅够做一件上衣,1969年为21.5市尺,仅够做一套棉衣,此标准以后长期未变。② 由于沈阳冬季漫长,气候寒冷,受到国家特殊照顾,其票证供应尚且如此,其他地方布票紧张程度就可想而知了。

衣着消费的捉襟见肘促使人们学会了精打细算。"那时刚参加工作的人,通常只有两件褂子;平时是脱了这件换那件;裤子也只有两条:一条单裤,一条棉裤;单裤夏天穿外头,冬天当衬裤穿里头。所以裤子也就特别费!一条新裤,不出一年也就烂了。""当年工资少,舍不得给孩子们买衣服,做衣服大点肥点不要紧,不能小。这样,大孩子能当短

---

① 国家统计局贸易物价统计司:《中国贸易物价统计资料(1952~1983)》,北京:中国统计出版社,1984年,第36—45页。
② 沈阳市人民政府地方志编纂办公室:《沈阳市志·第十六卷》,沈阳:沈阳出版社,1994年,第99页。

衣服穿,小孩子能当长的穿;春天能当单衣,冬天能套棉袄。"①人们给孩子买鞋时故意挑大的,目的是为了多穿几年。当时不分左右的便脚鞋很受欢迎,原因是便于配鞋,直到把每一只鞋都穿烂为止,至于大鞋或便脚鞋穿起来是否合脚舒适只是次要问题。

　　人们总是想方设法穷尽衣服的物理寿命,通过各种手段延长衣服的使用期限。"北京市一百三十多个主要街道的缝纫合作社门市部,都开展了翻旧改新业务。"②不少人学会了拆劳保手套织衣服,拆鞋带织线衣,"新老大,旧老二,缝缝补补给老三"是当时大多数家庭衣着消费的真实写照,也成为人们心灵深处永远抹不去的记忆。③"1960年山东每人发的布票是1尺6寸,做条短裤都不够。"④

(四) 政治色彩浓厚,穿着失去自由

　　20世纪五六十年代,为了服务于国家工业化建设,政府引导群众先生产后生活,先吃苦后享乐,全国上下普遍形成了艰苦朴素、以苦为乐的社会风气。60年代中期后,随着政治形势的变化,以苦为乐的生活方式得到进一步强化。政府通过各种形式把国家意识强加给人民群众,在生活方式上批判封建主义、资本主义、修正主义,爱美之心被斥之为"剥削阶级的思想","西装革履"成为"资产阶级"服饰的代名词,干部职工脱下了"学苏联热潮"中买来的毛料衣服和"布拉吉"。人们压抑着对美的追求,小学生硬要妈妈在新衣服上钉上补丁,怕与同学们格格不入;姑娘们按捺着青春的萌动,怕被扣上"爱打扮"的帽子;女作家谌容50年代买了一条碎花连衣裙,没等上身就赶上环境的变化,在箱子里一放就是20多年。人们被剥夺了对美的追求,稍有不慎就会为一时的风光而付出代价。雷锋曾因买过一条毛料裤子和一件皮茄克而自责,共和国主席夫人因出国时穿旗袍而在"文革"中遭到批斗。

---

　　① 张冬萍:《走进寻常百姓人家喜看衣食住行变化》,《北京日报》,1998年7月20日。
　　② 佚名:《改进裁剪技术开展翻新业务》,《人民日报》,1957年8月16日。
　　③ 敬一丹:《一丹随笔》,北京:作家出版社,1999,第206页。
　　④ 陈明远:《知识分子与人民币时代》,上海:文汇出版社,2006年第158页。

强烈的阶级意识、革命意识使着装变成了统一的模式，全国上下普遍穿起了军便服，出现了"十亿人民十亿兵"的军便服时代。头戴绿军帽，腰扎武装带，胸佩毛主席像章，肩挎帆布挎包成为最时尚的装束。不管是工人、知识分子还是普通市民都穿军便服，上班穿，下班穿，开会穿，照结婚照时也穿，参加婚礼者穿，举办婚礼者也穿，军便服成了人们生活中不可或缺的重要服装。人们竭力把自己纳入统一的社会模式中，把自己包裹在政治化服装的外套里，唯恐脱离了无产阶级的阵线，滑向剥削阶级和修正主义的一边。这一时期城镇居民衣着款式比较单一，色调基本上以蓝、绿、黑为主。男女老幼在服装上只有尺码大小的差别，没有款式、颜色的不同，可以说进入了一个性别不分、老少不辨的着装时代。"十亿人民一款衣，三种颜色盖大地"，便是六七十年代城镇居民着装情况的真实写照。

二、以盲目追风赶潮为特征的消费阶段（1979—1992 年）

1978 年之后，中国结束了以阶级斗争为纲的思想路线，重新回到以经济建设为中心的轨道上来。衣着消费在饱受了政治的寒霜之后，人民群众终于获得了穿衣打扮的自由和追求美的权利。伴随着农村家庭联产承包责任制的推行和城市国有企业自主权改革试点的展开，农业、轻工业发展迅猛，与人民群众生活密切的物质资料被源源不断地生产出来。政府逐步放宽了对棉布、棉絮等基本生活资料的控制，从 1983 年 12 月 1 日起免收布票、棉絮票，棉布、棉絮敞开供应。政治环境的日益宽松和国民经济的恢复发展，促进了城镇居民衣着消费的大幅度上升，人均衣着消费支出从 1978 年的 42.24 元上升到 1992 年的 235.41 元，增长 5.57 倍，人们的衣着消费发生了根本的变化。

（一）棉布（制品）需求下降，化纤及其他布料（制品）需求上升

在布料消费中，棉布的购买量下降，由 1981 年人均 1.5 米下降到 1990 年 1.3 米，下降了 14.2%，化纤、呢绒、绸缎的购买量下降较为缓慢，甚至有所上升，呢绒购买量从 1981 年人均 0.2 米上升到 1990 年的

0.26米,上升18.2%。

在成衣消费中,人们对布制服装的购买量下降,对呢绒、绸缎、化纤服装的购买量上升,尤其是化纤服装呈直线上升趋势。1990年与1981年相比,城镇居民家庭年人均购买布制服装由0.47件下降到0.29件,下降38.3%;化纤布服装由0.73件上升到1.4件,增长92%;呢绒和绸缎服装分别由0.1件和0.02件上升到0.17件和0.05件,分别增长54.5%和2.5倍。此外,款式新颖、色彩鲜艳、舒适大方的针织衣裤和毛线毛裤受到少年儿童和青年男女的普遍喜爱,消费量迅速增长。1990年城镇居民家庭人均购买针织衣裤1.51件、毛线0.36千克(1992年数据),分别比1981年增长31.3%、3倍。人们用于购买化纤、呢绒、绸缎等布料及其服装的支出越来越多,其中化纤布和化纤服装的支出增长迅猛,使不少服装加工厂家生产集中于化纤制品,而生产的棉织品很少,以至于有人想买棉制衣服都很难买到。重"化纤"轻"棉织"的消费倾向,集中体现了由农业社会向工业社会转变时人们喜好的变化。

(二)成衣消费有所增加,量体裁衣依然盛行

80年代,虽然城镇居民购买成衣有所增加,但购买布料做衣服仍然比较盛行。随着市场供应情况的日益好转,国家取消布票,棉布、棉絮敞开供应,由此城镇居民棉布购买量大增,导致整个布料购买量呈上升趋势,布料购买量在1984—1988年期间常居高位不下,1988年之后开始下降,到1990年又恢复到1980年的水平,布料消费呈倒U字型。1990年城镇居民人均购买各种布料3.9米,与1981年3.87米相比较,不但没有减少,还略微有所上升。

与布料相比较,各种成衣购买量除化纤服装上升较大外,其他服装上升较慢,甚至下降。1990年城镇居民人均购买成衣1.96件,年人均购买成衣不到2件。1990年人均购买布料3.9米,按成年人用布量2米计算,可以做1.95件衣服,职工购买布料做衣服与直接购买成衣的数量基本相当;从支出金额上看,1990年城镇居民用于购买成衣支出为48.46元,用于购买布料的支出为31元,二者之比为1.56:1。这说明成衣消费在80年代还未成为主流趋势,购买布料做衣服仍比较流

行。不过大部分城镇居民购买布料不再像六七十年代拿回家自己凭经验做衣服,而转向裁缝店。一个明显的例子,就是1984年之后每百户城镇居民缝纫机购买量呈下降趋势。不少家庭转向专业裁缝寻求"代剪",或者干脆直接在裁缝店量身定做衣服,这样一些以卖布为业,并以提供"代剪"服务促进销售的布匹店生意十分火爆。据《福州晚报》报道,20世纪80年代末90年代初"代剪"特别流行。"代剪"盛行时,从福州市洋头口到东街口一带有上百家布店。不少布店专门聘请技术好的裁缝师傅,当场裁剪衣料,生意兴隆得很。尤其是过年的时候,常有不少人排队等候裁剪。适应衣着消费的需要,一大批专业服装加工店应运而生。以北京市为例,1980年北京市从事服装加工的个体工商户327家、人员356人,到1990年迅速上升到285家、人员2840人,分别增长7倍、8倍。(见图1)一时间裁缝店门前门庭若市,据林师傅回忆,裁缝店生意最好的时候是1987—1990年。他们夫妇俩几乎每天都要加班到晚上八九点钟,过年的时候还要加班到天亮。①

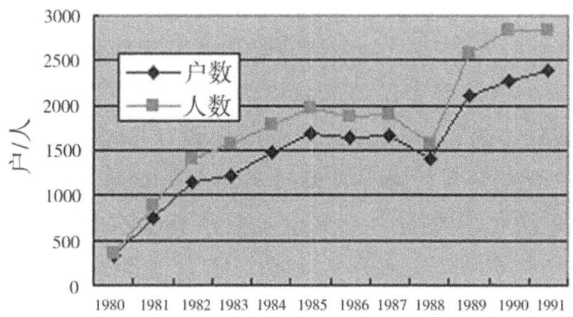

图1　1980—1991年北京市区服装个体户及人数

数据来源:根据北京市统计局编历年《北京市社会经济统计年鉴》公布数据绘制,中国统计出版社。

(三)盲目追求潮流,衣着消费趋同化

政治环境的宽松使长期压抑在人们心中的对美的追求开始复苏,

---

① 钟素梅:《以前是裁缝现在是"缝补"》,《福州晚报》,2006年3月15日。

也许是封闭得太久的缘故,当给予了着装自由的时候,人们却不知所措,爱美又不知道如何去追求美,出现盲目追风的局面。人们的审美观念容易受外界事物的影响而改变,美变成了统一的模式,人们在追求所谓"泛化美"的过程中,变得盲目冲动起来。一个款式接着一个款式,一个潮流接着一个潮流,人们疲于追赶潮流,而忘记从自身的特点考虑穿着。首先,人们的衣着装束跟电影演员跑。80年代初,受港台电影的影响,喇叭裤在广大青年中风行一时。"一夜之间,仿佛有神力催动,满街盈巷,人山人海中无不喇叭矣。"①后来,不少男青年学着前南斯拉夫电影《瓦尔特保卫萨拉热窝》男主角瓦尔特,穿上了外套"瓦尔特衫";不少女青年模仿日本电视剧《姿三四郎》中的女主角穿起了"高子衫"。常常出现某种款式衣服随着一部电影的热播而呈现排队待购的热闹场面。

其次,人们的衣着装束跟着体育明星跑。1984年中国女排在奥运会上取得"三连冠",各种形式的健身运动在城市居民中火了起来,质地和款式都还不讲究的运动装畅销起来。人们运动穿,上班穿,上街穿,运动装一时成为男女老幼在各种场合都乐意穿的服装。

最后,人们的衣着装束跟着国家形势跑。"文革"结束后,改革开放成为全国人民的共同心声。胡耀邦在党的领导干部中率先穿西服,赵紫阳总书记在十三大召开之际带领政治局全体常委身着西装与记者见面,这些都被看做中国与西方世界接轨的象征。西装热在中国迅速升温,一时间不论何种阶层、何种职业都以穿西装为时髦。一项调查反映,80年代中期有76.3%的青年人将西装作为自己的首选服装。②

(四)政治色彩逐渐淡化,衣着消费走向自由

80年代是各种新旧思想交织碰撞的年代,作为文化意识载体的衣着消费正是在这种交织碰撞中走向前进的。改革开放之初,面对日益盛行的"喇叭裤",一些极左思想的人认为,"喇叭裤"是"奇装异服",是

---

① 季羡林:《论衣着款式》,《中华读书报》,2000年5月17日。
② 于馄奇、花菊香:《现代生活方式与传统文化》,北京:科学出版社,1999年,第60页。

资产阶级"低级趣味""腐朽颓废"生活方式的表现。有些地方甚至动员团员、青年上街纠察,不许青年人穿喇叭裤,遇到不听"禁令"的,就强行剪破;有些地方禁止穿喇叭裤者出入机关大门。1983年全国上下开展了一次包括衣着、歌曲、电影、舞蹈、绘画等方面的所谓"清除精神污染"运动,一时间中国人又迷茫起来。负责主持中央日常工作的胡耀邦提出了划清几个界限的指示,其中第一条就是"不要干涉人家穿衣打扮,不要用奇装异服一词。总的说,我国的衣着还是单调的,不要把刚刚出现的活泼多样又打回到古板、单调状态中去。"①《中国青年》专门刊出文章进行辩论,提出头发的长短、裤脚的大小和思想的好坏没有必然的联系。经过这场争论,人们穿衣打扮获得了一些自由。② 但是伴随着对改革开放的激烈争论,人们在衣着消费观念方面的争论也从来没有停止过,穿衣打扮总是受着意识形态、传统习惯、社会舆论的羁绊。1985年有关部门抽样调查显示,在回答"对于人们的服装打扮、完全不应该加以干涉,谁爱穿什么就穿什么"时,赞成的占56.2%,有点赞成的占19.3%,很难说的占6.2%,有点反对的占14.7%,反对的占6.5%。虽然对穿着多样化表示赞同的占大多数,但表示反对的人数依然不少,占21.2%。③ 然而"青山遮不住,毕竟东流去",传统观念虽有市场,却阻挡不住服装变化的潮流。随着中国融入世界潮流步伐的加快,穿衣打扮逐渐摆脱了意识形态的束缚,没有人再会为了爱美、穿着个性衣服而担惊受怕,人们可以按照自己的愿望塑造形象。

三、以突出个性为特征的消费阶段（1993年以来）

十四大之后,中国掀起了更大一轮的改革开放热潮,个体经济、私营经济、三资企业等非公有制经济蓬勃发展,人们的就业渠道大大拓

---

① 胡绩伟:《劫后承重任因对主义诚——为耀邦逝世十周年而作》,《书屋》,2000年第4期。
② 马立诚,凌志军:《交锋——当代中国三次思想解放实录》,北京:今日中国出版社,1998年,第60页。
③ 王洪模:《1949—1989年的中国改革开放的历程》,郑州:河南人民出版社,1991年,第56页。

宽,收入水平和生活水平大幅度提高,中国城镇居民的衣着消费随之进入一个新的阶段。人们不再满足于穿暖穿好的数量型消费,开始追求衣着的档次和款式,并发展到追求个性和品位。衣着成为人们美化生活、追求时尚的一个标志。城镇居民人均衣着支出从 1993 年的 30.61 元上升到 2007 年的 1042 元。

(一) 化学纤维受冷落,纯棉制品成新宠

随着生活水平的进一步提高,人们的消费观念开始转变,"健康着装"成为城镇居民衣着消费的重要概念。纯棉制品在经历了 80 年代的冷落之后,再次受到人们的推崇,化纤服装失去了往昔的娇宠。化学纤维不透气、起静电和容易产生皮肤过敏的缺陷,让人穿起来既不舒适又不自在;而纯棉服装坚韧柔软、高透气性的特点,给人们带来舒适自然的美妙感受。进入 90 年代,纯棉布料取代了化学纤维,逐渐成为服装市场的主流。"买纯棉衣服已成趋势。20 年前每人一年 10 多尺布票,能穿上件的确良就得夸耀一阵子,而花 148 元买身毛料更属艺术化了的生活。谁曾想,现在人们又返璞归真。"①据 205 年 1 月美国国际棉花协会对中国内地消费者服装消费的调查报告显示,有 64.9% 的中国内地消费者认为其所购买的衣服是否是由天然材质如棉花、羊毛制成的非常重要;有 82% 的人愿意多花钱购买天然纯棉制品及天然纯毛制品,各项相关指标均居受调查国家地区之首。与此相对应的是中国内地消费者对于人造丝、弹性纤维、人造纤维等非自然材质则强烈抵触。例如,对于弹性纤维,香港、日本消费者不接受比例为 1%,而中国内地消费者则高达 19%。② 这次纯棉服装的盛行不是对上世纪六七十年代棉布及其制品的简单重复,其工艺、质地、款式都远远超过当年的棉布及其制品,既适应了人们追求自然舒适的要求,又满足了人们张扬个性、提升品位的需要。

---

① 毛戈南:《北京百货大楼服装节传来消息国内服装消费呈现三大趋向》,《经济日报》,1994 年 10 月 8 日。
② 胡笑红,熊欣:《2004 全球时尚监测揭示中国消费者青睐纯棉服装》,《京华时报》,2004 年 9 月 1 日。

(二) 裁缝业日渐衰落，成衣消费盛行

随着现代家庭生活节奏的加快和审美意识的提高，城镇居民的衣着消费观念发生了转变，衣着消费以购买成衣为主。成衣因其款式新颖、质地良好、做工细致、节省时间等优势，在城镇居民生活中的地位越来越高。在城镇居民人均衣着消费中，服装支出从1992年的132.5元上升到2007年的747.93元，衣着材料支出从40元下降到10.13元。城镇居民衣着材料消费支出微乎其微，布料消费进入衰退阶段。这一升一降的巨大反差标志着成衣消费成为时代潮流，过去曾经成为城镇居民梦想的家用品，缝纫机购买量迅速下降。缝纫机由大庭广众的客厅里被摆放到被遗忘的角落里，逐渐淡出人们的生活。"以前买衣车是为了做衣服和补衣服，现在到处都是服装店，什么式样的衣服都能买到，而且旧的还没去，新的就来了，哪用得上衣车啊？"[1]成衣市场的繁荣也直接导致了裁缝市场的衰落。"现在生意都让满大街的时装店抢走了，不论我怎样提高质量，改进服务，生意还是一年比一年差。"[2]裁缝店再也没有了80年代中期布匹市场放开时生意火爆的场面，纷纷关门歇业或转向经营，依附于服装商场或专卖店，从事修剪裤边、织补衣服的活儿。裁缝市场的黯淡使裁缝业后继乏人，在郑州市郊区开裁缝店的季师傅"因为生意实在不景气，前不久，3个徒弟也都陆续改行干别的了"。[3] 不少裁缝师傅抱怨，"现在的年轻人都不愿意做裁缝，而很多会缝纫手艺的女工直接到服装厂干活了"。[4]

(三) 追求个性，衣着消费多样化

城镇居民衣着消费趋于理性化，不再像上世纪80年代那样盲目追风赶潮，而是更加注重展现个人审美修养、生活品位及精神追求，在衣

---

[1] 杨梅:《离开缝纫机的日子》，《南国早报》，2004年3月11日。
[2] 李钧德:《裁缝铺生意冷——郑州：老板诉苦生意都让时装店抢走了》，《新华每日电讯》，2002年11月11日。
[3] 李钧德:《裁缝铺生意冷——郑州：老板诉苦生意都让时装店抢走了》，《新华每日电讯》，2002年11月11日。
[4] 雷蕾:《裁缝店遭遇"潮起潮落"》，《丽水日报》，2005年6月20日。

着消费上注重挑选符合自己气质、个性、身材、身份的服装。一项关于服装消费观念的调查显示,除少数人仍具有从众和追求流行趋势的心态外,占64.8%和55.7%的消费者把追求个性和合适的服装作为选择服装的主要因素。①

衣着消费的个性化表现在两个方面:从宏观上,把个人放到社会整体中来看,每个社会成员总是追求个人风格的与众不同,在服装面料、色彩图案、款式上做到特色独具。走上街头,表现不同个性、不同气质的服装争奇斗艳,让人感到宛如走进了百花园。牛仔裤、直筒裤、夹克衫、西装、休闲服、唐装、连衣裙、一步裙等铺天盖地地卷入到你的视线。尤其是年轻人更善于追求新潮,张扬个性,衣着更加前卫,超短裙、吊带衫、露背装、露脐裤、古仔服、邋遢服纷纷上阵。清纯俏丽、风情浪漫、成熟练达、雍容华贵、不拘传统的性情在不同的装束中凸现出来。从微观上,把个人作为一个独立的个体来看,同一个人在不同的时间、环境下,穿衣打扮随着场合的改变而改变。"新三年、旧三年,缝缝补补又三年"的老习惯早已远离城镇居民,上班一身、下班一身、开会一身、做饭一身、散步一身、睡觉一身的"一日多衣"的着装概念在不知不觉中走进生活。富裕起来的城镇居民每天根据不同的角色扮演在不停地变换着自己的服装,人们的衣着消费从上世纪80年代的"一季多衣"向"一日多衣"转变。

(四)衣着档次大幅度提升,品牌化趋势十分明显

按照经济学家凡勃伦的消费理论,服装档次的高低是一个人修养、气质、风度的重要体现,关系到周围的人对自己的评价。在生活水平达到一定程度后,崇尚品牌、追求时尚、注重品位就成为人们的内心需要。从2005年到2006年全国大型商场部分月份服装销售数据来看,城镇居民品牌意识增强,服装消费档次大大提高。在各类服装中,前十位服装品牌综合占有率都比较高,品牌防寒服、羊绒衫、保暖内衣的市场占

---

① 上海明略市场策划咨询有限公司:《中国10大城市品牌服装消费调查[EB/OL]》,http://www.51fashion.com.cn/BusinessNews/2006-08-08/116779.html,2006年8月8日。

有率分别达到74.67%、78.07%、6.86%。在前十名服装品牌中,市场占有率各不相同,出现了向少数品牌集中的趋势。在防寒服中,波斯登和其系列品牌雪中飞牢牢控制了市场,其销售量占整个市场销售量的40%左右;在羊绒衫中,鄂尔多斯独占鳌头,占市场销售量的25%左右;在鞋类销售中,百丽遥遥领先,占市场销售量的12.8%。①

随着衣着消费档次的提升,以经营低档服装为主的服装店生意走向冷淡。"早些年,那些进价五六十元的男装能卖到七八十元,算得上中档服饰,在市场上很畅销,一天最多能卖六七十件,一个月下来,挣一万元不是问题。不过这几年,随着服装市场、品牌店的增多,以及服饰量贩、超市的出现……中低档服装不再那么好卖了……过去一天卖几十件衣服的日子再也回不来了。"②

(五)传统正装需求下降,休闲服装成为主流

近年来,曾经代表经典、高尚的传统正装成为厚重、呆板的代名词,正在从人们的视野中消失。昔日上至领导人,下至打工仔都钟情的西服套装已被视为落伍的象征。休闲装以其注重宽松、彰显活力的特点,加上具有舒适耐用、免熨、弹性好、无静电等特点,日益受到人们的欢迎。2005年南京中央商场等大型零售企业服装销售情况显示,高价位的休闲服装在中青年和收入较高的消费者中大行其道,中档价位的休闲服装则受到工薪阶层的喜爱,而传统正装尤其是毛料西服需求趋缓。③ 就连职业女性日常穿着也主要以休闲装为主。据调查,目前在北京占78.9%的职业女性平时以穿休闲装为主,只有不足21%的以穿职业装为主;对"在上班时是否穿职业装"这个选项,53.3%的人选择很少穿,21.9%的人选择经常穿,另外25.8%的人选择与其他服装各占

---

① 佚名:《2005—2006年全国大型商场部分月份服装销售数据[EB/OL]》,http://www.ccaf.com.cn/market/index.asp,2006年2月8日。

② 王现科,张雅:《衣香丽影"衬"亮许昌人》,《许昌晨报》,2005年11月18日。

③ 佚名:《南京服装市场近日大刮运动休闲风[EB/OL]》,http://www.fzc.cn/html/2004/08/1-38862.html,2004年8月2日。

一半。① 随着休闲服装的迅速升温,各地经销商纷纷看好休闲服饰的市场潜力,各大商场在服装经营上向休闲装倾斜,专门开辟专柜,甚至整层商场销售休闲装,各种类型的休闲装专卖店更是鳞次栉比,数不胜数。受衣着消费休闲化潮流的影响,国内原来很多生产传统正装的企业如杉杉、罗蒙、七匹狼等开始转向生产休闲服装。据不完全统计,目前国内休闲装品牌多达 20 多个,专业的休闲装生产厂家已达万余家,休闲装已在中国服装产业中渐居主导地位。②

四、当前衣着消费存在的问题

建国以来,随着中国经济建设的不断发展和人民收入水平的日益提高,城镇居民衣着消费经历了一个从强调蔽体取暖到强调品位时尚、从手工制作到购买成衣、从压抑个性到追求个性的发展过程,衣着消费的质量和档次大大提高,衣着消费的观念不断更新,城镇居民衣着消费已经融入世界潮流,与世界人民一道前进。然而,目前我国城镇居民衣着消费和服装行业所暴露出来的一些问题应引起足够重视。

(一) 城镇居民衣着消费趋势基本一致,但消费差距十分明显

随着收入水平的逐年增长,城镇居民衣着消费水平普遍提高,衣着消费的变化趋势基本一致。以 2006 年为例,从最低收入户和最高收入户各项支出金额上看,从多到少,依次都是服装、鞋类、其他衣着用品、衣着材料或加工费,说明随着生活水平的提高,衣着消费成衣化成为基本趋势。另外,无论低收入户,还是高收入户,随着收入水平的提高,女装消费支出增长幅度要大于男装和童装的增长幅度。虽然城镇居民消费趋势基本一致,但受收入差距的影响,城镇居民之间衣着消费差距十分明显。一部分消费者遵循传统习惯,强调实用耐穿,所购买服装以低

---

① 首都服饰文化与服装产业研究基地:《首都服饰文化与服装产业研究报告 2006》,北京:同心出版社,2006 年,第 27 页。
② 叶灵燕:《CHIC 展:服装市场刮起"休闲风"》,《中国贸易报》,2006 年 4 月 19 日。

档服装为主。以2006年为例,①最低收入户购买服装的平均单价为52.18元,其中男装为58.38元,女装为54.3元,童装为3.03元,基本以低档服装为主;最低收入户人均购买服装3.67件,一个季节添置不足一件新衣服,还不能实现"换季换衣"。另一部分消费者讲究精致的生活品位,追求新潮、个性,购买服装基本以高档服装为主。2006年最高收入户购买服装的平均单价为114.36元,其中男装为129.24元,女装为119.30元,童装为51.21元,分别是最低收入户的2.21倍、2.2倍和1.5倍;最高收入户人均购买服装12.72件,一个季节添置新衣超过3件,真正实现了"一季多衣"。最明显的差距是最高收入户人均购买童装的数量和金额要超过最低收入户人均购买的男装或童装的数量和金额,接近最低收入户购买的女装的数量和金额。可以说,最低收入户无论大人还是孩子,无论在支出金额上还是在购买服装数量上,竟不及或仅相当于最高收入户一个孩子的消费水平。

(二) 服装行业同质化竞争严重,服装生产结构亟待调整

目前,中国大多数服装企业都把目标锁定在消费能力较强的25—40岁人群上,相互抄袭模仿,款式、图案、色彩,乃至营销模式都如出一辙,同质化竞争造成大家竞相压价,互相残杀。应季新装上市不到一个月就开始打九折、八折,再过一两个月,就开始打六折、五折。到最后换季时,可能打到二折、一折。不少企业把打折销售作为克敌制胜、占领市场的法宝。残酷的竞争使服装价格持续走低,利润空间越来越小。1998年以来我国居民衣着消费环比价格指数一直呈现下降趋势,1998年为9.2,2000年为9.1、2002年为95.2、2004年为96.5、2006年和2007年均为9.4。商家的竞相打折使消费者学会了在换季打折之时购买服装,反过来又增加了服装行业低价竞争的残酷程度。一方面,服装厂商忙着打折销售,另一方面,不少消费者为买不到合适的服装而犯愁。目前,我国服装市场两极分化现象严重。针对高收入群体的高档服装明显供大于求,而针对广大低收入群体的低档服装则泥沙俱下,竟

---

① 国家统计局:《中国城市(镇)生活与价格年鉴2007》,北京:中国统计出版社,2005年。

争混乱,适合中等收入群体的中档产品相对匮乏。占绝大多数市场需求的中层消费者,要么勉强接受高出购买力的名牌服装,要么选择毫无质量保证的廉价产品,陷入两难境地。此外,市场上适合孕妇、中老年人、特胖、特瘦等特殊形体人群的服装种类较少,可供选择的余地较小,出现服装供应断档现象。服装生产的断档不仅加剧了服装行业的激烈竞争,而且会传达一种错误的信息,促使部分服装生产厂商退出竞争。

(三) 世界服装品牌占据优势,国内服装品牌竞争能力明显不足

上世纪80年代以来,服装业成为我国发展速度最快的产业之一,我国也逐渐成为世界服装生产第一大国。虽然经过近30年的发展,但我国服装行业依然没有摆脱品牌化程度低、品牌附加值低、品牌竞争力低的传统生产状态。目前,我国很多服装生产厂商以从事"一大三低"(大路货和低档次、低质量、低价格)、"三来一补"(来料加工、来件装配、来样加工以及补偿贸易)为主,拥有着优质的布料、一流的生产线,年复一年为国外品牌服装提供"贴牌"服务。不少厂家干脆生产假冒的世界服装品牌以求生存,"鳄鱼""阿迪达斯""耐克""彪马"等被仿冒的世界服装品牌充斥我国城乡的大街小巷。在欧盟海关,身穿假冒的世界服装品牌的中国游客经常遭到所在国海关人员的重罚。长期以来,很多服装企业依靠非法假冒、合法贴牌、低价销售的发展模式维持生存。虽然也涌现出一批像"雅戈尔""杉杉""罗蒙""培罗蒙"等国内服装知名品牌,但是与国际品牌相比,我国消费者对国内品牌认可度极低,仅占被调查对象的16.7%,多达53.3%的消费者倾向于购买国外服装品牌。[①] 在我国一些大中城市,凡是高档的服装商场都无一例外地被国外服装品牌占据主要位置。以上海南京路为例,从恒隆广场、中信泰富等高档商场到太平洋、百盛等中档商场,均是洋品牌服装当家,就连一些国产品牌的专柜,也在商标标示或店面装潢上处处透着一股"洋气"。我国服装品牌竞争能力明显不足的现状,与我国服装生产第一大国的地位极不相称。随着人们生活水平和文化素质的不断提高,人们对服

---

① 明略市场策划(上海)有限公司:《全国10大城市服装消费调查》,《中国纺织经济》,2004年第3期。

装档次和品质的消费需求也逐渐提高。因此,提高我国服装品牌的竞争力,推动服装行业新一轮的产业升级已势在必行。

五、建议

针对上述问题,笔者提出以下建议:

(一)加强对低收入群体的社会保障力度,努力提高其收入水平

政府要加大对低收入群体的社会保障力度,为低收入群体提供必要的基本生活保障。要确保离退休人员、失业人员的离退休金和失业保险费按时足额发放,确保下岗职工的基本生活保障费和城镇居民的最低生活保障费按时足额发放,使所有符合条件的城镇居民都能得到最低生活保障。要重点加强对低收入群体在医疗、教育、住房等方面投入力度,使广大中低收入城镇居民上得起学、看得起病、买得起或租得起房;此外,政府还要想法设法帮助低收入群体寻找就业门路,提高收入水平。各级政府要采取各种形式,加大对普通劳动者,尤其是下岗失业人员的培训力度,使其掌握一门基本技能,扩大就业空间。各级政府部门要认真落实好现有的对下岗职工再就业的各项优惠政策,对特殊群体实施特殊的就业援助,要在税收减免、再就业培训补贴、发展个体私营企业等方面给予政策优惠,增加下岗、失业人员的就业机会。

(二)引导服装企业调整产品结构,弥补消费空档

目前,我国大多数服装生产厂商把目标定位在消费能力较强的中青年身上,造成千军万马争过独木桥的局面,彼此展开激烈的无差别竞争,使盈利空间越来越小。每个服装生产厂商应根据自身优势,定位产品的消费对象,专心致志做好自己的品牌,利用品牌占领市场。比如真维斯、森马等服装品牌把产品销售对象定位在16－25岁的青少年,生产销售牛仔、针织等休闲系列,销售业绩一直不错。针对特殊人群购买服装困难的现状,服装生产厂商应该以此为契机,调整目标,生产、销售针对老年、孕妇、偏胖、偏瘦等特殊人群服装,逐渐形成自己的服装品牌,占领属于自己的市场空间。广大服装企业适时调整生产结构,错位

生产,既避免了无谓的市场竞争,扩大了利润空间,又能满足市场需求,使整个社会资源达到最佳的配置状态。

(三) 提高服装企业自主创新能力,避免为人作嫁的局面

当前,企业间的竞争已演变为企业品牌的竞争,只有成功打造自身的服装品牌,赢得消费者的信任和追随,才能在激烈的市场竞争中赢得市场。服装生产厂商必须树立长远的战略眼光,摒弃单纯依靠"贴牌"和"低价"生存的发展之道,加大自主品牌建设,提高企业核心竞争力,早日摆脱为人作嫁的局面。为此,广大服装生产厂商,一要克服重广告宣传、轻科技研发的传统弊病,加大科技研发和产品创新投入力度,提高产品质量,加快款式更新速度,采取主动式的产品推出方式,获取更广阔的发展空间;二要加大对所属科技人员的科技培训力度,改革企业收入分配机制,要让科技骨干参与到企业经营利润分配中来,用优厚的待遇稳定人才,建立一支忠于企业的科技团队;三要扩大对外交流合作,通过吸引外资和引进人才,加速技术引进和技术改造;加快资产重组,扩大企业规模,增强企业实力,逐步组建超大型、跨区域、跨国服装企业集团。

原载于《河南大学学报(社会科学版)》2010年第5期;《经济学文摘》2010年第11期、《经济史》2011年第1期转载

文化创意产业发展的现状、制约与突破
——一项基于北京文化创意产业发展的研究

卫志民[①]

文化创意产业是指以创作、创造、创新为根本手段,以文化内容和创意成果为核心价值,以知识产权实现或消费为交易特征,为社会公众提供文化体验的具有内在联系的行业集群。[②] 文化创意产业作为产业分工和价值链的高端环节,已经成为引领经济发展、推动产业结构升级的一种重要变革性力量。近年来,北京市高度重视文化创意产业的发展,《北京市"十三五"时期文化创意产业发展规划》提出明确目标,到2020年,文化创意产业增加值占北京市 GDP 比重力争达到15%左右,成为支撑首都经济创新发展、构建"高精尖"经济结构的重要引擎。当前,北京市文化创意产业正在蓬勃发展,产业发展环境不断得到改善,产出规模处于全国领先地位,在稳增长、调结构、惠民生中发挥出越来越重要的作用。

一、北京文化创意产业的发展现状与趋势

(一)产业规模不断扩大

作为一种新的经济形式,北京文化创意产业稳步发展,规模不断扩

[①] 卫志民(1968—),男,山西临汾人,经济学博士,北京师范大学政府管理学院教授,博士生导师。
[②] 牛继舜:《创意是著名城市的灵魂》,北京:经济日报出版社,2014年,第164页。

大,目前已经成为北京第二大支柱产业。2011年,北京文化创意产业实现增加值1989.9亿元,按现价计算,比2010年同期增长17.2%,高于全市GDP现价增速2个百分点。2012年,北京文化创意产业实现跨越式发展,产业收入首次突破1万亿元,实现增加值2189.2亿元,占全市GDP比重达12.3%。2013年,北京文化创意产业实现增加值2406.7亿元,同比增长9.1%,高于GDP同比增长率1.5个百分点。2014年,北京文化创意产业实现增加值2826.3亿元,占全市GDP的比重从2008年的12.1%提高到13.2%,创历史新高。① 规模以上法人单位实现收入11029亿元,同比增长9.5%。2015年,北京市文化创意产业实现增加值3179.3亿元,占地区生产总值的比重达到13.8%,比上年提高0.6个百分点。全市文化创意产业收入合计15877.8亿元,资产总计31893.9亿元,从业人员202.3万人,②远高于国内其他城市。近年来,北京市文化创意产业保持较快发展势头,文化创意产业作为战略性支柱产业的地位更加突出,对首都经济增长的拉动作用更为显著。③

(二) 产业结构不断优化

按照《北京市文化创意产业分类标准》,文化创意产业共分9类,即文化艺术,新闻出版,广播、电视、电影,软件、网络及计算机服务,广告会展,艺术品交易,设计服务,旅游、休闲娱乐,以及其他辅助服务。④ 从产业构成看,北京文化创意产业门类齐全,优势行业稳步发展,软件、网络及计算机服务业领跑全国。2010－2013年间,包括动漫游戏在内的软件、网络及计算机服务业持续发力,业务收入在文化创意产业中占比最大,达到37%左右,高居九大行业之首。其他辅助服务业和广告会

---

① 刘玉龙:《文化产业:京津冀协同发展"软实力"》,《时代金融》,2015年第10期。
② 北京市国有文化资产监督管理办公室,中国传媒大学文化发展研究院:《北京文化创意产业发展白皮书(2016)》,2016年11月。
③ 北京市国有文化资产监督管理办公室,中国传媒大学文化发展研究院:《北京文化创意产业发展白皮书(2016)》,2016年11月。
④ 北京市人民政府:《北京市文化创意产业提升规划(2014－2020年)》,《北京市人民政府公报》,2014年6月20日。

展业紧随其后，均超过10%。新闻出版业，旅游、休闲娱乐业，广播影视业稳步发展，均占有一定市场份额（见表1）。在整体经济发展进入新常态，传统行业增长速度放缓的背景下，软件网络及计算机服务，旅游休闲娱乐，广播、电视、电影和其他辅助服务四大行业均释放出强劲活力。从北京市统计局的最新数据来看，2015年1-9月，软件、网络及计算机服务行业实现收入3257.6亿元，同比增长9.2%，拉动文化创意产业增速提升3个百分点；旅游、休闲娱乐，广播、电视、电影和其他辅助服务三大行业分别拉动文化创意产业增速提升0.9、0.7和3.1个百分点。

表1 2011-2015年北京文化创意产业各领域业务收入比重(%)统计表

年份	2015	2014	2013	2012	2011
文化艺术	1.7	1.7	2.3	2.3	2.4
新闻出版	6.3	7.2	8.2	8.6	8.4
广播、电视、电影	6.2	7.0	6.3	6.6	6.1
软件、网络及计算机服务	41.8	39.4	36.8	37.7	37.1
广告会展	11.7	11.0	11.9	12.2	12.8
艺术品交易	7.1	8.8	9.4	6.8	5.5
设计服务	3.2	3.9	4.2	4.3	4.1
旅游、休闲娱乐	8.5	8.8	8.3	8.2	7.8
其他辅助服务	13.5	12.1	12.5	13.3	15.8

资料来源：北京市统计局网站

文化创意产业集聚区信息沟通便利，能够促进区内企业的竞争与合作，增强发展的内在活力，对文化创意产业发展具有引领作用，成为文化创意产业发展的新空间载体。第三次全国经济普查数据显示，全市20个文化创意产业功能区有文化创意单位7.4万个，占全市总量的50.8%；文化创意产业从业人员119.6万人，占全市总量的65.2%；文化创意产业资产总值14108.3亿元，占全市总量的68.5%；文化创意收入8331.4亿元,占全市总量的67.3%,文化创意产业空间集聚、集约发展的态势日益显现。① 从空间分布看,集聚区主要集中在中心城区,海淀区和朝阳区成为北京文化创意产业最密集的区域。从集聚区内行业类型看,文化科技融合行业、传媒影视行业、文化休闲行业增速较快,引领了产业空间集聚态势。这些集聚区的产生发展与形成机制各不相同,形成了显著的品牌号召力。北京海淀区中关村创意产业先导基地是以科技创新为依托,利用现代网络技术,以软件、游戏、动漫等产品为主要开发对象的文化创意产业集聚区。中关村聚集了联想、新浪、小米等百余家企业,成为全球最具吸引力的创业中心之一,培育了一批具有国际影响力的创新型企业。目前,中关村已成为全国乃至全球文化创意产业重要的产品原创基地、企业孵化基地和人才培养基地,成为产业技术发达、制作手段先进、基础设施完善、智力资源雄厚、创新能力领先的文化创意产业聚集中心。北京潘家园古玩艺术品交易园区是凭借北京传统文化底蕴发展起来的一个创意产业园区,重点发展高端艺术品及高精仿古玩艺术品的研发以及古玩艺术品拍卖、会展等行业,园内行业关联程度高,产业链条相对完整。目前,园内拥有商户5000余家,它依托古代艺术品,通过不断提升服务档次、整合周边资源、加强文化品牌效应,已成为全球性文化艺术品交易中心。北京798艺术区、前门传统文化产业集聚区、北京数字娱乐示范基地、CBD-定福庄国际传媒产业走廊功能区、动漫网游及数字内容功能区等其他聚集区也在打造产业链条饱满、可持续发展的产业集群。文化创意产业集聚区的集聚效应有效推动了北京文化创意产业的规模化、高端化发展,有力提升了产业竞争力和品牌影响力。

(四)投资主体多元化

北京文化创意产业的发展,离不开各级政府部门和相关社会团体的资金投入与政策支持。2005-2009年,北京市共计出台资金扶持政策27项,有针对性地为文化创意企业发展提供必要的资金支持。2010

---

① 《"十二五"时期北京文创企业稳步发展》,http://www.bjwzb.gov.cn/xxdt/gzdt/ff8080815278cbb001527be86426000a.html,2016年1月26日。

年3月,中国人民银行、财政部、文化部等九部委联合发布《关于金融支持文化产业振兴和发展繁荣的指导意见》,针对不同层次企业提出多种可供选择的投融资方案,首次从国家政策层面提出加大金融对文化产业的支持力度,①实现金融资本和文化资本的有效对接。与此同时,文化部积极开展文化产业金融支持模式和文化产业投融资体制机制的创新探索工作。自2013年起,文化部不仅利用贷款贴息、债券贴息、保费补贴、基金注资等传统方式支持文化产业融资项目,而且首创了文化企业融资风险补偿、文化企业融资担保费补贴、文化企业融资租赁贴息、文化产业投资基金注资等新模式推动文化产业发展。②除此之外,北京市积极稳妥地开放文化市场,鼓励社会资本、境外资本对文化创意产业的投资,拓宽投融资渠道,建立多渠道投融资体系,形成了投资主体多元化的基本格局。2014年,北京共完成文化创意产业固定资产投资323.4亿元,其中,民间资本共计投入194.2亿元,占全市文化创意产业投资的60%,成为主要的投资来源。2015年北京文化创意产业固定资产投资达353亿元,民营及混合所有制企业完成投资207.5亿元,占总投资比重的58.8%。社会资本已成为支持文化创意产业发展的重要驱动力量。

二、北京文化创意产业发展的制约因素分析

尽管北京文化创意产业的发展水平目前处于国内领先地位,在一定区域内具有较强的产业影响力和辐射力,但北京文化创意产业相比发达国家的文化创意产业,还处于产业发展的早期阶段,缺乏全球性影响力和国际市场竞争力,还没有培育出世界级文化创意品牌和世界级文化创意大师。因此,迫切需要以北京文化创意产业发展中存在的主

---

① 张宗堂,周玮等:《构建科学发展体制机制推动文化大发展大繁荣——党的十六大以来我国文化体制改革发展纪实》,《人民日报》(海外版),2010年8月13日。

② 《2015年文化金融合作取得突破》,http://news.xinhuanet.com/shuhua/2016-02/06/c_128708283.htm,2016年2月6日。

要问题为导向,围绕阻碍产业发展的瓶颈因素寻求突破,探索出一种具有北京特色的文化创意产业发展模式。

(一)文化体制改革相对滞后,与文化创意产业发展的内在要求不适应

当前北京文化体制改革还处在探索阶段,相对于文化创意产业的强劲发展势头,文化体制改革相对落后,体制机制性问题仍然比较突出。现行文化管理体制对文化创意产业发展的制约突出表现在两个方面:一是政府职能转变尚未到位,市场配置资源的决定性作用尚未得到充分发挥。从事文化生产经营的企业缺乏足够的自主权,国有文化企业资产被条块分割,特别是文化艺术、新闻出版、广播影视领域非公有制经济发展相对薄弱,渠道垄断、资源垄断、缺乏竞争,在很大程度上影响了资源配置的效率和产业发展的内在活力。① 二是多头管理、交叉管理、管理体制僵化的问题非常突出。文化创意产业接受文化、新闻出版、广播电视、信息产业等多个部门的管理,各部门各自建立起一套系统的管理制度和政策,不同文化管理部门之间职能交叉和重复管理的现象比较严重,部门之间也缺乏协调机制,在不同产业之间不断融合发展的大趋势下,阻碍了文化创意产业的发展和效率指向的自由竞争、公平竞争市场秩序的形成。

(二)产业集聚区结构性问题突出,缺乏国际竞争力

北京文化创意产业的集群发展趋势十分明显,全市文化创意产业集聚区在2010—2015年内发展为20个,遍布全市16个区县之中,在文化资源的开发、促进产业融合、培育文化产业龙头企业等方面已发挥出集聚区的带动和引领作用。虽然文化创意产业集聚区建设已初具规模,但由于北京文化创意产业集聚区建设起步晚,与伦敦、巴黎、纽约、东京等世界级城市相比,仍然存在很大差距。如何扬长避短,找到适合文化创意产业集聚区发展的有效模式和突破口,形成地区特色,避免重

---

① 金元浦:《文化创意产业四题——关于加快转变文化产业发展方式的几点思考》,《求是》,2012年第8期。

复建设是文化创意产业集聚区改善结构、实现跨越式发展的关键所在。

由于北京文化创意产业集聚区前期多数是自发形成的,缺乏积极有效的组织,难以形成合力,为后期政府规划和建设增加了难度。众多文化创意企业集聚在一起,尤其是文化生产、制作、复制环节的企业集聚起来,给信息、交通、物流、会展等配套公共服务设施带来很大压力。许多集聚区入驻企业质量欠佳,企业间关联程度低,行业内部价值链短、产品附加值不高,原创产品和关联产品、衍生产品之间难以形成互动,使产业集聚区建设多而不精、集而不群,发展模式落后。这样,就会导致产业集聚区仅仅局限在空间上的聚集,难以形成完整、顺畅、高效的产业链条,阻碍文化创意产业实现跨越式发展。另外,除中关村、798艺术区等发展较为成熟的文化创意产业集聚区外,集聚区还存在主导产业不清晰、缺少统一规划和协调规范、功能化建设程度相对滞后、管理服务水平较低、企业经营大同小异、同质化竞争较为突出等问题,产业活力难以释放。

(三) 创意人才储备不足,结构失衡

人才是企业创新发展的"血液",是现代经济运行的核心。北京是全国拥有文化创意产业企业最多的地区,各类人才集中度居于全国领先地位,但与北京文化创意产业的发展要求相比,北京文化创意产业人才市场仍存在较大缺口,还没有形成完整的人才体系。相比文化创意产业发达国家,北京文化创意产业人才占从业人员总人数的比重不及伦敦、纽约、巴黎等城市的十分之一。同时,产业内部也存在严重的人才分布失衡现象。创意产业链中的增值部分主要体现在原创文化创意产品的开发和营销中,而高端原创人才、管理人才、营销人才恰恰是北京文化创意产业链条上最薄弱部分。创意人才短缺、人才结构不合理,不仅制约了北京文化创意产业的发展,也严重制约着北京由传统城市向智慧城市的转型升级。

受限于我国文化创意产业整体发展阶段和市场发育水平,文化创意人才培养水平也处于初期发展阶段,相关学科发展不成熟,学术理论基础薄弱,难以为文化创意产业人才的培养提供扎实的理论支撑,高水准人才培养能力严重不足。同时,在学科分布和专业设置上,目前我国

高等院校也明显存在制作技术领域人才培养规模远多于内容创意领域人才和经营管理领域人才培养规模的失衡现象,与市场对文化创意人才的需求脱节。就文化创意单位来说,国有文化企业多,民营企业少;中小企业较多,龙头企业缺乏。国有文化企业多为体制内文化事业单位转企改制而来,转企改制时间短,体制藩篱依然存在,市场化的治理结构和经营机制尚未完全形成,人才队伍构建的市场化程度不高,阻碍着优秀文化创意人才的成长、选拔和任用。中小文化创意企业面临的市场风险大,薪酬待遇不高,对优秀文化创意人才缺乏吸引力,容易造成高级创意人才外流。就政府来说,尚未建立起一套健全的文化创意人才评估体系和激励机制,支持鼓励中小企业发展的优惠政策也不够完善,难以为创意人才的生活、工作提供稳定的环境和制度保障。

(四) 文化资源利用率低,缺乏特色精品

北京是一座拥有 3000 多年建城史的古都,全国各地文化之精华在此汇聚、交融、酝酿、沉淀,形成了独具特色的北京地域文化。在文化创意产业中,产品古老的历史、深厚的文化底蕴是北京独特的文化资源和地域特色,但这些丰富的文化资源还没有被北京的文化创意产业充分开发利用。① 即便是已经得到开发的文化资源,仍然存在开发程度不高,产品类型大同小异,科技与文化含量低,原创性不足等问题,缺乏能够体现北京历史文化特色的文化精品,难以在国际市场上产生巨大影响力。究其原因,主要有以下几点:第一,北京文化创意企业以中小企业为主,中小企业实力较弱,缺乏创新能力。第二,知识产权保护的法律与政策不够有力,影响了文化企业创新的内在动力。目前,在北京文化创意网统计的 36 项相关政策法规中,关于知识产权保护的法律只有一项。法律政策的欠缺使原创性文化创意产品得不到有力保护,导致文化产品市场抄袭、模仿之风盛行,文化产品质量难以提升,从而削弱了创新积极性,限制了文化创意产业的发展空间。第三,文化创意和产品设计与科技融合程度低,文化内涵未能通过技术创新充分挖掘,文化

---

① 张清瑶,刘一等:《北京市文化创意产业金融支持情况调查研究报告》,《时代金融》,2015 年第 2 期。

创意产业在推动科技成果转化方面的作用尚不明显,未能结合现代科技形成一套具有北京地域文化特色的文化产业价值体系。

(五) 文化创意企业融资难度大,投融资服务体系落后

企业的发展离不开资金的融通,有了资金支持,文化创意才能转换为生产力。目前,针对文化创意产业发展的难点问题,已初步形成了涵盖投资、担保、补贴、贷款、孵化的多功能、一体化的文化投融资服务体系,但从整体来看,在投融资方面仍存在诸多瓶颈因素。从企业规模上看,北京文化创意企业80%以上是中小型企业,企业规模小,固定资产少,缺乏融资抵押物,加之普遍存在财务制度不健全的问题,难以达到金融机构贷款标准,造成企业融资困难。另外,文化创意企业估价难也是导致融资难的原因之一。文化创意企业的核心竞争力是无形资产,如知识产权和品牌价值。无形资产的价值受经济、政治形势的影响波动较大,使金融机构难以对其将会面临的风险做出准确评估。文化创意企业融资难的另一个原因是影响文化创意产品价值增长的不确定因素多,特别是会受许多随机因素的影响,偶然性大,最佳投资方案的选择难度很大。从资本市场来看,资本市场融资体系不完善,与企业对接程度低,缺乏层次性。目前,企业虽然可以通过主板、创业板、中小板、新三板进行股权融资,但新三板的股权流动性较差,活跃度很低,半数以上上市公司挂牌以来的股权成交量为零,难以满足中小型文化创意企业的融资需求。主板市场在净资产、盈利状况等方面严苛的上市条件,将一些具有发展前景但未达到上市要求的文化创意企业拒之门外。从担保信用体系来看,担保信用体系不健全,文化创意企业信用评级机构和专项担保公司的缺乏给企业贷款带来难度。同时,由于我国资信评价评级标准不统一,商业银行难以依靠中介机构对文化创意企业进行信用评级和授信。

三、推动北京文化创意产业发展的对策

北京作为中国政治中心、文化中心、国际交往中心、科技创新中心的战略定位,建设国际一流的和谐宜居之都的目标,指明了新时期首都

发展的新方向,对文化创意产业的发展提出了更高要求。北京必须更加重视文化创意产业的发展,针对制约北京文化创意产业发展面临的主要制约因素,深化改革,转变政府职能,培育市场环境,加强政策扶持,实现文化创意产业的转型与升级。

(一) 深化文化体制改革,创新文化管理体制

尊重市场主体地位,深入推进政府职能转变。要让市场在资源配置中发挥决定性作用,就要按照市场经济的要求,深化市场化取向的改革,解决市场缺位、越位和错位的问题,简政放权,降低市场运行的制度成本,取消和下放行政审批事项,推动政府职能由全能型向服务型转变。发展和完善经纪、代理、评估、鉴定等市场中介组织,将对文化创意企业的协调管理职能交给行业协会、联盟等中介组织,发挥社会组织沟通政府、市场、企业和消费者的纽带作用。推进文化企事业单位转企改制,建立现代企业制度,推动更多的企业上市,真正实现文化创意企业集团规模化、多元化、立体化发展。建立科学合理的文化创意产业市场运行机制,健全文化要素市场,构建公平、公正、自由竞争的文化创意产业市场环境。

整合文化管理部门,努力探索适合北京文化创意产业发展的行政管理模式。进一步加强宏观调控,建立和完善文化市场监管机制,加强统筹规划、组织协调和监督检查,加快监管工作的信息化推进力度,杜绝管理空白或多头管理现象,实现文化管理的制度化、科学化和规范化。推进文化管理部门大部门制改革,建立文化产业管理部门之间的联动机制,构建文化产业管理部门间的信息交流平台,在更大层面上加强不同文化管理部门之间的合作与联动,共同应对文化创意产业领域出现的新变化、新趋势,因势利导促进文化创意产业的发展。

(二) 明确产业定位与布局,提升产业集聚区国际竞争力

明晰文化创意产业定位,转变产业开发模式。世界上有较强国际影响力的文化创意产业集聚区皆有明确的产业定位和特殊的文化内涵,好莱坞的成功就与其明确的产业定位和相应的政策扶持密切相关。北京文化创意产业集聚区建设必须转变过去单纯依托政府建设和开发

的模式,要进一步明确政府职责,在文化创意产业集聚区的内涵上下功夫,避免盲目发展和简单模仿,要在明确自身比较竞争优势的基础上科学确定集聚区发展方向和定位,培育符合自身比较优势的核心竞争力。此外,文化创意产业集聚区的建设要综合考虑经济基础、市场空间、比较优势、资源条件等因素,努力寻求符合区域发展定位及特色的文化创意产业项目,突出文化资源特色,充实集聚区产业发展内容,塑造知名品牌,带动集聚区内文化创意企业协同发展,做强做大。

完善集聚区政策体系,打造公共技术服务平台。第一,要完善北京文化创意产业集聚区管理制度,对入驻集聚区的企业制定专项政策,设立一套可以量化的评价标准体系,坚持"兼顾公平、突出重点、灵活对待"的方针,促进集聚区的健康发展,更好地吸引文化创意企业和人才。第二,搭建文化创意产业技术服务平台,按照"有步骤、有侧重、有特色"的原则,在对行业特点、实际需求,以及技术服务平台的建设标准、服务对象进行深入分析和准确把握的基础上,最大化地提高服务平台使用率和价值实现率,以推动政府职能转变,缓解服务资源相对短缺的问题,营造经济竞争新优势,为实现北京文化创意产业新一轮跨越式发展提供技术动力支持。第三,要尽快完善文化创意产业集聚区内的信息发布、资源共享、统计分析等服务平台,提供更有深度的服务,降低集聚区内文化创意企业的运营成本和经营风险。在平台建设的过程中,要注重平台之间的整合,要处理好现有平台和新建平台之间的衔接与融合,减少职能交叉,提高资源利用效率与平台运行效率。第四,平台建设在满足北京文化创意产业发展实际需要的基础上,还要接受国家的指导和统一规划,并综合考虑不同文化创意产业集聚区的平台布局,防止出现国家与地方、区域与区域之间的重复建设。

延伸产业链条,充实产业内容。释放文化创意产业集群的规模效应,发挥产业集聚区的价值功能,实现产业集聚的外溢效应,需要具备两大基本条件:集聚区企业合理布局和完整、高效的产业链条。因此,要发挥文化创意产业的关联效应,实现原创产品、关联产品和衍生产品之间的互动发展,积极打造文化创意产业高效顺畅的产业链条,加强产品研发、运营、管理和周边服务之间的紧密联系,特别要重视文化创意产业中附加值较高的研发、设计等环节,努力打造符合自身比较竞争优势的产业链,形成布局合理、结构完整的经营格局。

(三) 构建引进培养体系,优化人才结构

利用北京的科技文化教育中心地位,加大创意人才培养力度。北京要将教育体制改革与创新型文化创意人才的培养结合起来,推进教育从知识主导型向能力主导型转变,从小培育具有创新思维的人才。北京高校云集,要充分利用教育教学资源丰厚的优势,鼓励高校根据自身条件开设并完善文化创意产业相关专业。积极开展相关专业的对外交流活动,实施人才国际化战略,培养一批具有深厚传统文化底蕴的高精尖人才。通过专科、本科、硕士和博士等多层次教育模式,利用教育培训和岗位实践相结合的培养机制,培养和造就一批从事文化创意产业的高素质创意人才,①为文化创意产业的发展提供强大智力支持。鼓励支持高等院校、职业院校与文化创意企业联合,形成以企业为主体,高校、科研院所为主角,市场为导向,产学研深度融合的文化创意产业人才培养基地,培养具有强烈的创意冲动和创新思维、能迅速进入创意状态的复合型文化创意人才。②

文化创意人才和文化产业经营管理人才是北京文化创意产业发展中的短板,因此,创意开发和文化产业经营管理应成为高校相关人才培养定位的重要着力点。不同类型高校应根据自身特点确定人才培养的类型和层次,不应为了迎合潮流趋势而不顾自身师资力量、教学科研条件,盲目开设新的专业。

北京是一座极具包容性、开放性、现代性的国际都市,为海外人才常住北京提供了文化吸引力、认同感和安全感。为此,北京要进一步完善商务环境,为海外高层次人才回国或来华工作开辟畅通渠道,探索建立与国际接轨的吸引和利用海外高层次人才模式。北京可设立国际人才市场,在出入境和定居手续上创造一个宽松环境,使国际人才能够自

---

① 王明端:《我国文化创意产业竞争力提升策略分析》,《今传媒》,2012年第3期。

② 刘凯:《基于空间视角的北京市文化创意产业发展差异及区划研究》,《中国名城》,2016年第1期。

由流动。同时，放手使用人才，通过建立健全人才评估体系和激励机制，制定相关政策，创造自由研发、尊重人才、包容创新的氛围。特别是要针对中小文化创意企业制定相应的优惠政策，降低创业门槛，吸引更多人才创业、就业。要通过整合现有人才资源、完善人才激励机制、加强岗位职业培训、提供继续教育机会等方式，促进人才管理规范化，提高现有文化创意产业从业人员专业素质，拓宽从业人员发展空间。

（四）充分挖掘文化资源，讲好北京故事

积极开发利用北京文化资源，开发具有北京特色的文化创意产品。北京要将自身特有的历史文化资源优势转化为产业优势，对北京特色文化资源进行深度开发和规模经营，让北京文化资源活起来，实现文化与经济的融合。在深入挖掘本地文化历史元素核心价值的基础上，积极融合东西方文化精髓，创造和创新体现北京特色并为国际社会所接受的北京新文化。开发过程中，要立足国际国内两个市场，利用现有资源，找准市场定位，规范企业经营，增强品牌意识，整合优势，形成合力，突出亮点。

发扬原创精神，提升自主创新能力。文化创意产业的核心是创意，企业则是文化创意真正的实施主体。针对北京文化创意产业中小企业比重大的现状，政府产业扶持资金应予适当倾斜，帮助企业建立完善的创新平台，为符合条件的企业成立创新基金，帮助企业建立研发机构，提升中小企业自主创新能力。积极拓宽中小企业融资渠道，支持中小企业在新三板挂牌，从而获得更多投资机构的关注和资金支持。针对具有优秀创新成果的企业，实施奖励性返还所交部分税款的政策。坚持以市场为导向，以科技和资本为纽带，打造产、学、研、行业协会联盟，培育和引进一批拥有自主知识产权和文化创新能力的文化创意龙头企业集团。鼓励自主创新特征鲜明、在本产业具有带动力和国际竞争力的高科技文化创意企业走出去，加强品牌传播，打造国际品牌。

加强对知识产权保护力度，激活文化产权市场。必须加快制定文化创意产业知识产权保护政策和法律法规，加强知识产权保护，加大对盗版等侵权行为的打击力度，营造公平有序的市场竞争环境。加强对创新源头企业的保护，并根据企业需求不断更新和完善知识产权公共服务。同时,以知识产权为核心的无形资产从研发到大规模投入使用,周期长,需要大量资金支持,企业融资难度较大,导致企业研发活动投入不足。2016年1月北京启动了总规模达10亿元的重点产业知识产权运营基金鼓励企业开展创新研发活动,激发企业创作和生产文化产品的动力,提高文化创意产品质量,打造体现北京特色的文化精品。

促进文化和科技相互融合,推动文化创意向产品的转化。大力发展新媒体、动画等文化创意产业新业态,通过科技与创意的完美结合,进一步挖掘北京文化资源,促进科技成果向文化产品的转化,发挥技术创新推动文化发展的乘数效应,更加生动立体地讲好北京故事,传播北京文化,塑造时尚北京、科技北京的新形象,提高北京的国际影响力和区域辐射力。[1]

(五)创新文化创意产业投融资方式,健全信用担保体系

优化政府资金使用方向,发挥政府资金对文化创意产业的引导作用。针对文化创意行业自身存在的"资本估价难、不确定因素多"等问题,发挥政府产业政策和财政资金的引导作用,把政府资金用在"刀刃"上。政府要整合与文化产业相关的资金,明晰不同类型资金支持的目标与重点,统筹使用,集中力量扶持市场前景好、具有可持续发展能力的文化创意项目。[2] 政府资金要投向商业银行和民间投资机构不愿涉足的具有高成长性的中小企业,特别是处于创业期的中小微企业,弥补市场失灵,与市场力量形成互补,发挥好财政资金"四两拨千斤"的作用,积极破解创新型中小微企业融资难问题。为鼓励社会各方面多渠道参与文化创意企业的投资运营,政府可根据实际情况给予配套资金支持,以增加获得资助项目的市场声誉和投资者信心,充分发挥政府投资的引导、带动和杠杆作用,为这些项目未来的发展以及经济效益和社会效益的取得创造良好的条件。

---

[1] 王小莹:《借文化之力建世界之城》,《转变经济发展方式奠定世界城市基础——2010城市国际化论坛论文集》,2010年9月1日。

[2] 周蜀秦,李程骅:《文化创意产业驱动城市转型的作用机制》,《社会科学》,2014年第2期。

建立多层次资本市场体系,拓宽文化创意企业直接融资渠道。发挥政府创业投资引导资金的放大作用,对向初创企业投资的创业投资机构,按其实际投资额给予一定比例的风险补贴,以调动其投资积极性。进一步推动新三板和中小板、创业板的上市辅导工作,满足不同类型、不同成长阶段文化创意企业多样化的融资需求。完善以产权交易所为核心的产权交易平台,开展面向文化创意企业的产权交易业务和股权托管业务,加强知识产权交易市场建设,为商业银行处置质押资产疏通渠道。

完善担保机制,建立有效的文化创意产业信用担保体系。信用担保体系的构建应采取政府出资、专业管理、市场化运作的方式。政府可以新设担保机构亦可与专业担保机构签订合同或协议,建立长效工作机制。在文化创意企业借款发生逾期、违约后,由担保机构履行债务责任,代偿资金从担保资金中列支,以降低银行贷款风险。[1] 同时,政府可对担保公司进行专项补贴,以经济手段激励担保公司为文化创意企业提供贷款担保服务。在建立担保体系的同时,要同步推进文化创意企业信用制度建设,联合金融机构开展企业信用评级。[2] 要建立全面、高效、准确的信息查询系统,把企业分散在银行、税务、工商等部门的数据信息整合起来,为投资和担保机构提供真实的企业财务信息,降低投资与担保风险。

原载于《河南大学学报(社会科学版)》2017年第2期;《新华文摘》2017年第17期转载

---

[1] 王景云:《我国文化产业政策体系创新路径解析》,《科学社会主义》,2015年第6期。

[2] 庞惠文:《试论中国文化创意产业融资的路径》,《改革与战略》,2015年第7期。

区域创新能力的空间特征及其对经济增长的作用

李 恒[①]

引 言

改革开放以来,我国的区域经济发展差距不但没有缩小,反而随着经济的快速增长呈扩大趋势。[②] 这种差距不但表现在各省市之间,也表现在三大地带之间。究竟是什么因素导致了区域发展差距的持续存在,学术界进行了深入的探讨,但远未取得一致的意见。如蔡昉和都阳认为这源于东西部地区之间在人力资本、市场扭曲和开放程度方面的差异,[③] 而林毅夫和刘培林则强调了我国重工业优先发展战略导致的生产要素配置结构差异和要素禀赋结构差异。[④] 相比而言,更多的文献注意到了吸引外资的作用。由于外商直接投资是包括了资本、技术、管理等一揽子要素的转移过程,对东道国经济增长的作用是强烈的,大

[①] 李恒(1971—),男,河南唐河人,经济学博士,河南大学黄河文明与可持续发展研究中心教授,博士生导师。

[②] 陈秀山,徐瑛:《中国区域差距影响因素的实证研究》,《中国社会科学》,2004年第5期。

[③] 蔡昉,都阳:《中国地区经济增长的趋同和差异》,《经济研究》,2000年第10期。

[④] 林毅夫,刘培林:《中国的经济发展战略与地区收入差距》,《经济研究》,2003年第3期。

量文献讨论了包括吸引外资总量、①外资技术溢出效应、②外资的知识资本③等对区域经济增长的作用,并认为吸引外资是造成区域发展差距的重要原因。实际上,由于技术和制度已经成为经济增长的主要决定因素,不论实证研究从哪一角度来探讨,如果讨论其作用机制或最终结果,仍然不能偏离技术和制度的框架。

显然,讨论区域创新能力及其空间分布是我们能够在一个较为综合的框架内理解长期区域发展差异的重要途径。对于不同发展水平的国家或地区而言,其区域创新体系的结构和能力与其经济增长绩效紧密相连。以巴西为例,从20世纪60年代开始到80年代末,巴西的经济发展已经取得了非常突出的成就,甚至被誉为"巴西奇迹",这得益于其国家创新系统建设的进步。但从20世纪90年代开始,为了适应"华盛顿共识"的要求,巴西政府采取全面对外开放的政策,忽视了国家创新系统的建设,造成国家科技政策和产业政策失效,无力指导和落实长期发展所需科研活动,教育与实际产业需求脱钩,科研机构在私有化过程中受到冲击,工业产业的附加值普遍降低,本地产业发展的滞后和本土创新能力的下降,形成国家创新系统的暗毁(undermine)。④ 虽然巴西是拉美地区综合实力最强、工业体系最完整的国家,但由于其创新体系存在内在的矛盾性和脆弱性,收入分配和区域发展存在严重的不平等,知识和创新的发展和分配严重失衡。⑤

中国是一个发展中大国,改革开放以来,随着国家一系列促进经济增长政策的制定和实施,经济以异乎寻常的速度增长,综合实力大大增

---

① 魏后凯,贺灿飞,王新:《中国外商直接投资区位决策与公共政策》,北京:商务印书馆,2002年。

② 沈坤荣,耿强:《外国直接投资、技术外溢与内生经济增长——中国数据的计量检验与实证分析》,《中国社会科学》,2001年第5期。

③ 陈继勇,盛杨怿:《外商直接投资的知识溢出与中国区域经济增长》,《经济研究》,2008年第12期。

④ 涂俊,吴贵生:《对"华盛顿共识"的反思——巴西国家创新系统"失落的十年"及其启示》,《中国软科学》,2005年第2期。

⑤ 宋霞:《影响巴西竞争力的深层次原因:国家创新体系的矛盾性和脆弱性》,《拉丁美洲研究》,2008年第6期。

强,工业体系趋于完整,已经成了世界制造业强国。① 但同时,我国也存在着知识和创新的发展和分布的区域失衡问题,而这些或许暗示了收入分配与经济增长区域差异的根本原因。基于此,本文试图通过考察我国区域创新能力的空间分布,研究其与区域经济增长之间的关系,来探讨促进区域经济快速增长和协调发展的方法途径。

一、文献评论和研究假设

创新最早应用于经济的研究始于熊彼特(Schumteper)。② 他认为创新就是建立一种新的生产函数,把一种从来没有的关于生产要素和生产条件的新组合引入到生产体系中,并最大限度地获取利润。他所指的创新包括采用新产品、新方法,开辟新市场,控制新材料和实现新组织等五个方面,但西方国家关于自主创新的研究却直到20世纪六七十年代才正式开始。美国经济学家克莱因、罗森堡等人指出,科技创新过程并不一定完全遵循"基础科学——应用科学——制造——扩散与销售"的传统线性模型,而是多种因素交互作用的非线性过程,科学与经济的互动贯穿于创新过程的始终。③ 这直接导致人们对于自主创新的科技体制环境和经济运行环境的关注,④并引领人们从市场结构、组织结构及行为等角度来研究企业自主创新,也由此产生了一些在创新理论方面影响较大的研究,如曼斯菲尔的技术推广理论,卡米恩、施瓦茨关于市场结构对创新绩效作用的理论模型,罗斯维尔基于创新行为而阐释的五代技术创新模型等。

大量文献研究表明,创新活动具有明显的地域化特征,创新活动本

---

① 杨丹辉:《中国成为"世界工厂"的国际影响》,《中国工业经济》,2005年第9期。

② [美]熊彼特著,何畏等译:《经济发展理论——对于利润、资本、信贷、利息和经济周期的考察》,北京:商务印书馆,1990年。

③ 胡晓鹏:《中国学界关于自主创新问题的观点论争与启示》,《财经问题研究》,2006年第6期。

④ [美]司托克斯著,周春彦等译:《基础科学与技术创新》,北京:科学出版社,1999年。

身因其构成要素的具体性从而具有时间和空间的形式。随着经济全球化和知识经济的兴起,研究科技活动与经济发展的关系开始引起了人们的广泛关注。因为尽管技术、资金和知识在全球范围内的流动越来越广泛,但国家竞争力的强弱却越来越依赖于具有持久创新能力和产业优势的区域,即地方化的创新能力的存在。着眼于区域发展来研究区域创新是研究此类问题的关键。目前来看,研究区域创新及其影响因素的文献主要在于如下方面:

一是讨论区域创新中研发和知识溢出的作用。根本而言,创新的最初动因来源于科学家的兴趣,区域创新的决定因素必然与区域中的大学、科研机构有关。一般来说,研究创新决定因素多在 Griliches 提出的研发(R&D)活动带来的创新和知识溢出过程的知识生产函数框架下展开。① 由于邻近创新者有利于企业间信息的共享和知识扩散,② 而且经验分析表明创新产出与投入之间的关系在总量尺度上较微观经济研究中更为强烈,这就意味着外部性的存在。在这一思路的引导下,出现了大量的研究研发溢出的文献,如吴玉鸣运用空间计量方法研究了我国研发、知识溢出与区域创新的关系,结果发现,企业和大学研发投入对区域创新具有明显的贡献。③ 我国作为发展中大国,经过 30 多年的改革开放,已经积累了较为深厚的产业体系和可供利用的丰富资源,目前来看,制约经济增长的主要因素是技术水平和产品的科技含量。显然,知识生产和技术创新对增长的作用是关键的。

二是研究区域创新体系中外资的作用。对于落后国家或地区而言,知识进步和技术创新的主要来源是通过吸引外资获得的技术溢出效应。作为新技术开发的主体和传播的载体,跨国公司技术外溢对于东道国经济的发展具有深远的意义。技术外溢的一般定义为,跨国公

---

① Griliches S,"Issues in Assessing the Contribution of R&D to Productivity Growth",Bell Journal of Economics,10(1979).

② Jaffe A B,Trajterberg M., Henderson R,"Ggographic Localization of Knowledge Spillovers as Evidenced by Patent Citations", Quarterly Journal of Economics,108(1993).

③ 吴玉鸣:《中国区域研发、知识溢出与创新的空间计量经济研究》,北京:人民出版社,2007 年。

司在东道国实施 FDI 引起当地技术或生产力的进步,而跨国公司无法获取其中的全部收益的一种外部效应。① 这种影响最终是对东道国经济的长期增长和结构转换做出贡献,具体而言,则是在增加当地就业、提高劳动力总体素质、优化地区产业结构和促进城镇化水平等各方面。在实证研究中,一般选取当地企业的劳动生产率作为因变量,而选取 FDI 与其他环境、产业以及企业特征变量作为解释变量,研究 FDI 是否对当地企业的劳动生产率产生了影响。如果 FDI 变量的系数为正,则认为是产生了正的溢出效应。对于跨国公司技术外溢的文献主要集中于实证研究,且多以国家为对象的企业面板数据或行业截面数据来验证技术溢出的效应。研究结果既有支持正溢出效应的,也有不支持正溢出效应的。一般而言,以行业截面数据进行验证的多得到正溢出效应的结论,如 Caves 分别运用加拿大和澳大利亚制造业的行业数据的研究,②Blomstrom 等选用墨西哥 1970 年行业数据的研究等。③ 而以企业面板数据的实证研究则多显示负溢出效应,如 Aitken 和 Harrison 对委内瑞拉 1976—1989 年间的企业面板数据的研究结果,④Djankov 和 Hoekan 使用捷克制造业的企业面板数据分析结果也显示,当地企业的生产力水平存在负溢出效应。⑤ 这表明对外资的溢出效应的讨论需要从外资行为来研究,特别是外资的结构特征。⑥

三是研究区域创新能力与经济增长的关系。创新对经济增长的推

---

① Blomstrom M. and A. Kokko,"Multinational Corporations and Spillovers",Journal of Economic Surveys,8(1998).

② Caves,R. ,*Multinational Enterprises and Economic Analyses*,Cambridge:MA Cambridge Univ. Press,1996.

③ Blomstrom M. and A. Kokko. ,"Multinational Corporations and Spillovers",Journal of Economic Surveys,8(1998).

④ Aitken J. J. and A. E. Harrison,"Do Domestic Firms from Direct Foreign Investment? Evidence from Venezuela",American Economic Review,89(1999).

⑤ Djankov,Simeon and Bernard H. ,"Foreign Investment and Productivity Growth in Czech Enterprises",World Bank Economic Review,14(2000).

⑥ 郭熙保,罗知:《外资特征对中国经济增长的影响》,《经济研究》,2009 年第 5 期。

动作用是根本性的,从罗默(Romer)的开创性研究以来,①将创新纳入增长模型进行拓展研究的文献极大地丰富了人们对创新与经济增长的理解。新增长理论认为促进经济增长的关键在于知识生产及其对物质生产的促进作用。从区域创新能力的角度来看,高校在创新体系中具有重要的战略地位。任义君从高校科技创新角度选取相关指标实证研究了我国区域创新能力与区域经济增长的关系,强调了二者之间的强相关效应;②张迎春和李萍则从企业资源的角度来定义区域创新,并实证研究了二者之间的相互促进关系。③ 更多的文献从科技投入、研发和技术产出的角度来定义区域创新能力,并通过对科技投入、要素投入的测度来研究区域创新能力与增长的关系。④ 这是当前多数文献研究区域创新能力的方法。

二、我国区域创新能力分布的空间特征

(一) 我国区域创新能力空间分布描述

本文分别从创新投入、创新产出两个方面来研究我国区域创新的空间特征。创新投入指标选取了我国各省(市、区)R&D研究经费投入指标,而创新产出则以我国三种专利申请为主要指标。1995 年,我国R&D 研究经费支出为 348.69 亿元,到 2009 年达到 5802.11 亿元。按可比价计算,除 1996 和 1998 年外,其余年份年均增长均超过 15 个百

---

① Romer, Pual M., "Zncreasing Returns and Long－Run Growth", Journal of Political Economy, 94(1986).
② 任义君:《科技创新能力与区域经济增长的典型相关性分析》,《学术交流》,2008 年第 4 期。
③ 张迎春,李萍:《企业创新能力对区域经济增长的贡献分析》,《财经问题研究》,2006 年第 9 期。
④ 郝晓燕,刘嫒嫒,梁晓勇:《内蒙古区域技术创新能力及其与经济增长的关联分析》,《科学管理研究》,2010 年第 8 期。

分点。① 1995年,R&D经费占GDP的比重为0.57%,到2009年这一比重达到1.7%。而从创新产出来看,1995年,国内专利申请受理和授权数分别为69535项和41881项,而到2009年,这一数字分别达到了877511项和501786项,分别增长12.62倍和11.98倍。这显示了我国科技创新能力的良好增长态势。但与此同时,区域创新能力存在空间分布差异的趋势,三大地区的区域创新能力倾向于随时间推移扩大的趋势。图1和图2分别显示了1997年到2009年我国三大地区R&D支出和三种专利申请随时间的变动情况。可以看到,第一,在1997—2009年间,三大地区的科技创新投入和创新产出均呈上升趋势,其中上升最快的是东部地区,其科技创新投入和科技创新产出从1997年的633.19亿元和53790项上升到2009年的4052.22亿元和663205项,分别增长6.39倍和12.33倍。比较而言,中部和西部地区上升较慢,其中科技投入在13年间分别增长6.13倍和1.27倍,科技产出分别增长7.06倍和7.26倍。第二,三大地区的区域创新能力对国家整体的创新能力贡献差别较大,全国的科技创新曲线与东部地区科技创新曲线形状是一样的,这表明国家区域创新能力的性质基本上是由东部地区来决定的。第三,和科技创新投入相比,科技创新产出增长速度更快,表明从投入产出比而言,我国的区域创新效率随时间推移在增强。

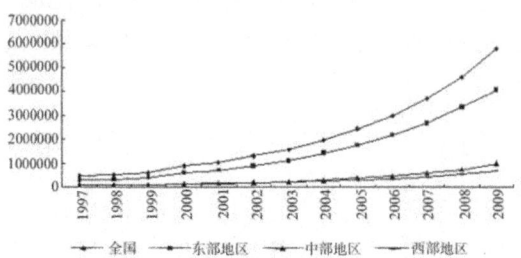

图1　我国三大地区科技创新投入区域分布情况

---

① 资料来源:《中国科技统计年鉴》2010年。本文的数据除特别说明外,分别来源于历年《中国统计年鉴》、《中国科技统计年鉴》及各省统计年鉴和国家统计局公开发布的数据。

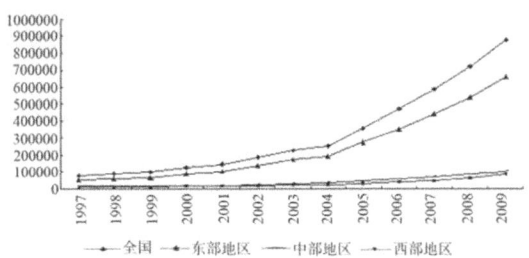

图 2 我国三大地区科技创新产出区域分布情况

(二) 我国区域创新能力的空间特征

为了深入理解我国区域创新能力的空间特征,我们从省级层面来进行研究科技创新投入和创新产出的空间分布,并重点考察了四个指标的空间结构特征,即科技创新投入和科技创新产出的水平指标和增长指标。水平指标以 2009 年的水平值来代替,而增长指标则以 1997 年到 2009 年 13 年的平均增长率代替。通过计算这四个指标的 Moran'I 指数,科技创新投入水平值和增长率的空间 Moran'I 指数分别为 0.2392 和 0.2151;科技创新产出水平值和增长率的空间 Moran'I 指数分别为 0.2773 和 0.2234。可见,我国科技创新投入和产出的水平值以及增长值均存在不同程度的空间自相关特征。这一结果表明,我国大陆 31 个省份的科技创新能力在地理空间上具有显著的正相关关系,其行为在空间上的分布存在某种内在的必然联系,其行为具有一定的空间集聚性。为进一步理解这一空间集聚性质,本文测算了以水平值和增长率显示的 Moran 显著性水平,发现较高科技创新能力区域被高科技创新能力区域所包围,低创新能力区域被低创新能力区域所包围。这表明了区域创新能力的空间集聚特征,即具有高的空间自相关性。从科技创新投入来看,2009 年的高科技创新能力高空间滞后地区为江苏和上海,低创新能力低空间滞后地区为新疆。1997－2009 年增长率的高科技创新能力高空间滞后地区为江苏、安徽、浙江、江西、福建和广东,低创新能力低空间滞后地区为甘肃和四川。从科技创新产出来看,2009 年的高科技创新能力高空间滞后地区为江苏和上海,低创新能力低空间滞后地区为新疆和内蒙古,1997－2009 年增长率的高科技创新能力高空间滞后地区为江苏和上海,低创新能力低空间滞后地区为新疆和甘肃。

可见,我国区域创新能力在投入和产出两个方面均出现了不同程度的空间集聚现象,高创新能力高空间滞后地区向沿海集聚,而低创新能力低空间滞后地区向西部集聚,而且从区域科技创新的四类指标来看,其空间集聚情况具有一致性,其中江苏省和上海市在各指标中均呈高创新能力高空间滞后特征,而新疆则呈低创新能力低空间滞后特征。

三、模型与数据

为了进一步研究我国区域创新能力的空间分布对区域经济增长的影响,本文在柯布—道格拉斯生产函数的基础上构造扩展的生产函数来进行研究。新古典内生增长理论认为,经济增长可以表示为物质资本与人力资本不变规模报酬的 CD 生产函数,即:

$$Y = AK^{\alpha}L^{\beta} \tag{1}$$

其中,Y 表示产出,K 表示物质资本存量,L 表示人力资本存量,α,$\rho \in [0,1]$,A 表示技术、制度等因素。

如何将区域创新能力引入方程,存在多种思路,一种简单的理解是将创新投入和创新产出视为对全要素生产率起作用的量,那么,可将式(1)改写为如下形式:

$$Y = Ae^{\gamma}K^{\alpha}L^{\beta} \tag{2}$$

其中:

$$\gamma = \gamma_1 + \gamma_2 innovation + \gamma_3 con + \varepsilon \tag{3}$$

innovation 为区域创新能力,con 为控制变量。对式(2)做取对数处理,从而获得如下的计量模型:

$$\ln Y = a + \gamma_2 innovation + \gamma_3 con + \alpha \ln K + \beta \ln L + \varepsilon \tag{4}$$

当不考虑空间因素时,式(4)的回归应该能够得到确定的结论,否则,这一结果会产生偏误。如果将空间因素考虑进来,式(4)需要变换成为如下形式:

$$\ln Y = a + \rho W \ln Y + \gamma_2 innovation + \gamma_3 con + \alpha \ln K + \beta \ln L + \varepsilon \tag{5}$$

$$\left.\begin{array}{l}\ln Y = a + \gamma_2 innovation + \gamma_3 con + \alpha\ln K + \beta\ln L + \varepsilon \\ \varepsilon = \lambda W\varepsilon + \eta\end{array}\right\} \quad (6)$$

其中式(5)为空间滞后模型,空间滞后项由 $\rho W \ln y$ 表示,W 表示外生的空间加权矩阵,ρ 为待估空间自回归系数;式(6)为空间误差模型,ε 表示误差向量,λ 表示待估空间误差系数。

实证研究中涉及的变量及数据说明如下:

地区生产总值(Y)。地区生产总值数据以各省份的 GDP 来表示。

各地区人力资本投入(L)。由于不能直接得到人力资本的数据,则根据文献的通用方法,以各地区一、二、三产业就业人数来代替。各地区物质资本存量(K)。由于不能从统计资料中直接得到各省的资本存量数据,文献的通常方法是使用永续盘存法进行计算。其公式是:$K_{it} = K_{i,t-1}(1-\delta t) + I_{it}$。下标 i 和 t 分别代表省份和时间,其中 K 是实际资本存量,I 表示实际投资,δ 表示实际折旧率。对实际投资的选取有多种方法,如使用全社会固定投资、资本形成总额、新增固定资产等。本文沿用张军等的方法,以估计各地区资本存量。①

区域创新能力(innovation)。区域创新能力指标根据前述理论研究的结果,主要选取科技创新投入指标,即各地区 R&D 投入(R&D)和科技创新产出,即三种专利申请数(PAT)。

控制变量(con)。考虑到我国区域发展战略的时序性差异,本文在研究中主要选取三个控制变量:一是地区变量(region),以东部地区为 1,其他地区为 0;二是开放度(open),以各地区实际利用外资占 GDP 的比重来表示;三是地区城市化水平,以城市人口比重来表示(urb)。

四、实证研究及结果

在理论研究部分我们强调了科技创新能力对区域经济增长的作用,但我们对创新投入和创新产出对经济增长的作用机制尚不清楚。在实证研究中,我们既需要研究创新能力指标对产出的影响,也需要考

---

① 张军,吴桂英,张吉鹏:《中国省际物质资本存量估算:1952—2000》,《经济研究》,2002 年第 10 期。

察不同地区的特征在这一过程中的作用。需要强调指出的是,根据李子奈和齐良书的观点,①模型设定不能舍弃那些必须包含在模型中的因素,因本研究模型由柯布—道格拉斯生产函数的基础上构造而来,所以,在回归中的所有方程均包含了劳动(L)和资本(K)。我们分别使用普通最小二乘法(OLS)、空间滞后模型(SLM)和空间误差模型(SEM)三种方法进行了回归。结果发现,不论是 SLM 还是 SEM 估计结果,都显著优于 OLS 估计结果,而且方程的拟合度也较高。比较而言,SLM 和 SEM 估计的 LogL 值均比 OLS 有所增长,弥补了新增变量的改进拟合度,而 AIC 和 SC 则有不同程度的下降,表明空间误差规范拟合度的增加。进一步比较 SLM 和 SEM 估计结果,发现 SEM 估计结果更显著,回归的系数值比 OLS 回归值整体增大,显著程度也普遍提高。其结果如下页表1所示。②

在模型(1)和模型(2)中,我们分别考察了创新投入(R&D)和创新产出(PAT)对经济增长的作用。结果显示,这两个指标前的系数均为正,而且高度显著,表明各地区的 R&D 投入和创新产出均对区域经济产出有重要的推动作用。由于我们以对数的形式研究区域产出,而水平值的对数形式具有增长率的性质,因此,可以粗略地认为,如果不考虑其他因素的影响,在控制资本和劳动投入因素后,R&D 投入每变动一个百分点,会对经济增长产生 0.29 个百分点的推动作用;而创新产出每变动一个百分点,会对经济增长产生 0.27 个百分点的推动作用。同时,我们也发现,创新投入和创新产出对增长的作用,效果基本上是一致的。

改革开放以来,由于我国开发开放政策的时序性差异,导致东部地区和中西部地区在其开放战略和城市化进程等诸方面均有一些变化。特别是对于发展中国家而言,吸引外资是获得新技术、提高区域创新能力的重要手段,因此,我们在模型(3)和模型(4)中通过控制地区、开放度和城市化,来分别观察创新投入和创新产出对区域经济增长的效应。

---

① 李子奈,齐良书:《关于计量经济学模型方法的思考》,《中国社会科学》,2010年第2期。

② 为节省篇幅,这里没有报告 OLS 和 SLM 回归结果。

结果显示,R&D 和 PAT 前系数的符号没有发生变化,同时高度显著,这表明 R&D 和 PAT 对增长的作用是稳定的。region、open 和 urb 前的系数也均为正,这表明区域经济增长的区域差异不但与科技创新能力的空间分布有关,而且受国家差别化的开发开放战略影响显著,东部地区的经济增长速度显著快于中西部地区,同时,吸引外资规模越大、城市化水平越高的地区也越具有较高的经济增长率。

表 1 区域创新能力与经济增长关系的 SEM 估计结果

	(1)	(2)	(3)	(4)	(5)	(6)
λ	0.2467 (0.22)	0.2356 (0.23)	−0.4422 (0.27)	−0.4415 (0.27)	−0.0878 (0.26)	0.0493 (0.25)
C	−0.2027 (0.16)	0.2329 (0.15)	−0.0173 (0.18)	0.1475 (0.19)	0.5058 (0.29)*	0.5972 (0.26)**
lnK	0.4863 (0.13)***	0.5891 (0.11)***	0.4748 (0.09)***	0.5249 (0.08)***	0.3944 (0.12)***	0.5428 (0.11)***
lnL	0.1659 (0.10)**	0.1191 (0.04)	0.4019 (0.09)***	0.3521 (0.10)***	0.1632 (0.08)**	0.1128 (0.08)
R&D	0.2963 (0.05)***		0.1041 (0.06)**		0.1806 (0.07)***	
PAT		0.2707 (0.04)***		0.1033 (0.05)**		0.1746 (0.07)**
region			0.1508 (0.03)***	0.1280 (0.04)***		
open			0.0053 (0.04)	0.0128 (0.04)		
urb			0.3258 (0.14)**	0.3357 (0.13)***		
open× R&D				0.0222 (0.01)***		
open× PAT					0.0212 (0.01)*	
R^2	0.9619	0.9487	0.9788	0.9796	0.9665	0.9694

续表

空间依赖性检验统计值						
LR	1.9194	1.0326	2.3466	2.3095	0.0965	0.0304
LogL	31.9497	34.6021	40.6618	41.3019	34.1585	35.5742
AIC	−55.8995	−61.2042	−67.3237	−68.6038	−58.3172	−61.1485
SC	−50.1635	−55.4682	−57.2858	−58.5658	−51.1472	−53.9785

注：括号内的值为标准误；＊＊＊、＊＊和＊分别表示通过1％、5％和10％水平下的显著性检验。

为了进一步讨论科技创新能力对区域经济增长的作用机制，我们注意到开放度这一指标。一般而言，对外开放对发展中国家经济增长的推动作用是显著的，而且吸引外资是获得资金、技术和管理的一揽子要素流入过程。在模型(5)和模型(6)中我们分别加入了 open 与 R&D 及 PAT 的交互项，结果显示，科技创新投入和创新产出与开放度的交互项回归结果均为正，而且显著，这表明吸引外资对于区域科技创新能力具有较大的影响。对我国而言，由于吸引外资存在巨大的地区差异，不但影响了区域创新能力的空间分布，而且对区域经济增长也带来了深远的影响。

五、结论与启示

通过上述研究可以得到如下确定的结论：

第一，各地区的经济活动和科技活动具有空间自相关特征，即较高经济发展水平的省份其周围省份也倾向于具有较高的经济发展水平。在过去，我们一般认为这一格局的形成源于我国具有时序性差异的开发开放政策，但对于其形成的内在机制的解释却具有较大的差异。本文通过研究区域创新能力的空间差异性和空间自相关性发现，经济发展水平的这种空间特征与区域创新能力的空间特征是一致的。换言之，由于科技创新具有空间溢出效应，进而形成了经济增长层面的空间格局。

第二，区域创新能力具有明显的区域经济增长效应。不论是科技创新投入还是科技创新产出，均正向作用于区域经济增长，这一结论是符合新古典经济学以来的增长理论的。但本文通过运用空间计量经济学手段研究后发现,由于空间溢出效应的存在,区域创新能力不但对本地区的经济增长带来影响,同时,也对其周围地区的经济增长带来影响。

第三,对于发展中国家而言,区域创新能力对经济增长的作用与区域吸引外资的水平有关。本文在研究中加入了开放度指标与区域创新能力的交互项,由于我们使用的开放度指标实际是度量了地区的引资规模,因此,可以得到的确定结论是外资不但对区域经济增长起作用,而且是经由对区域创新能力的影响来影响经济增长的。

本文的研究结论对我国转型时期促进区域创新能力的提升,以及促进区域经济增长的政策启示在于如下几方面:

第一,推进区域科技创新能力的均衡分布。我国区域经济呈现出来的非均衡增长格局,已经对我国经济的整体发展和社会转型形成了制约。1992年以来,我国的区域发展战略已经由非均衡发展向协调发展转变,但观察经济发展的现实,经济发展差距反而呈扩大趋势,显然,探讨增长背后的决定因素并提出控制措施是解决这一问题的关键。经济增长越来越依赖于科技创新能力,加大对落后地区的R&D投入,制定利于创新产出的科技发展规划,提高其区域创新能力,并有计划地促进落后地区与发达地区之间的技术转让和技术交流,是推进区域科技创新能力均衡分布的重要方面。

第二,加大吸引外资的力度,以获取外资的技术创新与技术溢出。对于发展中国家而言,通过吸引外资来获取新技术以提升区域创新能力是一个有效途径,但发达国家的跨国公司容易产生创新内部化倾向,对新技术实施严格的保护,从而导致发展中国难以获得最新的技术。发展中国家应该制定相关政策,吸引跨国公司的研发部门进入,或者与外资建立合资或合作形式的研发机构,通过吸引外资并有效结合地方比较优势,提高地方科技创新投入和创新产出的水平和质量。

第三,根据不同地区的区域特征,构建利于提高区域创新能力的政策促进体系,建立科技创新的共投平台和共享机制。提高区域创新能力的根本仍然在于自主创新,而这需要建立在区域自身的基础之上。根据我国目前区域发展差异的现状,应该在东部发达地区强化原创性的研发投入,而在中西部地区优化投资环境,吸引外资和东部地区的技术转移。由于区域创新能力具有空间溢出的特征,着眼于区域协调发展,建立区域合作性质的科技创新共投平台和科技创新产出的共享机制,可以扩张区域创新对经济增长的带动作用。

原载于《河南大学学报(社会科学版)》2012年第4期;《新华文摘》2012年第18期、《经济学文摘》2012年第4期、《区域与城市经济》2012年第10期转载

沿黄黄金旅游带质性特征及其理性存在

陈玉英　程遂营①

引　言

2016年国家旅游局出台的"十三五"旅游业发展规划提出打造黄河华夏文明国家旅游精品带和长江国际黄金旅游带的战略决策。顺应这一旅游产业发展战略需求,关于沿黄黄金旅游带的研究将成为中国区域旅游经济研究的重要课题。

沿黄黄金旅游带的首要属性为经济属性,即沿黄黄金旅游带属于经济区,是以旅游产业为核心的旅游经济区,它既具有一般经济区的内涵属性及特征,也有显著的旅游经济发达区域属性。从理论视角思考,旅游科学、区域科学、区域经济学、经济地理学以及历史学等不同学科理论,可以给沿黄黄金旅游带的质性分析以多元化启示;而区域科学和旅游科学的双重视角则能透视黄金旅游的质性特征和理性存在。本文将借鉴区域科学理论要素及其思维逻辑,尝试梳理经典经济区位理论的构建思路,以演绎构建黄金旅游带理论假设的思路框架,并以黄河流域为研究区域,识别其黄金旅游带的客观存在,解析黄河流域的黄金旅游带质性特征及其理性存在。

---

① 陈玉英(1971—),女,理学博士,河南开封人,河南大学历史文化学院副教授,美国加州州立大学访问学者,河南大学博士后;程遂营(1965—),男,河南舞阳人,史学博士,河南大学历史文化学院教授,博士生导师。

一、区域科学理论要素及其思维逻辑

19世纪初,当德国面临庄园式农业向自由式农业转变时,关于种植业和畜牧业的土地利用与市场的关系问题成为农业空间分布的关键环节,此时杜能根据地租的区位差异规律,提出农业按照市场分布的杜能环,为德国的农业转型发展提供了有效理论指导。① 19世纪后期,西欧规模生产,特别是钢铁生产的区位选择成为企业主投资开发的困惑,关于劳动力成本的区位因子和最小运费的区位讨论成为焦点,德国经济学家龙哈德(W. Launhaldt)因此提出由原料、燃料和市场地构成的"区位三角形"。② 19世纪末20世纪初,德国受益于工业革命而出现高速城镇化,随之而来的是大规模人口流动和规模生产,此时大量钢铁生产需求产生的同时,由于快速城镇化引起大量劳动力集中流向城市。在这一时代背景下,从企业主选择厂址角度,以区域微观经济要素为核心,通过实践调查和理论演绎,A. Weber 发现运费、劳动力和规模市场三要素的指向共同决定了工业生产的区位选择。孤立国理论和工业区位论,均以单一产业为研究对象,建立在自由市场竞争基础上,并围绕追求地租、劳动力、运输费用等生产成本的最小化,以及获得生产收益最大化,即成本———效益机制驱动企业发展的假设前提下,演绎推理企业区位选择及其空间布局规律。

西方经济发展进入20世纪后,工业革命引起的物质生产规划化和高速城镇化,带来了产品市场交易的高度垄断,已有的古典区位论难以解释和指导此垄断市场竞争中的企业区位布局。特别是市场的垄断驱使企业的成本-效益竞争机制转变成为市场-价格竞争机制,这一规模经济运行机制和高度城市化的产生,生产要素集聚于城市,导致已有古典区位论的适用条件已不存在,这使得理论演绎探寻经济规律的经

---

① Paelinck J H P, Nijkamp P, *Operational Theory and Method in Regional Economics*. London: Saxon House, 1975: 41-43.
② 杨吾扬:《经济地理学、空间经济学与区域科学》,《地理学报》,1992年第6期。

济学失灵于规模经济的区位选择研究。Walter Christaller 顺应这一经济和城市发展的需要,提出集聚了各类经济要素的中心地概念,并运用经济学和地理学理论同时推论出"中心地理论",之后,这一理论被廖什通过量化解析运用于区域的工业布局而获得进一步的发展与完善。20世纪60年代前后,这一理论成为数量运动在地理学中广泛推进的重要工具。中心地理论和廖什的市场区位论,有别于孤立国和韦伯工业区位论,以多元产业集聚或区域间商品交流的农村市场为研究对象,建立在垄断市场竞争和规模经济基础上的区域概念,区域间界限的存在有赖于经济量化分析;在区域内或区域间企业和行业组织上,廖什则以均质区域和均衡系统思想,构建了一个纯粹的以市场——价格机制驱动区域静态均衡状态下的产业布局。[1]

古典区位论和新古典区位论给出了解释个体经济空间分布的重要思路,但由于其假设条件理想化、研究对象抽象化、研究方法单一化,而使得其难以按照农业区位论-工业区位论-中心地理论-市场区位论的逻辑继续发展,特别是在理论指导实践层面则表现出其对充满与空间联系有关的经济过程等区域问题解释乏力。在古典区位论到区域理论转变需求的经济研究阶段,Walter Isard 顺应区域经济发展实践需求,在区位论的理论基础上,增加了集聚经济的假设分析,提出了区域科学的研究范式。区域科学从区域市场的活动方式、空间分布、要素流动、区域经济结构、私人和公共决策等多个方面对区域经济进行分析,远远突破了区位的研究范围,对经济空间发展实践更具解释力。[2] 区域是个功能体,是对空间的填充物,经济作用是其重要的空间填充物,因此,与空间联系有关的经济过程便成为区域科学的核心。[3] 第二次世界大战后,由于全球范围内的经济复苏,特别是西方经济发达国家对经济增长和经济稳定的日益关注,产生了大量城市和区域综合的研究

---

[1] Paelinck J H P, Nijkamp P, *Operational Theory and Method in Regional Economics*. London:Saxon House,1975,60.

[2] 梅冠群,陈伟博:《从传统区位论到区域科学的逻辑演变脉络透视》,《商业经济研究》,2015年第25期。

[3] 王铮:《区域科学——地理学的重要分支》,《人文地理》,1991年第4期。

需要,引起了经济学、地理学、社会学、区域规划等学科领域的学者对城市和区域发展问题的关注及重视。① 区域科学从对区域内的核心区域要素的研究开始,从感性到理想的认识所研究的区域,并对区域开发和发展愿景规划提出决策建议。② 20世纪60年代以前,区域科学主要运用一般均衡理论,研究经济成本最小化或利润最大化前提下的区域经济结构优化;60—80年代,则主要运用运筹学和数理统计,建立一套区域定量分析方法,定量研究区域经济属性、特征与结构,如空间相互作用理论、增长极理论、核心—外围理论等;20世纪80年代以后,则强调区域是复杂的开放系统。③

在区域科学理论发展演变过程中,每次演变创新均伴随商品市场竞争、经济发展的关键生产资料要素、供需市场均衡机制或区域协调发展机制,以及产业布局环境的显著变化。如图1所示。古典区位论向新古典区位论创新发展的主要驱动力为大量劳动力迁移,以及围绕种植业或工业衍生的商业,甚至信息服务等产业多元化。而新古典区位论向现代区域科学理论创新发展主要是受因生产集聚而形成的规模经济,以及区域熵存在而引起政府制定相关政策以协调区域发展的影响,特别是二战后的20世纪50—60年代,西方经济发达国家实现经济全面复苏的区域经济发展需求催生了现代区域科学理论的产生、形成与发展。

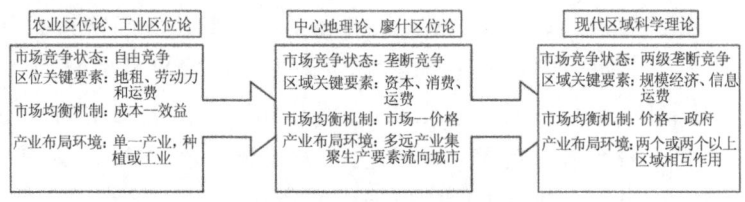

图1 区域科学理论思维逻辑示意图

---

① 刘妙龙:《区域科学回顾与展望》,《经济地理》,1991年第1期。

② Isard W, *Introduction to Regional Science*. Englewood:Prentice—Hall,1975:4—7。

③ 杨开忠,薛领:《复杂区域科学:21世纪的区域科学》,《地球科学进展》,2002年第1期。

如果运用上文分析所得区域科学理论发展演变规律审视旅游经济区,则可从旅游经济区的市场竞争状态、旅游经济运行的关键要素、旅游市场运行机制、旅游产业布局环境等四个方面进行理论假设分析。目前,旅游经济区处于复杂多元社会经济环境中,信息(互联网)、知识(人才)、闲暇等经济运行的外部因素共同作用于旅游产业发展,因此,本文解析旅游产业要素高度集聚的旅游经济区,即黄金旅游带,遵循时代区域发展实践需求——判断时代背景下旅游经济区的市场竞争特征——选择旅游经济区发展的关键要素——假设黄金旅游带的理论范畴——推理演绎黄金旅游带运行机制——假设黄金旅游带理想状态的解析思路,同时考虑信息、知识和闲暇对旅游产业发展的作用,即将图2b中的四个理论假设解析维度置于图2a的旅游经济区发展环境中进行解析,如图2所示。

二、黄金旅游带的质性理论假设框架

如图2所示,在休闲时代、信息时代和知识经济叠加的人类社会发展阶段,大量闲暇时间引起人们度过闲暇的困惑,这将促使人们借助于信息技术智慧化选择休闲活动。当人们将行万里路以获取知识、实现自我价值、赢得社会地位作为休闲活动方式时,旅游经济活动将围绕旅游者的空间足迹集聚,同时旅游产业链以旅行代理商或旅游者对旅游产品要素的消费需求扩展。旅游经济活动的空间集聚与旅游产业链的部门扩展在区域内的相互作用,及其引起的区域旅游生产资料供需的矛盾运动,协同区域旅游规划的实施等自组织和人为动力机制的存在时,区域旅游经济区特征将显性化。根据旅游经济区的这一形成机理,借鉴图1中的区域科学理论演进规律和图2b的理论解析维度,本文提出如下黄金旅游带的质性理论假设,如图3所示。

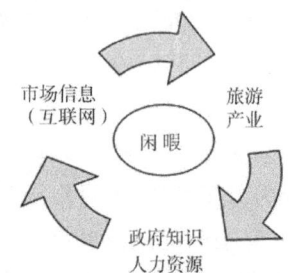

图 2a　旅游经济区的发展环境

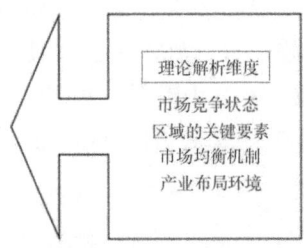

图 2b　旅游经济区的理论解析维度

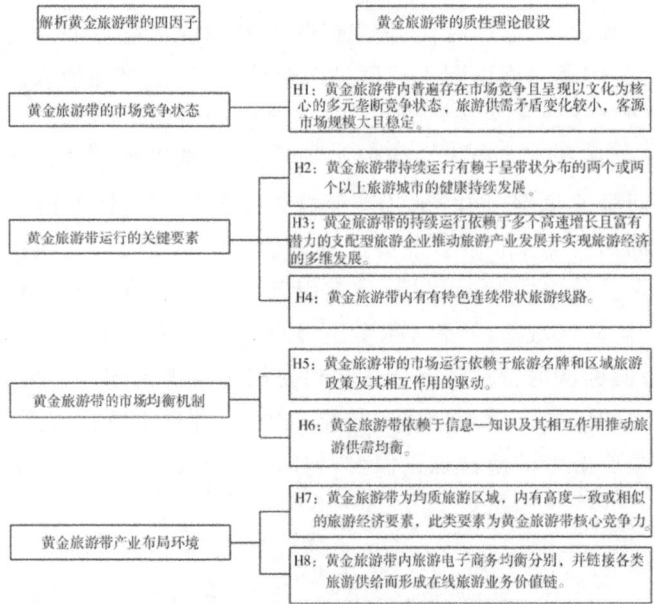

图 3　黄金旅游带的质性理论假设框架

三、黄金旅游带的质性理论假设解析

假设一：黄金旅游带内普遍存在市场竞争且呈现以文化为核心的多元垄断竞争状态，旅游供需矛盾变化较小，客源市场规模大且稳定。

市场竞争是市场经济的基本特征之一，区域旅游竞争也普遍存在。① 黄金旅游带属于市场经济环境中的旅游经济区，各类旅游企业通过市场化运作实现区域旅游资源优化配置，其旅游企业均遵守市场经济规律，因此市场竞争不可避免。全球经济一体化的当代，许多经济体面临区域整合或者被整合的市场竞争，特别是互联网技术使得信息公开化、消费者自媒体以及知识普适性和人才特殊性同时作用于全球市场经济，这使得旅游市场竞争更为普遍。又因旅游经济的复杂性、开放性和外向性与全球经济一体化的世界经济特征高度融合，那些备受客源市场偏爱且旅游经济高度发达的地区，不仅面临同行竞争，还面临全球范围内的相关行业的市场竞争。因此，本文假设黄金旅游带内普遍存在市场竞争。

在物质财富富足之际，文化创新或传承便深入人心，同时，又成为经济发展新领域新对象。旅游经济活动是社会经济发展的高级阶段，建立在物质财富丰富、人们生活富裕的基础之上。深入体验旅游活动的人们常常开启非理性消费模式，这不是违背经济学家的理性人假设，而是旅游体验的文化传承或创新使然。在旅游体验过程中，人与自然的交融、人与人的碰撞、人与文明的共鸣等体验活动伴生的潜意识常常主导游客的旅游消费行为，此类旅游体验潜意识正是旅游学科所倡导的旅游活动的社会属性——审美愉悦与忘情释放自我。对旅游者而言，旅游活动过程中社会属性体验越深，其非理性消费行为将越显著；对旅游经营者而言，则会获得更好的旅游经济收益；对旅游活动的经济属性而言，这一社会属性便是其存在或优化的基础。不难理解，伴随旅游体验质量的提升，旅游消费增加的可能性也会提升，为此，旅游企业

---

① 窦文章，杨开忠等：《区域旅游竞争研究进展》，《人文地理》，2000年第6期。

要获得更多客源市场份额不得不将文化创新或传承融入旅游产品而提升市场竞争能力。一般来讲,经济附加值高的奢侈品,其文化附加值也很高。旅游产品虽然不是奢侈品,但其需求处于马斯洛需求塔尖和客源群体生活富裕的特征,均对其文化附加值有较高要求。鉴于此,本文假设黄金旅游带的市场竞争呈现以文化为核心的自由竞争与寡头(或作坊特色)垄断竞争并存、品牌竞争与价值竞争并存、产业内部和跨行业竞争并存等多元化垄断竞争状态。

黄金旅游带属于区域旅游经济高度集聚区,是区域旅游发展的精品和中心,需要具有健康持续稳定的发展条件和市场环境。因此,本文在假设黄金旅游带内普遍存在市场竞争且呈现以文化为核心多元垄断竞争状态的同时,为区域旅游发展中心假设稳定的消费市场规模,即旅游供需市场基本均衡,供需矛盾变化较小,客源市场规模大而且稳定,以确保黄金旅游带的健康持续发展。

假设二:黄金旅游带持续运行有赖于呈带状分布的两个或两个以上旅游城市的健康持续发展。

根据 Christaller 的中心地理论推理,如果旅游经济区内存在客源市场规模大且稳定、旅游电子商务网络完善和旅游行政管理明确等基础条件,则会出现旅游经济规模等级不同的旅游城市,能够充分展现旅游经济区内旅游产业的实力、潜力以及发展水平的强度和高度,以此可以识别黄金旅游带与一般旅游经济区的质性差异。在旅游经济区内,城市高度集聚了旅游企业和旅游接待设施,能为城市旅游及其周边旅游景区(点)提供系统旅游服务。Kerugma 的中心一外围理论认为任何一个经济区都是由核心区域和外围区域构成,集聚了各类旅游要素和旅游经济发展实力的城市与旅游经济区的空间关系,这同样可以解释旅游经济区中的旅游中心城市及其所辐射的外围区域的客观存在。此外,旅游经济区内旅游接待设施和基础设施建设的城市依赖,以及城市基本游憩功能,均表明城市具有成为旅游经济区的高等级旅游服务中心并服务于其周围旅游市场的优势和潜力。

根据中心地理论和中心一外围理论的推理分析,本文假设旅游城市是黄金旅游带存在的前提基础,且需有两个或者两个以上的可以作为旅游服务中心且具有较强旅游经济辐射功能的旅游城市作为黄金旅游带生存发展的基本保障。假设这类旅游服务中心应具备以下条件：年旅游总收入占其 GDP15% 或以上；具有较强的旅游辐射带动作用；旅游乘数效应显著；旅游经济区各旅游城市的空间相互作用能够引致其旅游产业价值链的形成。

假设三：黄金旅游带的持续运行依赖于多个高速增长且富有潜力的支配型旅游企业推动旅游产业发展并实现旅游经济区的多维发展。

佩鲁在 1950 年发表的《经济空间：理论与应用》一文中首次提出增长极概念，后经发展形成增长极理论，多个国家和地区以增长极理论指导区域经济发展使其备受学界和业界的关注并得到不断的完善发展及理论衍生。佩鲁的增长极理论认为经济空间是存在于经济要素之间的关系而非地域空间，区域经济发展的驱动力是产业创新和技术进步，创新常常集中于高速增长且富有活力的经济单元，这一经济单元即增长极能够创造自身决策和调控空间，产生推进效应并推动区域经济的多维发展。这种经济单元在区域经济发展中一般表现为支配型企业，佩鲁认为这种支配型企业是区域经济发展中的积极因素，它在提高经济效益的同时通过乘数效应和连锁效益带动全区域的经济发展，这一支配型企业在经济区中是绝对必要的。[①] 根据佩鲁增长极理论思想推理旅游经济区中存在支配型旅游企业是绝对必要的，那么，对黄金旅游带而言，这类支配型旅游企业意义非凡，将成为其发展的绝对驱动力。因此，本文假设高速增长且富有潜力的支配型旅游企业是黄金旅游带的必要元素，它可以通过推动和支配作用充分发挥旅游产业乘数效应并实现黄金旅游带多维发展。

假设四：黄金旅游带内有有特色连续带状旅游线路。

我国著名地理学家陆大道院士基于中心地理论、空间扩散理论和增长极理论，深入归纳宏观区域经济发展战略，提出区域经济发展的点—轴理论，认为区域经济发展过程中，经济要素在各级中心城市集聚，并由交通干线或自然江河或能源通道等连接起来形成经济吸引力

---

① 安虎森：《增长极理论评述》，《南开经济研究》，1997 年第 1 期。

和凝聚力。① 这一理论较适合于推理演绎旅游经济区的带状空间布局。这一理论思想能有力解释经济带的形成与发展规律,而本文所指黄金旅游带的首要属性是经济属性且属于经济带的特殊类型。由此分析,运用点-轴理论思想解释旅游线路对黄金旅游带存在的必要性是合理的,而且旅游线路串联旅游城市或旅游企业的本质特征与点-轴理论思想也是一致的。基于此,本文假设黄金旅游带内有连续带状特色旅游线路,这一连续带状的特色旅游线路便是黄金旅游带生存发展的区域旅游要素高集聚强引力轴线,由多家旅行社共同经营的旅游精品,属于旅游经济区内沿江河山脉或交通干线或游径高度集聚旅游要素的市场发展或政府干预的产物。

假设五:黄金旅游带的市场运行依赖于旅游名牌和区域旅游政策及其相互作用的驱动。

西方国家自1930年代开始进行区域规划,目的是解决高速城市化问题。二战后,美国田纳西河流域的公共设施建设引起学者普遍关注,同时瑞典采取区域经济政策解决失业率问题。自此,西方政府对区域经济发展的政策干预不断加强,区位经济理论逐渐成为政府决策的理论依据。② 而西方经济稳定后的20世纪末,虽然一些西方经济发达国家,由于政府疏于区域问题管理,减弱了学者们的研究兴趣,③但区域发展备受关注的欧盟、中国,还有日本等欧亚国家和地区的学者却以极大的热情,融合系统论、复杂科学等学科理论,产生了诸多研究成果,完善并推动着区域经济发展。④ 这一国家和地区的区域科学发展差异存在的重要原因之一是区域政府对区域发展的重视,这一差异的存在也是区域制度和政策对区域科学研究的重要推动作用的重要表现。鉴于此,结合区域旅游经济的政府主导特征,本文假设构建黄金旅游带时,

---

① 陆大道:《关于"点-轴"空间结构系统的形成机理分析》,《地理科学》,2002年第34期。

② 韩秀云:《国外有关经济区理论的评介》,《南开经济研究》,1986年第1期。

③ 张可云:《区域科学的兴衰、新经济地理学争论与区域经济学的未来方向》,《经济学动态》,2013年第3期。

④ 杨开忠,薛领:《复杂区域科学:21世纪的区域科学》,《地球科学进展》,2002年第1期。

政府的区域旅游经济制度的完善、国家或区域政策的支持,应成为其发展的重要动力之一。区域科学视野下的区域经济发展动力机制为市场自组织和政府制度政策双重驱动。① 政府予以黄金旅游带相关政策支持,以充分发挥其文化传承创新或区域经济强乘数效应优势,在此基础上,黄金旅游带内的吸引力强且由支配型旅游企业经营的旅游产品较易形成旅游品牌,甚至旅游名牌;另一方面,旅游品牌战略运营旅游名牌会促进黄金旅游带的高速健康发展。因此,本文假设黄金旅游带的市场运行有赖于旅游名牌和政府旅游政策及其相互作用的驱动。

假设六:黄金旅游带依赖于信息—知识及其相互作用推动旅游供需均衡。

尽管传统意义上多数旅游企业的成功取决于它们追求游客服务质量、接待设施创新及其产品的区域差异化,但信息时代和知识经济共同作用的大数据时代,这些成功经验运作旅游市场是远远不够的,旅游企业的市场竞争战略需由专业技术人员从大数据中发现。② 因此,由大数据和互联网技术的支持,旅游企业通过游客管理、客源市场调研以及与游客间的信息互动可以获得相对完整的市场信息,以此提供最大限度满足旅游需求的旅游产品,实现旅游供需均衡。此外,互联网技术和知识经济的发展,促进了世界经济合作,跨国技术转移和互联网通讯加速了区域经济的全球化。旅游经济,特别是国际旅游属于开放性贸易,其全球化速度不断加快,客源市场的国际化范围不断扩展,因此,对旅游目的地而言,其旅游产品、支配型企业、中心旅游城市等黄金旅游带的核心供给,通过旅游大数据、知识创新、旅游创意等实现旅游供给的多样化、个性化、全球化,能够更好地适应全球化客源市场的多样化需求。基于上述分析,本文假设黄金旅游带依赖于信息－知识及其相互作用推动旅游供需均衡。

假设七:黄金旅游带为均质旅游区域,有高度一致或相似的旅游经

---

① Siebert H, *Regional Economic Growth: Theory and Policy*, Scranton: International Textbook Company, 1969, 84－119, 159－203.

② Mc Guire K A, *The Analytic Hospitality Executive － Implementing Data Analytics in Hotels and Casinos*. New York: Wiley, 2017, 168－192.

济要素,此类要素为黄金旅游带核心竞争力。

在 H. P. Paelinck 和 Peter Nijkamp 分析的区域概念中,有一种表达叫均质区域。均质区域是一个相对的概念,具有相应的均质判断标准,即均质区域内存在高度一致或相似的要素,如城市化程度、人口密度、人均收入等。① 均质区域的均质虽然是相对的,但对于旅游经济区而言,区域内如果具有这样属性特征的旅游经济要素,其旅游特色和均质属性可能会增强其旅游竞争力或旅游经济发展潜力。从均质要素对旅游经济区发展的价值意义方面分析,具有高度一致或相似的旅游经济要素,能够促进旅游经济区实施集中投资、重点开发、品牌经营,形成旅游品牌或旅游胜地。由此分析,本文假设黄金旅游带具有均质性,即黄金旅游带内具有高度一致或相似的旅游经济要素集,如旅游资源、旅游服务、旅游品牌、人均旅游消费等。这一要素集能带动黄金旅游带的整体发展,可为其健康持续发展的组织旅游线路、配置旅游接待设施,为形成旅游产业价值链提供资源和原动力。

假设八:黄金旅游带内旅游电子商务均衡分布,并链接各类旅游供给而形成在线旅游业务价值链。

在互联网技术的全球化背景下,旅游电子商务遍及世界各类旅游商务活动,成为旅游经济区发展的基本要素。在游客个体高度自媒体化过程中,由于旅游信息共享的及时性和普遍性,旅游供需的网络交易规模日益增长,且不受时间和空间的限制。自 21 世纪以来,旅游电子商务不断膨胀,在线旅游收益规模不断增长,在区域旅游经济发达的国家和地区,在线旅游收益已超越实体旅游,成为区域旅游经济的主导业务。游客已经习惯了通过网络自主搜索旅游信息并自行网络预订旅游线路,②这也正是旅游电子商务规模增长并超过实体旅游交易的重要原因。事实上,旅游电子商务因不受时空限制的高效率而高速发展,特别是在线旅游业务呈现超常规规模性增长特征,且促成了旅游经济发

---

① Paelinck J H P, Nijkamp P, *Operational Theory and Method in Regional Economics*. London: Saxon House, 1975, 169—170.

② Buhalis D, Licata M C, "The Future eTourism Intermediaries", Tourism Management, 3(23)(2002).

达国家和地区的旅游电子商务的均质化,旅游供需市场交易基本全部依赖电子商务。鉴于此,本文假设黄金旅游带内旅游电子商务均衡分布并链接各类旅游供给而形成在线旅游业务价值链。

四、黄河流域的黄金旅游带质性特征

根据水文和地理特征的显著差异,黄河流域分为上游、中游和下游,集水面积75.2万 km^2,占全国陆地面积的7.8%。中国水利部黄河水利委员会根据中国2006年行政区划范围确定的自然黄河流域范围包括青海、四川、甘肃、宁夏、内蒙古、山西、陕西、河南和山东9个省级行政区,涉及西宁市、阿坝州、兰州市、银川市、呼和浩特市、太原市、西安市、郑州市、济南市等70个地区级行政区。黄河流域旅游发展初期即受国家重视,国际旅游不断发展。从1996—2010年间的入境旅游面板数据分析,其省域尺度的旅游经济空间分异显著且有逐年增大趋势,山东、陕西、内蒙古、河南相对发达。[①] 从黄金旅游带理论假设思路框架分析,黄河流域存在显著的黄金旅游带质性特征。

(一) 旅游市场内存在以黄河文明为核心的多元垄断竞争

在自然黄河流域范围内,以黄河文明为核心的旅游线路有黄河之旅、丝绸之路旅游线路、三国旅游线路、儒道文化之旅等不同视角的旅游产品共享黄河文明客源市场,呈现出文化旅游产品多元竞争状态。2012年沿黄9省共同推出大黄河旅游线路,包括黄河文明之旅、古都之旅、寻祖之旅、红色之旅、美食之旅、名胜之旅、峡谷之旅等十条旅游精品线路,展开了省域旅游的垄断性合作竞争。在旅游景区开发建设层面,沿黄所开发的"黄河游览区"上、中、下游各具特色,主题目标虽然相似或相同,却分享着相同的黄河文明客源市场,也呈现出传播黄河文明的多元竞争态势。

---

① 王开泳,张鹏岩,丁旭生:《黄河流域旅游经济的时空分异与 R/S 分析》,《地理科学》,2014年第3期。

（二）多个旅游城市的旅游产业呈主导产业态势，5A级景区、大型旅游企业集团、垄断经营的旅行社等支配型旅游企业颇具竞争力

黄河流域内带状分布的70座城市，均发展有旅游产业，其中优秀旅游城市45座。据国家旅游局统计，2004—2012年的国际旅游收入平均值，西安市、泰安市、郑州市、太原市、洛阳市、济宁市6个城市国际旅游收入达到1亿美元以上，并有31个城市的国际旅游收入在1000万美元以上，足见黄河流域存在多个中心旅游城市。如表1所示，2004至2012年9年黄河流域有17座城市的旅游收入占GDP比重的平均值超过10%，最高的阿坝高达59.14%，高于15%的有3座城市，14%到15%之间的有3座城市，呈现显著的中心旅游城市，且有显著的旅游主导产业态势。至2012年底，黄河流域通过国家评定的5A级景区有30个；至2016年7月中国共有世界文化与自然遗产50处，其中的曲阜孔庙-孔林-孔府、泰山、登封天地之中历史古迹、安阳殷墟、洛阳龙门石窟、平遥古城、云冈石窟、五台山、青城山-都江堰、峨眉山-乐山大佛、黄龙风景名胜区、九寨沟、四川大熊猫基地、华山、秦始皇兵马俑、敦煌莫高窟、元上都遗址、丝绸之路（长安-天山廊道）的路网等19处分布在黄河流域9省的范围内，占全国总量的38%，另有长城的一大部分分布在黄河流域和大运河的一部分分布在山东和河南两省。自2015年中国国家旅游局开展中国旅游产业杰出贡献奖评选以来，至2017年5月，共有三届30家获奖企业，其中山东龙冈旅游集团、陕西汉中文化旅游投资集团、山东省坤河旅游开发有限公司、河南天瑞集团旅游发展有限公司、山东蓝海股份有限公司、四川建川实业集团和华夏文化旅游集团等7家位于黄河流域，占全国23.3%。这些旅游城市和旅游企业是维持黄河流域旅游经济的健康持续运行的区域旅游经济的支配型企业，能够推动黄河流域旅游产业发展并实现旅游经济的多维发展。另，据国家旅游局统计数据显示，2015年山东省旅行社国内旅游组织人次位于全国第4位，占全国总量的8%，至2015年底旅行社总数为2109家，其数量规模仅次于江苏，排全国第2位，全年全省旅行社营业收入158.56亿元，位于全国第5位；2015年全国星级饭店主要经济指标显示，陕西省星级饭店客房平均出租率为56.75%，位于全国第8位；山东省每间客房平摊营业收入 13.38 万元,居全国第 10 位;甘肃省实现人均利润 710 元,位居全国第 7 位。这些数据同样显示了黄河流域旅游经济发展的全国垄断性竞争实力。

表 1　沿黄 9 省主要旅游城市基本情况一览表

省级行政区	地区级行政区	占 GDP 比重(%)	5A 级景区数量(个)	A 级景区数量(个)
青海	西宁	8.05	1	25
	海东	5.94	0	12
	海北	5.24	0	3
	黄南	8.83	0	1
	海南	4.16	0	7
	果洛	4.51	0	15
四川	阿坝	59.14	3	10
甘肃	兰州	5.32	0	24
	白银	2.84	0	4
	天水	11.40	1	32
	平凉	7.52	1	14
	临夏	7.38	0	12
	甘南	12.31	0	16
宁夏	银川	4.61	1	24
	石嘴	2.33	1	3
	吴忠	3.12	0	6
	中卫	5.73	1	5
内蒙古	呼和浩特	8.08	0	21
	包头	4.22	0	20
	鄂尔多斯	2.97	2	40
	巴彦淖尔	1.77	0	31

续表

省级行政区	地区级行政区	占GDP比重(%)	5A级景区数量(个)	A级景区数量(个)
山西	太原	11.77	0	14
	大同	13.95	1	5
	阳泉	12.96	0	10
	长治	9.54	0	14
	晋城	10.60	1	17
	朔州	5.05	0	3
	晋中	13.69	0	18
	运城	10.78	0	18
	忻州	21.97	1	9
	吕梁	6.07	0	12
陕西	西安	11.62	3	83
	铜川	6.70	0	14
	宝鸡	11.59	0	51
	咸阳	7.87	0	17
	渭南	9.29	1	30
	延安	7.81	1	43
	榆林	1.65	0	47
	商洛	14.37	0	33
河南	郑州	14.01	1	24
	开封	17.47	1	14
	洛阳	14.84	2	35
	安阳	8.02	1	22
	鹤壁	5.56	0	8
	新乡	5.97	0	16
	焦作	9.69	3	15
	濮阳	6.52	0	11
	三门峡	9.47	0	16
	济源	5.17	0	7

续表

省级行政区	地区级行政区	占GDP比重(%)	5A级景区数量(个)	A级景区数量(个)
山东	济南	7.74	1	30
	东营	1.66	0	24
	济宁	8.31	1	44
	泰安	11.21	1	31
	德州	2.61	0	41
	聊城	3.20	0	25
	滨州	2.67	0	22
	菏泽	2.88	0	21
	淄博	6.59	0	44

数据来源：2005—2013年中国旅游统计年鉴

注：表1中各地区旅游收入占其GDP的比重为2004至2012年共9年的平均值，A级和5A级景区数量根据国家旅游局颁布的历年A级和5A级景区目录整理而得。

（三）黄河旅游及其相关旅游线路已发展成为国家旅游精品项目

黄河流域内旅游业的发展早期主要表现在9省世界遗产级别的景区的入境旅游，同时黄河旅游也成为国家旅游局重点推出的旅游项目之一。随着中国旅游业由事业型转变为产业型、由计划体制转变为计划＋市场体制，黄河流域的旅游经济开始步入发展阶段，国家层面、沿黄9省，甚至国内其他省市地区的旅游代理商都在经营黄河旅游及其相关旅游线路。早在"七五"期间，黄河流域的重点旅游城市西安就被列入国家重点建设的7个旅游城市之列。"九五"期间，旅游经济区域发展和规划被列为重点建设领域，黄河流域的旅游经济区建设也因此受到重视。2016年，黄河华夏文明旅游带被列入国家旅游业"十三五"发展规划的国家精品旅游带，同样位于黄河流域的丝绸之路旅游带和中原文化旅游区分别作为国家精品旅游带和新型旅游功能区列入国家旅游业"十三五"发展规划。

(四)品牌战略与政府调控并行,信息—知识共享互动共促旅游供需均衡

黄河流域的旅游发展伴随中国旅游事业、旅游经济、人民满意的战略性支柱产业转型升级,但黄河旅游却一直是其各个旅游城市、旅游企业或知名旅游目的地的旅游品牌,不同旅游城市和旅游企业一直以黄河文明为核心实施旅游品牌战略。不论是下游的孔子文化旅游、中游的黄帝文化旅游,还是上游的丝绸之路文化旅游,都是黄河文明不可分割的部分,国家旅游局和各地市旅游局也因此不断加强对黄河文明的旅游开发和相应的政策支持,共同促进黄河文明的旅游发展。自旅游业发展"七五"计划以来,每个国家旅游产业发展的五年计划,从重点建设旅游城市、科学编制旅游经济区发展规划以及打造国家旅游精品带等不同角度对黄河流域的旅游业发展给予政策支持。目前,黄河流域的旅游发展已成为国家十三五旅游业发展规划的蓝图之一,下游蓝色经济带、中游中原经济区以及上游的西部地区共同实现华夏文明传承创新的使命。

品牌战略与政府调控并行在很大程度上促进了黄河流域的旅游繁荣与发展,但是黄河流域的旅游经济存在显著空间分异,需要以点带线和点轴带面的区域合作,特别是借助互联网技术,在黄河文明旅游资源共享的基础上实施信息—知识共享互动,能够更好地完善其市场运行机制,通过信息—知识共享互动提供更流畅的旅游供需交流,减缓旅游供需矛盾以推动旅游供需均衡。

(五)文化旅游和旅游电子商务均质分布,各类电子旅游交易链接成在线旅游业务价值链

根据 H P Paelinck 和 Peter Nijkamp 的均质区域概念分析,黄河流域的上中下游旅游产品形象高度一致,文化旅游开发均处于初级开发阶段,旅游线路共享度高,这些特征均可表明黄河流域内有高度一致或相似的文化旅游经济要素,即呈现一定的均质文化旅游区域特征。而且国家关于黄河流域旅游发展的政策和各类旅游企业所经营的品牌旅游产品均聚焦于黄河文明之旅,这表明黄河流域内的此类黄河文明支撑的文化旅游要素已成为其旅游发展的核心竞争力。

旅游电子商务是信息时代的重要旅游经营方式,是实现资源—信息—知识共享的有效平台。目前,黄河流域的支配型旅游企业和45个优秀旅游城市均高效运营旅游电子商务,其旅游电子商务成熟度很高,而旅游电子商务成熟度是影响在线旅游业务的重要因素,相对完善的为游客服务理念、网络交易机制、旅游服务反馈响应以及旅游信息质量等方面会对游客信任和参与态度产生显著影响①。旅游电子商务的高度发达,有效促成了旅游经营者与游客价值、旅游产品要素供应商的在线链接的同时,也促使中小型旅游企业在线业务的有效连接,形成在线旅游业务价值链。

结论:黄河流域的黄金旅游带质性特征显著,适合构建沿黄黄金旅游带

依据上述黄金旅游带质性分析框架,审视黄河流域的旅游发展,发现黄河流域已有的旅游产业发展状态呈现旅游市场内存在以黄河文明为核心的多元垄断竞争;多个旅游城市的旅游产业呈主导产业态势,5A级景区、大型旅游企业集团、垄断经营的旅行社等支配型旅游企业颇具竞争力;黄河旅游及其相关旅游线路已发展成为国家旅游精品;品牌战略与政府调控并行,信息—知识共享互动共促旅游供需均衡;文化旅游和旅游电子商务均质分布,各类电子旅游交易链接成在线旅游业务价值链等5个方面的质性特征,其中文化旅游均质区域、支配型旅游企业、优秀旅游城市、品牌战略与政府政策双驱动力以及普遍存在的旅游电子商务等方面已发展成熟,其他黄金旅游带特征已显现且继续发展,这表明黄河流域的黄金旅游带质性特征显著,适合构建沿黄黄金旅游带。

(致谢:感谢研究生孙慧娟同学在论文写作过程中所做的资料搜集和整理工作)

原载于《河南大学学报(社会科学版)》2017年第5期

---

① 江金波,梁方方:《旅游电子商务成熟度对在线旅游预订意向的影响》,《旅游学刊》,2014年第2期。

我国消费率长期波动、持续下降成因分析

王雪峰　李京文①

引　言

　　20世纪90年代末以来,为了缓解亚洲金融危机冲击造成的外需急剧下滑的压力,扩大内需成为国内政策的着力点。在扩内需政策和成功加入WTO的综合作用下,2003年到2007年我国经济实现了2位数以上高速增长,特别是2007年增速高达13.3%。在此期间,消费率却持续下降,由2000年的62.30%降到2009年的47.98%;同时,CPI由2000年的0.4%提高到2008年的5.9%,经济整体呈现复杂局面和政策调节困境。
　　针对2000年以来我国消费率持续下降并不断打破历史低位的现实,学术界进行了大量的研究和探讨。多年来,学界的主流观点是我国"消费率偏

---

①　王雪峰(1973—),男,河南省虞城人,经济学博士,中国社会科学院财经战略研究院助理研究员;李京文(1933—),男,广西陆川人,中国工程院院士,中国社会科学院学部委员、学部主席团成员,俄罗斯科学院外籍院士,国际欧亚科学院院士,世界生产率科学院院士。

低,投资率偏高",持这种观点的代表性学者有尹世杰、①刘国光、②陈新年、③卢中原、④董辅仁、⑤许永兵、⑥刘尚希、⑦毕玉江、⑧等。学者们在"消费率偏低"观点的基础上就其成因进行了分析研究并提出了相应的对策建议,政府也基本认可"消费率偏低"的观点并接受了相应的政策建议,相继出台了"扩大内需,刺激消费"的系列政策;但10多年来,我国消费率非但没有提高,反而依然呈下降态势。扩大内需政策的效果不明显,说明我国消费率不是简单的高低问题。事实上,我国消费率近10年来处于低位是其长期波动、持续下降的结果,因此,我国消费率长期波动、持续下降问题可能更值得研究和关注。

一、我国消费率长期波动、持续下降的现状

(一) 我国消费率及其结构波动、持续下降现状

在1978—2009年期间,我国的消费率经历了两个上升期短、下降期长的非对称周期性波动下降。在第一个波动下降周期(1978—1995),消费率

---

① 尹世杰:《关于我国最终消费率的几个问题》,《财贸经济》,2001年第12期;《再论积极鼓励消费》,《消费经济》,2002年第5期;《再论以提高消费率拉动经济增长》,《社会科学》,2006年第12期。

② 刘国光:《促进消费需求提高消费率是扩大内需的必由之路》,《财贸经济》,2002年第5期。

③ 陈新年:《消费经济转型与消费政策——关于如何进一步扩大消费的思考》,《经济研究参考》,2003年第83期。

④ 卢中原:《关于投资和消费若干比例关系的探讨》,《财贸经济》,2003年第4期。

⑤ 董辅仁:《提高消费率问题》,《宏观经济研究》,2004年第5期。

⑥ 许永兵:《对我国居民消费率下降原因的再认识——兼评关于居民消费率下降原因的几种流行观点》,《财贸经济》,2005年第12期。

⑦ 刘尚希:《改革成效要以国民的"消费状态"来衡量》,《中国发展观察》,2007年第9期。

⑧ 毕玉江:《消费波动对经济增长影响的实证研究》,《经济经纬》,2010年第1期。

先由 1978 年的 62.10% 上升到 1981 年的最高点 67.11%,然后进入长达 14 年的波动下降期,1995 年降到 58.13%,相对于 1978 年下降 3.97 个百分点。在第二个非对称波动下降周期(1995—2009),消费率先由 1995 年的 58.13% 上升到 2000 年的 62.30%,其后进入长达 10 年的持续下降期,2009 年降到 47.98%,相对于 1995 年下降了 10.15 个百分点。1978—2009 年我国消费率总共下降了 14.13 个百分点,其中 2000—2009 年持续下降了 14.32 个百分点,占消费率下降总值的 101.42%。我国消费率具有非对称周期性波动下降的明显特征,并且 2000 年以来呈持续下降、不断打破历史低位的态势。

在整体结构上,我国消费率的波动、持续下降主要表现为居民消费率的非对称周期性波动、持续下降,政府消费率相对比较稳定。在消费率波动下降的第一个周期,居民消费率先由 48.79% 上升到 1981 年的 52.47%,然后波动下降到 1995 年的 44.88%,下降了 3.91 个百分点。在第二个周期,居民消费率先反弹到 2000 年的 46.44%,然后持续下降到 2009 年的 35.11%,下降 9.77 个百分点。1978 年到 2009 年期间,居民消费率下降 13.68 个百分点,占消费率下降的 96.85%;政府消费率下降 0.44 个百分点,占消费率下降的 3.15%。无论是在第一周期、第二周期内,还是整个波动下降期间内,我国消费率的波动、持续下降都主要表现为居民消费率的波动、持续下降。我国消费率及其结构波动、持续下降情况见图 1。

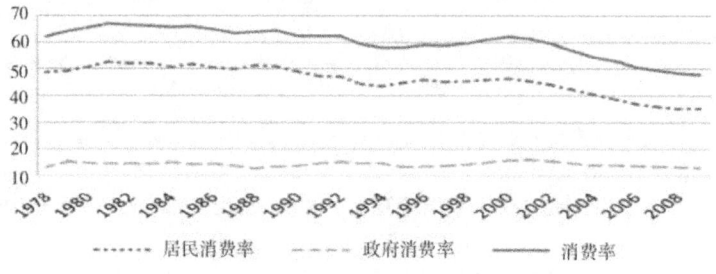

图 1　1978—2009 年我国消费率及其结构变动现状

(二) 我国居民消费率波动、持续下降结构现状

我国居民消费率的非对称周期性波动、持续下降在结构上主要表现为农村居民消费率的波动、持续下降和城镇居民消费率波动上升及其持续下

降的综合效应。在消费率变动的第一个周期,农村居民消费率由30.30%上升到1981年的32.02%,然后波动下降到1995年的17.83%,周期内下降12.47个百分点。城镇居民消费率由18.49%波动上升到1995年的27.05%,周期内上升8.56个百分点。在第二个周期,农村居民消费率波动下降至2009年的8.36%,下降9.47个百分点;城镇居民消费率先上升至31.10的高位,其后持续下降至26.75%,周期内下降0.30个百分点。1978－2009年农村居民消费率下降21.94个百分点,占居民消费率下降的160.38%,城镇居民消费率上升8.26个百分点,占居民消费率下降的60.38%。2000－2009年,农村居民消费率持续下降了6.98个百分点,占居民消费率下降的61.64%;城镇居民消费率持续下降了4.11个百分点,占居民消费率下降的36.27%。在不考虑人口因素和城乡人口结构变动的情况下,农村居民消费率的波动、持续下降是居民消费率波动、持续下降的主体。我国居民消费率及其结构为波动、持续下降情况见图2。

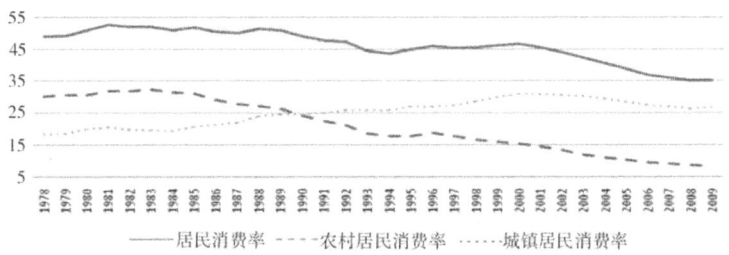

图2 1978－2009年我国居民消费率及其结构变动情况

(三)我国居民人均消费率及其结构波动、持续下降现状

居民人均消费率包括城镇居民人均消费率和农村居民人均消费率。城镇和农村居民人均消费率是指城镇和农村居民人均最终消费支出与人均GDP的比值,反映的是剔除人口及城乡人口结构变动后城镇和农村居民人均消费支出对人均GDP的占比情况。在考虑人口和城乡人口结构变动因素后,我国农村居民人均消费率由1978年的36.91%上升到1983年的41.27%的高位后就开始波动下降,1994年降至24.72%的低位,然后,经过两年的反弹至1996年的26.97%,其后进入持续下降阶段,到2009年降至15.65%的低位。城镇居民人均消费率由1978年的103.21%降到1984年的 84.39%,然后波动上升到 1992 年 94.68%的高位后波动下降到 1999 年的 86.25%,其后进入持续下降阶段,到 2009 年降低到 57.42%的低位。1978 年到 2009 年,农村居民人均消费率下降了 21.26 个百分点,降幅为 57.61%,其中波动下降阶段降低了 9.94 个百分点,占比是 46.73%;持续下降阶段降低了 11.33 个百分点,占比是 53.27%。城镇居民人均消费率下降了 45.80 个百分点,降幅为 44.37%,其中波动下降阶段降低 14.52 个百分点,占比 31.71%;持续下降阶段下降 31.38 个百分点,占比 68.29%。在考虑人口因素和城乡人口结构变化后,我国城镇和农村居民人均消费率都呈波动、持续下降态势。农村居民人均消费率下降的绝对值小于城镇居民,但降幅大于城镇居民。我国居民人均消费率及其结构变动见图 3。

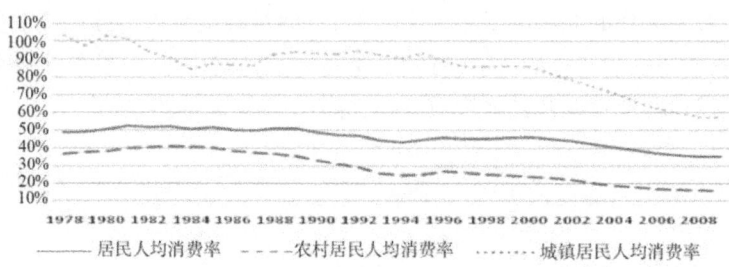

图 3　居民人均消费率及其结构变动图

二、我国消费率波动、持续下降的特征及引发的问题

1978—2009 年期间,我国消费率的变动呈现出以下几个明显的特征:一是上升期短、下降期长的非对称周期性。我国消费率在两个非对称周期性波动过程中都是上升期短,下降期长,其中第一个波动下降周期的下降期是上升期的 3.5 倍;第二个波动下降周期的下降期是上升期的 1.8 倍。二是消费率结构变动的非均衡性,表现为居民消费率波动、持续下降,政府消费率变动相对平稳。三是城乡居民消费率结构变动的反向性,表现为农村居民消费率波动下降,城镇居民消费率波动上升。四是下降的阶段持续性。2000 年以来消费率、居民消费率、政府消费率、城镇和农村居民消费率都持续下降。五是城镇和农村居民人均消费率波动、持续下降的相似性。在考

虑人口因素和城乡人口结构变动后,城镇和农村居民人均消费率变动趋势相似,都呈波动、持续下降态势。

我国的消费率经过长期波动、持续下降已经处于历史低位,这可能导致我国经济在发展过程中存在以下问题:一是内需基础弱化。消费率长期波动、持续下降意味着经济增长的内需基础逐步弱化进而造成内需动力不足。二是贸易摩擦增多,人民币升值压力加大。内需不足,出口增加将导致贸易顺差不断积累,进而引致国际贸易摩擦增多,人民币升值压力加大。三是对外依赖性增强。在经济高速增长的背景下,内需基础弱化必然伴随贸易顺差的增长和出口比例的增加,外需对经济增长的拉动作用强化,对外依赖性逐步增强。四是经济脆弱性提高,抵御外来风险的能力下降。内需基础的弱化和对外依赖性的提高势必导致我国经济稳定能力下降,经济发展的脆弱性提高,抵御外来风险冲击的能力下降。五是社会矛盾积累,影响和谐社会建设。消费率波动、持续下降意味着居民生活水平提高或改善的速度低于经济增长的速度,再加上社会贫富差距加大,居民幸福感下降引致社会矛盾不断积累,达到一定程度将会影响我国和谐社会建设的进程。总之,我国的消费率经过长期的波动、持续下降,已经导致经济发展的内需基础削弱,对外依赖性增强,抵御外来风险能力下降,经济发展脆弱性提高,社会矛盾在积累等一系列经济社会问题,成为政府关注和需要解决的焦点问题之一。

三、我国消费率波动、持续下降的成因分析

(一) 我国消费率波动、持续下降的整体结构成因

在整体结构上,我国消费率波动、持续下降主要表现为居民消费率的波动、持续下降。居民消费率波动、持续下降数值占消费率在第一个下降周期下降的 98.49%,占第二个下降周期的 96.2%;可以解释消费率在整个波动下降期间的 96.85% 和 2000 年到 2009 年的持续下降期间消费率持续下降的 79.11%。居民消费率波动、持续下降在构成上又主要体现为农村居民消费率波动、持续下降。农村居民消费率在消费率波动下降的第一周期波动下降了 12.47 个百分点,是居民消费率波动下降的近 3.2 倍;在第二周

期下降了9.47个百分点,占居民消费率下降的96.97%。在2000年到2009年的持续下降期,农村居民消费率下降了6.98个百分点,占居民消费率持续下降的61.63%。农村居民消费率的波动下降是居民消费率波动下降结构上的唯一动力,城镇居民消费率波动上升是居民消费率下降的抑制性因素。2000年以后,农村居民消费率持续下降是居民消费率持续下降的主动力;城镇居民消费率持续下降是居民消费率下降的另一重要动力。这是消费率和居民消费率整体结构分析的结论,但因没有考虑人口和城乡人口结构因素,无法揭示出居民消费率波动、持续下降的更深层次的动因。

(二) 我国居民人均消费率波动、持续下降的结构成因

居民人均消费率在结构上可以分解为城镇居民人均消费率与城镇居民人口占比的乘积及农村居民人均消费率与农村居民人口占比的和,并且在数值上与居民消费率相等,用公式表示为:$c_p = c_{ap} = c_{acp} \times \frac{pc}{p} + c_{agp} \times \frac{pg}{p}$。$c_p$ 为居民消费率;c_{ap} 为居民人均消费率;c_{acp} 为城镇居民人均消费率;c_{agp} 为农村居民人均消费率;$\frac{pc}{p}$ 为城镇人口占比;$\frac{pg}{p}$ 为农村人口占比。根据分解公式,构建出1978年到2009年期间主要年份居民人均消费率影响因素矩阵表见表1。矩阵表的横栏表示以该年度的城乡居民人均消费率保持不变与相应年度的人口结构计算出的居民人均消费率;纵栏表示以该年度人口结构保持不变与相应年份的城镇和农村居民人均消费率计算出的居民人均消费率。矩阵表中数据显示:城镇和农村居民人均消费率波动、持续下降是我国居民人均消费率波动、持续下降的主动力;而城镇和农村居民人口结构调整是居民人均消费率波动、持续下降的抑制性因素。譬如,在1978年城镇和农村居民人均消费率保持不变的条件下,居民人均消费率在城乡人口结构调整的带动下由1978年的48.79%上升到1985年的52.63%,到1995年56.16%,再到2005年65.14%和2009年的67.80%。在城乡人口结构保持不变的条件下,城镇和农村居民人均消费率波动、持续下降引致居民人均消费率先由1978年的48.79%上升到1981年的51.09%,然后波动下降到1985年的48.94%,1995年的37.06%,再到2000年的35.13%;其后,持续下降到2009年23.13%。这说明在我国城乡二元结构体制下,城镇和农村居民人口结构的调整有利于居民人均消费率的提高或者抑制其下降；而城镇和农村居民人均消费率的波动、持续下降是居民人均消费率下降的内在驱动力。

表1 居民人均消费率影响因素矩阵表

	人均消费率不变								
	年份	1978	1981	1985	1990	1995	2000	2005	2009
人口结构不变	1978	48.79	50.27	52.63	54.42	56.16	60.92	65.41	67.80
	1981	51.09	52.47	54.65	56.30	57.91	62.32	66.47	68.68
	1985	48.94	49.98	51.64	52.90	54.13	57.48	60.65	62.33
	1990	43.72	45.07	47.22	48.85	50.44	54.77	58.86	61.04
	1995	37.06	38.84	41.25	43.09	44.88	49.76	54.36	56.81
	2000	35.13	36.51	38.70	40.37	42.00	46.44	50.62	52.84
	2005	26.77	27.85	29.56	30.85	32.12	35.57	38.82	40.55
	2009	23.13	24.07	25.55	26.68	27.78	30.78	38.27	35.11

数据来源：依据《中国统计年鉴》计算整理。

（三）我国居民人均消费率波动、持续下降的效应结构分解

我国居民人均消费率的波动、持续下降的效应在结构上可以分解为人口结构调整及城镇和人均消费率波动、持续下降的效应。人均消费率波动下降的效应包括城镇居民人均消费率波动下降效应和农村居民人均消费率波动下降效应。人口结构调整的效应可以分解为城镇居民人口占比增加的效应和农村人口占比下降的效应。居民人均消费率波动、持续下降效应的结构分解结果见表2。

表 2　居民人均消费率变动效应结构分解表

	1978	1981	1985	1990	1995	2000	2005	2009
居民人均消费率	48.79	52.47	51.64	48.85	44.88	46.44	38.82	35.11
09年城乡居民人均消费率保持不变	23.13	24.07	25.55	26.68	27.78	30.78	33.60	35.11
人均消费率效应	−25.66	−28.40	−26.09	−22.17	−17.10	−15.66	−5.22	
人口结构效应	11.98	11.04	9.56	8.43	7.33	4.33	1.50	
综合效应	−13.68	−17.36	−16.53	−13.74	−9.77	−11.33	−3.72	
其中								
1.城镇居民	8.25	6.30	6.06	2.11	−0.30	−4.35	−1.72	
人口结构	16.46	15.18	13.14	11.59	10.08	5.95	2.07	
人均消费率	−8.21	−8.87	−7.08	−9.48	−10.37	−10.30	−3.79	
2.农村居民	−21.94	−23.66	−22.60	−15.85	−9.47	−6.98	−1.99	
人口结构	−4.49	−4.14	−3.58	−3.16	−2.75	−1.62	−0.56	
人均消费率	−17.45	−19.53	−19.02	−12.69	−6.73	−5.36	−1.43	
实际变动	−13.68	−17.36	−16.53	−13.74	−9.77	−11.33	−3.72	

数据来源：依据《中国统计年鉴》推算整理。

效应结构分解数据表显示：在1995年以前，农村居民人均消费率波动下降的效应远大于城镇居民人均消费率波动下降和农村人口占比下降的效应，是居民人均消费率波动、持续下降的内在主动力。1995年以后，城镇居民人均消费率持续下降的效应远大于农村居民人均消费率持续下降和农村人口占比下降的效应，成为居民人均消费率持续下降的主动力。综合来看，在居民人均消费率波动下降阶段，农村居民人均消费率波动下降是主动力，城镇居民人均消费率和农村人口占比下降是两个重要动力。在居民人均消费率持续下降阶段，城镇居民人均消费率波动下降是主动力，农村居民人均消费率和农村人口占比下降是两个重要动力。因此，城镇和农村居民人均消费率波动、持续下降是我国居民人均消费率波动、持续下降进而引致消费率波动、持续下降的两个主要驱动力。

(四) 城镇和农村居民人均消费率波动、持续下降的因子分解

城镇和农村居民人均消费率受各自可支配收入占比和消费倾向两个因子的共同影响。农村居民人均消费率在波动上升阶段(1978—1983),人均可支配收入占比波动上升同时消费倾向持续下降。在波动下降阶段(1983—1996),人均可支配收入占波动下降而人均消费倾向以 86.14 为均值上下波动。在持续下降阶段(1996—2009),农村居民人均消费率下降了 11.33 个百分点,其中人均可支配收入占比持续下降引致下降约 9.43 个百分点,占比为 83.24%,人均可消费倾向持续下降引致下降约 1.90 个百分点,占比约为 16.76%。可见,农村居民可支配收入占比波动、持续下降是农村居民人均消费率波动、持续下降的主动力;而农村居民人均消费倾向1996 年以后成为农村居民人均消费率下降的另一重要动力。

城镇居民人均消费率在波动下降阶段(1980—1999),人均可支配收入占比波动下降,由 1980 年的 102.64% 降到 1999 年的 80.81%,下降 21.83 个百分点;人均消费倾向在均值 104.52% 左右浮动。在持续下降阶段(1999—2009),城镇居民人均消费率下降了 28.84 个百分点,其中人均可支配收入占比持续下降(由 1999 年的 80.81% 降到 2009 年的 66.44%)了 14.37 个百分点,引致城镇居民人均消费率下降约 13.92 个百分点,占比为 48.29%,人均消费倾向持续下降(由 1999 年的 106.74% 降到 2009 年的 57.42%)了 20.32 个百分点,引致城镇人均消费率下降约 14.91 个百分点,占比为 51.71%。在波动下降阶段,人均可支配收入占比下降是城镇居民人均消费率波动下降的主动力。在持续下降阶段,人均消费率倾向持续下降成为居民人均消费率下降的主动力,人均可支配收入持续下降成为重要动力。

从城镇和农村居民人均消费率波动、持续下降的影响因子的分解结果看,农村居民人均可支配收入占比波动、持续下降是农村居民人均消费率波动、持续的主动力,而农村居民人均消费倾向波动下降是次要动力。城镇居民人均可支配收入占比波动下降是城镇居民人均消费率波动下降的主动力;而在持续下降阶段,城镇居民人均消费倾向下降成为主动力而人均可支配收入占比依然持续下降是其下降的重要动力。

(五) 我国消费率波动、持续下降成因分析结论

通过对1978—2009年期间我国消费率整体结构、人均结构及影响因子分解的成因分析,得出其波动、持续下降不同层次的成因如下:

1. 在整体结构上,居民消费率波动、持续下降是我国消费率波动、持续下降的主动力。在居民消费率波动下降阶段,农村居民消费率是主动力而城镇居民消费率是抑制性因素。在居民消费率持续下降阶段,城镇和农村居民消费率持续下降成为其持续下降的两个内在驱动力。

2. 在居民人均消费率构成上,城镇和农村居民人均消费率波动、持续下降是居民人均消费率下降的两个主动力;农村居民人口占比下降是居民人均消费率下降的次要动因,而城镇人口占比增加是居民人均消费率下降的抑制性因素。

3. 从居民人均消费率下降效应的分解结构看,农村和城镇居民人均消费率和农村人口占比的效应均为负,是促进居民人均消费率下降的三个主动力源。城镇人口占比的效应为正,对居民人均消费率的下降起抑制作用。另外,在1995年以前,城镇居民人均消费率下降的负效应小于城镇人口占比增加的正效应,城镇居民对居民人均消费率的综合效应为正;1995年以后,城镇居民人均消费率的负效应开始大于城镇人口占比的正效应,对居民人均消费率的效应开始为负。

4. 从城镇和农村居民人均消费率的影响因子分解看,城镇和农村居民人均可支配收入占比波动下降是城镇和农村居民人均消费率波动下降的主动力;城镇和农村居民人均消费倾向波动变化对居民人均消费率波动下降的贡献不大。1996年以后,农村居民人均可支配收入占比和消费倾向持续下降是农村居民人均消费率持续下降的两个内在主动力。1999年以后,城镇居民人均可支配收入占比和消费倾向均持续下降成为城镇居民人均消费率持续下降两个内在主动力。因此,在持续下降阶段,城镇和农村居民人均可支配收入占比和人均消费倾向的持续下降成为居民人均消费率持续下降的四个内在驱动力。

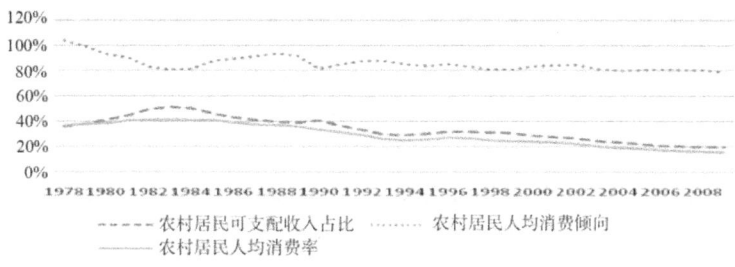

图 4　农村居民人均消费率影响因子分解

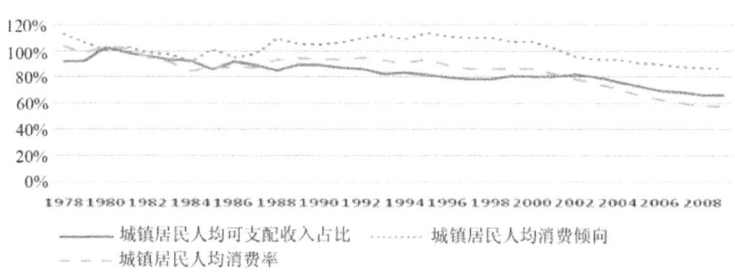

图 5　城镇居民人均消费率影响因子分解

四、抑制我国消费率波动、持续下滑的对策建议

针对我国消费率波动、持续下降的四大动力源,本文提出抑制我国消费率下降的对策建议如下:

(一) 抑制农村居民人均可支配收入占比继续下滑

经过 19 年的波动下降,我国农村居民人均可支配收入占比在 1996 年已降到 31.79%,又经过 14 年的持续下降,降到 2009 年的 19.94%,相对 1978 年降幅为 44.11%。农村居民人均可支配收入占比还不到人均国内生产总值的五分之一。30 多年来,农村居民可支配收入增长绝大多数年份都低于 GDP 的增速,特别是 1996 年以来农村居民收入增速一直低于 GDP 增速。农村居民收入增长相对放缓造成农村居民消费能力相对下降,成为农村居民消费率波动、持续下降的主动力源。为了抑制农村居民消费率继续下滑,首先,要认识到农村居民消费能力不足是我国农村需求不足、消费不

振的首要根源。其次,在政策上要推出有针对性的惠农措施,培育、保护农村持续发展的能力。再次,落实惠农保护措施,减轻农民各种成本负担,确保提高农民的增收速度不低于 GDP 增速,逐步扭转农村居民人均可支配收入占比下滑的局面。争取到"十二五"期末能够提高到 20 世纪末期的水平;到"十三五"期末能够提高到 20 世纪 90 年代中期的水平。因为抑制农村居民可支配收入占比继续下滑或逐步提高农村居民人均可支配收入占比是抑制农村居民消费率继续下滑和逐步提高农村居民消费率的关键。

(二) 抑制城镇居民人均可支配收入占比继续下滑

经过 22 年的波动下降,城镇居民人均可支配收入占比在 1999 年降到 80.81%,又经过 10 年的持续下降,到 2009 年已经降到 66.44%,相对 1978 年降幅为 27.53%。城镇居民可支配收入占比与农村居民一样在绝大多数年份都低于 GDP 的增速。特别是 1999 年以来,城镇居民人均可支配收入增速持续低于 GDP 增速造成城镇居民人均可支配收入的占比不断下降。城镇居民人均可支配收入相对下降导致城镇居民消费能力相对不足,是城镇居民需求不足、消费率下降的根本动力源。要从根本上抑制城镇居民消费率下降,首先,需要改变依赖廉价劳动力和低水平规模扩张的发展方式,鼓励企业技术升级和创新。其次,要通过发展方式转变和企业技术升级提高竞争能力和盈利能力,进而提高资本使用效率和初次分配中的劳动报酬占比。最后,调整当前不利于劳动者的分配制度体系。通过初次分配和再分配政策调整,逐步提高居民的可支配收入占比,进而提升城镇居民的消费能力。城镇居民人均可支配收入占比提高是抑制城镇居民消费率继续下滑或提高城镇居民消费率的关键。

(三) 抑制城镇居民人均消费倾向继续下滑

我国城镇居民人均消费倾向在 1999 年以前基本保持在 85% 以上高位,其后,开始持续下降,到 2009 年降到 57.42%,相对 1999 年降幅是 33.43%。城镇居民人均消费倾向下滑源自 20 世纪 90 年代以来的一系列改革措施。首先,国企改革造成大批职工下岗分流的同时还导致城镇居民就业稳定性下降,收入不确定性提高。①收入风险的提高强化了城镇居民的谨慎消费意识是其消费倾向下降主要根源之一。其次,随着教育、医疗、社会保障和住房改革的深入推进,城镇居民支出不确定性也大幅提高。支出风险的增强进一步强化了城镇居民谨慎消费的意识是其消费倾向下滑的另一重要根源。因此,要抑制城镇居民人均消费继续下滑的态势,就需要出台相应政策促进就业的稳定性。然后,在稳定就业的基础上,尽快完善教育、医疗、社会保障和住房体系改革,逐步降低收入和支出的不确定性引致的谨慎消费心理,促使城镇居民消费倾向稳步提高。采取有效措施抑制城镇居民人均消费倾向继续下滑是抑制城镇居民消费率下滑的关键之一。

(四)抑制农村居民人均消费倾向继续下滑

我国农村居民人均消费倾向降幅平缓,但长期也呈下降态势。20世纪80年代农村居民人均消费倾向均值是87.76%,90年代是83.72%,2000—2009年均值是81.32%。影响农村居民消费倾向的主要根源是收入不确定性较大。首先,农业收入受气候变化影响收成不确定性较大。其次,农产品价格不稳定。尽管国家对农产品有最低收购保护价,但无法满足农民的最低收入保障要求。再次,农民工多是临时性、季节性就业,缺乏稳定性。打工收入具有较大的不确定性是影响农村居民消费倾向不高的重要的根源。因此,抑制农村居民人均消费倾向下滑首先需要倡导农业技术创新,稳定农民的农业收入,其次,要通过发展中小城镇鼓励农民就近就业,提高农民工就业和收入的稳定性。

总之,首先,通过转变发展方式、鼓励企业加快技术升级和技术创新为国家收入分配体制改革打下坚实基础。其次,通过收入分配体制改革逐步提高居民人均可支配收入占比是抑制居民消费率下滑的关键。同时,通过完善养老、医疗、教育和住房等社会保障体系及促进城镇就业稳定和农村增收保护措施,提高城镇和农村居民人均消费倾向进而逐步提高居民消费率。因此,转变发展方式和企业技术升级及创新能力培育能否成功和社会保障体系是否完善和顺畅运行是居民消费力提高和消费意愿增强的根本,也是

---

① 陈安平:《我国收入差距与经济增长的面板协整与因果关系研究》,《经济经纬》,2010年第1期。

内需能否扩大和能否实现提高消费率的技术和制度的根本保障。

原载于《河南大学学报(社会科学版)》2012年第6期;《国民经济管理》2013年第3期转载